Praktisches Handbuch der gesamten Schweißtechnik

Von

Dr.-Ing. P. Schimpke und Hans A. Horn
Professor, Chemnitz — Obering., Oberfrohna i. S.

Erster Band

Autogene Schweiß- und Schneidtechnik

Mit 111 Textabbildungen
und 3 Zahlentafeln

Springer-Verlag Berlin Heidelberg GmbH

1924

ISBN 978-3-662-35544-2 ISBN 978-3-662-36372-0 (eBook)
DOI 10.1007/978-3-662-36372-0

Softcover reprint of the hardcover 1st edition 1924

Vorwort.

Obwohl die neueren Schweißverfahren sich bereits weite, früher kaum geahnte Anwendungsgebiete erobert haben, begegnet man häufig einer in diesem Fabrikationszweige kaum zu erwartenden Fachunkenntnis. Den Schweißanlagen liefernden Firmen ist es selten möglich, dem Käufer ausreichende, persönliche Anweisungen mit auf den Weg zu geben. So bleiben der Anfänger im Schweißen und die ein Schweißverfahren neu aufnehmende Fabrik fast immer ihrem Schicksal überlassen und zahlen viel unnötiges Lehrgeld. Um so mehr macht sich der Mangel an für die Praxis geeigneter Fachliteratur geltend. Ein praktisches Handbuch der neueren Schweißverfahren muß einmal möglichst schlicht geschrieben sein. Es darf bei vielen Lesern nur geringe Vorkenntnisse voraussetzen. Andrerseits wird das Buch viel zu umfangreich, wenn es alle Schweißverfahren gründlich genug behandeln will. Eine Einzeldarstellung der wichtigsten Verfahren erscheint daher heute als das Gegebene und wird auch von vielen Seiten gewünscht.

Dem im vorigen wiedergegebenen Gedankengang folgend haben die Verfasser sich entschlossen, zwei getrennte Bücher, eins über „Das autogene Schweißen und Schneiden" und das zweite über „Das elektrische Schweißen", zu bringen, von denen das erste hiermit der Öffentlichkeit übergeben wird. Sie wollen weiter die unverkennbare Lücke in der an sich nicht armen Fachliteratur beseitigen helfen und dem Schweißer und Handwerksmeister einen wirklichen Berater an die Hand geben, in dem er alles Wissenswerte findet und verstehen kann. Der meist wertlose Abdruck zahlreicher Firmenkatalogbilder ist nach Möglichkeit fortgelassen. Besonderer Wert wurde darauf gelegt, alles Nebensächliche zu umgehen und nur Wichtiges aufzunehmen. Vor allem soll dem Schweißer gesagt werden: Was und wie kann ich mit Erfolg autogen schweißen und schneiden! Wie muß ich die Arbeiten vorbereiten, wie sie nach dem Schweißen behandeln! Wie sind die Geräte sachgemäß zu behandeln usw. Diesen Grundsätzen folgend wird das Buch aber auch für den Ingenieur und Fabrikleiter ebenso wertvoll sein können, wie für den Schweißer selbst.

Möge uns die Lösung der gestellten Aufgaben befriedigend gelungen sein, und das Buch zum weiteren Ausbau der Technik autogener Metallbearbeitung beitragen.

Chemnitz, im August 1924.

Schimpke. Horn.

Inhaltsverzeichnis.

Zeichen und Abkürzungen.

Abb. = Abbildung
bzw. = beziehungsweise
ca = circa (ungefähr)
d. h. = das heißt
s. = siehe
sog. = sogenannt
u. dgl. = und dergleichen
usw. = und so weiter
z. B. = zum Beispiel
÷ = bis

D.R.P. = Deutsches Reichspatent
WE = Wärmeeinheit
at = Atmosphäre
1^0 = 1 Grad Celsius
1″ = 1 Zoll englisch
$^0/_0$ = Prozent (vom Hundert)
M. = Mark
NP = Normalprofil

V = Volt
Amp = Ampere
s = Sekunde
min = Minute
st = Stunde
mm = Millimeter
m = Meter
m^3 = Kubikmeter
l = Liter
kg = Kilogramm

I. Einleitung.

A. Allgemeines über Schweißen und autogene Schweißverfahren.

Zusammenfügungsarbeiten. Das autogene Schweißen gehört zu den Zusammenfügungsarbeiten. Unter diesen verstehen wir lösbare oder unlösbare Verbindungen zweier oder mehrerer Metallstücke. Die lösbaren Verbindungen sind in der Hauptsache die Verschraubungen und die Keilverbindungen. Zu den nicht lösbaren oder starren Verbindungen sind vor allem die durch Falzen, Nieten, Löten und Schweißen entstandenen zu rechnen. In Wettbewerb stehen hier miteinander Nieten, Löten und Schweißen. Das Nieten erfordert zunächst Herstellung der Nietlöcher und Niete und dann die eigentliche Nietarbeit einer Nietkolonne von 3÷5 Mann. Beim Löten, der dem Schweißen verwandtetsten Verbindungsart, wird zur Zusammenfügung der Metallstücke das Lot, ein leichter schmelzbares Metall oder eine Legierung (ein Gemisch mehrerer Metalle), benutzt. Beide Verbindungsarten werden heute mehr und mehr durch das Schweißen verdrängt.

Begriff des Schweißens. Die „Grundlagen für eine Gemeinschaftsarbeit über Schweißen und Schweißbarkeit", die vom Arbeitsausschuß des Vereins Deutscher Eisenhüttenleute in Verbindung mit namhaften Schweißfachleuten ausgearbeitet wurden[1]), und bei deren Aufstellung auch die Verfasser mitgewirkt haben, geben folgende allgemeine Begriffsbestimmung des Schweißens:

Man versteht unter Schweißen eine Zusammenfügung zweier ähnlich zusammengesetzter Stoffteile derart, daß die Verbindungsstelle mit den beiderseits benachbarten Teilen ein möglichst homogenes (gleichartiges) Ganzes bildet. Man unterscheidet in der Hauptsache zwischen Preßschweißung, bei der die Zusammenfügung der beiden Stoffteile unter Anwendung von Druck in teigigem Zustande vor sich geht, und Schmelzschweißung, bei der sich die Vereinigung in flüssigem Zustande der Schweißstelle, im allgemeinen ohne Anwendung von Druck und mit oder ohne Hinzufügung neuen Werkstoffs, vollzieht.

Arten der Schweißverfahren. In der vorstehenden Begriffsbestimmung des Schweißens sind bereits zwei neugeprägte Ausdrücke, Preßschweißung und Schmelzschweißung, benutzt worden, von denen der letztere heute schon vielfach Anwendung findet. Unter weiterer Benutzung dieser Ausdrücke ergibt sich folgende Einteilung der Schweißverfahren:

1. Preßschweißung (Druckschweißung, teigiger Zustand des Werkstoffs):
   a) Hammerschweißung (als Koksfeuer- oder Wassergasschweißung);
   b) elektrische Widerstandsschweißung;
   c) Thermitpreßschweißung;

[1]) S. „Stahl und Eisen", 1924, S. 147.

2. Schmelzschweißung (flüssiger Zustand des Werkstoffs):

a) Gasschmelzschweißung (autogene Schweißung);

b) Elektroschmelzschweißung (elektrische Lichtbogenschweißung);

c) Thermitgießschweißung und Gußeisenschweißung nach dem Gießverfahren.

Wesen der autogenen Schweißung. Die Bezeichnung „autogen" (selbsterzeugend), die für den deutschen Sprachgebrauch an und für sich unglücklich gewählt ist, soll zum Ausdruck bringen, daß diese Schweißung ohne Aufwand mechanischer Arbeit bewerkstelligt wird, was übrigens nur in beschränktem Umfang richtig ist. Besser ist, wie schon im vorigen erwähnt, der Name „Schmelzschweißung", und zwar genauer „Gasschmelzschweißung" zum Unterschied von der „elektrischen (oder Elektro-) Schmelzschweißung".

Bei der autogenen Schweißung — wir müssen den Namen noch vielfach benutzen, da die Bezeichnung Gasschmelzschweißung noch zu wenig bekannt ist — wird ein Gassauerstoffgemisch an der Spitze eines sog. Schweißbrenners entzündet, und die entstandene Stichflamme von hoher Temperatur ruft ein örtliches Schmelzen des Metalles hervor, wobei die Schweißkanten ineinander überfließen. Je nach Bedarf wird noch Zusatzmaterial (Schweißdraht) und ein Schutzmittel (Schweißmittel, Schweißpulver) verwendet. Das Schweißpulver soll dazu dienen, das stets an der Schweißoberfläche sich bildende Metalloxyd (die Metallsauerstoffverbindung, aus flüssigem Metall und Luftsauerstoff entstanden) unschädlich zu machen. Das Schweißpulver bildet mit dem Metalloxyd zusammen eine glasige, leicht schmelzbare Schlacke, die die Schweißstelle gegen Einwirkung weiteren Luftsauerstoffs schützt und nach dem Schweißen leicht durch einige Hammerschläge entfernt werden kann. Bei Anwendung einer reduzierenden (d. h. Sauerstoff entziehenden) Flamme kann man in bestimmten, später genauer besprochenen Fällen das Schweißpulver fortlassen.

Arten der autogenen Schweißverfahren. Für die Zwecke der Gasschmelzschweißung hat man eine ganze Anzahl von Brenngasen nutzbar gemacht, die stets mit (möglichst reinem) Sauerstoff gemischt werden und eine Stichflamme von verschieden hoher Temperatur und verschiedener chemischer und physikalischer Beschaffenheit ergeben. Die wichtigsten Verfahren sind folgende:

a) Das Azetylen-Sauerstoffschweißverfahren, bei dem das Azetylen entweder in einem besonderen Entwickler selbst erzeugt, oder in Stahlflaschen verdichtet als gelöstes Azetylen (Dissousgas) verwendet werden kann;

b) das Wasserstoff-Sauerstoffschweißverfahren;

c) das Leuchtgas-Sauerstoffschweißverfahren;

d) das Blaugas-Sauerstoffschweißverfahren;

e) das Benzin- oder Benzoldampf-Sauerstoffschweißverfahren (auch Oxy-Benz-Verfahren genannt, das Oxy herrührend von Oxygenium = Sauerstoff);

f) das Öl- und Luftgas-, Petroleum- und Spiritus-Sauerstoffschweißverfahren. Diese seien nur der Vollständigkeit halber angeführt.

B. Die sonstigen neueren Schweißverfahren[1]).

Altbekannte Schweißverfahren sind die Hammerschweißung (Feuerschweißung) von Schmiedeeisen und Stahl und das Anschweißen, richtiger An-

---

[1]) S. auch Schimpke: Die neueren Schweißverfahren, Heft 13 der Werkstattbücher. Berlin: Julius Springer 1922.

gießen abgebrochener Gußstücke. Die Feuerschweißung findet noch immer Anwendung bei Schmiedearbeiten und bei der Herstellung stumpf und überlappt geschweißter Rohre. In Graugießereien, in denen man ja immer flüssiges Gußeisen zur Verfügung hat, wird das Ausbessern von Gußstücken, an denen z. B. kleine oder größere Teile abgebrochen sind, meist noch durch Aufsetzen einer Form auf die Bruchstelle und Aufgießen hocherhitzten Gußeisens ausgeführt. Im folgenden soll nun noch ein kurzer Überblick über die neben dem autogenen Schweißen wichtigsten neueren Schweißverfahren gegeben werden.

Die Preßschweißung als Wassergasschweißung. Wenn man durch einen schachtartigen, mit glühenden Kohlen gefüllten Generator (Gaserzeuger) Wasserdampf hindurchbläst, so wird der Wasserdampf zerlegt, und es entsteht das sog. Wassergas, dessen brennbare Bestandteile Wasserstoff und Kohlenoxyd sind. Dieses Wassergas wird mit Luft in Brennern gemischt und ergibt eine Stichflamme von etwa 1800° Temperatur, mit der das Werkstück an Stelle des Koksfeuers erhitzt wird. Abb. 1 zeigt im Schema die Anordnung einer Wassergasschweißstraße, wie sie zur Schweißung größerer Rohre benutzt wird. Die durch zwei Brenner auf 100 ÷ 300 mm Länge erwärmte Rohrnaht wird um etwa 60° gedreht (Abb. 1 *A*) und bei *a* auf dem Amboß *b* durch Hand- oder Maschinenhämmer, oder auch durch große, mit Hilfe von Wasserdruck angepreßte Rollen geschweißt. Sind die Brenner rechts vom Amboß angebracht (Abb. 1 *B*), so muß das Rohr nach dem Erhitzen nach links auf einem Wagen verschoben werden. Das Blech wird nur teigig, wie bei der Koksfeuerschweißung. Dabei wird im allgemeinen überlappt geschweißt, d. h. die Bleche müssen auf eine bestimmte Breite, je nach der Blechstärke, übereinandergelegt werden, wie beim Nieten (s. Abb. 2). Für große Blechstärken, insbesondere von 40 mm an aufwärts, wendet man die Keilschweißung an, wie es am besten die Abb. 2 zeigt.

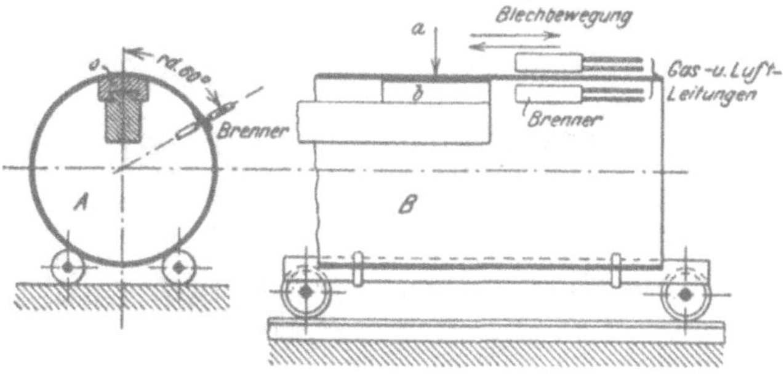

Abb. 1. Wassergasschweißstraße.

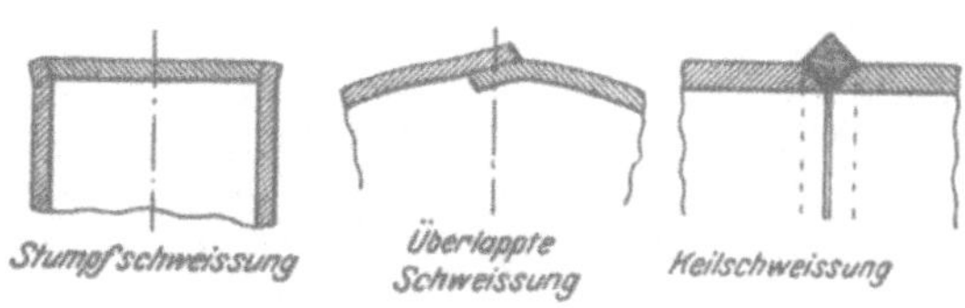

Abb. 2. Wassergasblechschweißung.

Die Wassergasschweißung kommt hauptsächlich für die Schweißung großer Rohre und Blechzylinder von 15 ÷ 100 mm Wandstärke in Frage, ist auf diesem Sondergebiet wohl bisher noch allen anderen Verfahren überlegen, kommt aber für andere Anwendungsgebiete wegen der hohen Anschaffungskosten des Wassergasgenerators und der Schweißeinrichtung kaum in Betracht.

Die Thermitschweißung als Preß- und Gießschweißung. Thermit ist ein Gemisch von Eisenoxyd und Aluminium, beides in Pulverform, das sich bei etwa 1500° (mit Hilfe eines Entzündungsgemisches, Bariumsuperoxyd) entzündet und zur Zersetzung bringen läßt. Unter großer Hitzeentwicklung entsteht bei etwa 3000° Temperatur dünnflüssiges Schmiedeeisen und obenaufschwimmend flüssige Schlacke (Aluminiumoxyd, Tonerde). Thermit wird in kleinen Säckchen von

5 und 10 kg Gewicht von der Th. Goldschmidt A.-G., Essen, geliefert. 1 kg Thermit ergibt ½ kg Eisen und ½ kg Schlacke. Der Entzündungsvorgang, der nur 10 ÷ 20 s dauert, wird in sog. Spezialtiegeln (einfachen Kipptiegeln, Abb. 3 *I*) oder in Spitztiegeln (Abb. 3 *II*) ausgeführt.

Die Thermitschweißung ist entweder eine Preß- oder Gießschweißung. Abb. 3 *I* zeigt die Gießschweißung zur Ausbesserung kleiner Fehler an Gußstücken unter Anwendung des Spezialtiegels, aus dem die Schlacke vorher sorgfältig abgegossen sein muß. In Abb. 3 *III* sehen wir die Gießschweißung, und zwar das Anschweißen eines Walzenzapfens. Thermit wird einfach aufgeschüttet und angezündet, es dient zum Aufweichen der Bruchfläche. Die aufgesetzte Form wird nach Abziehen der Thermitschlacke mit Gußeisen vollgegossen. Abb. 3 *II* kann sowohl als Beispiel für die Gießschweißung wie für die Preßschweißung dienen, zugleich zeigt sie die Verwendung des Spitztiegels. Bei der Preßschweißung umgießt man zwei aneinanderstoßende Rohre oder Straßenbahnschienen mit Thermit und Schlacke, macht sie dadurch schweißwarm und drückt sie mittels besonderer Preßvorrichtungen gegeneinander. In manchen Fällen, z. B. bei Rohrstumpfschweißungen, schüttet man zuerst die Schlakke in die Form, damit erstere als Schutzschicht wirkt, und das Thermiteisen nicht etwa das Rohr durchbrennt.

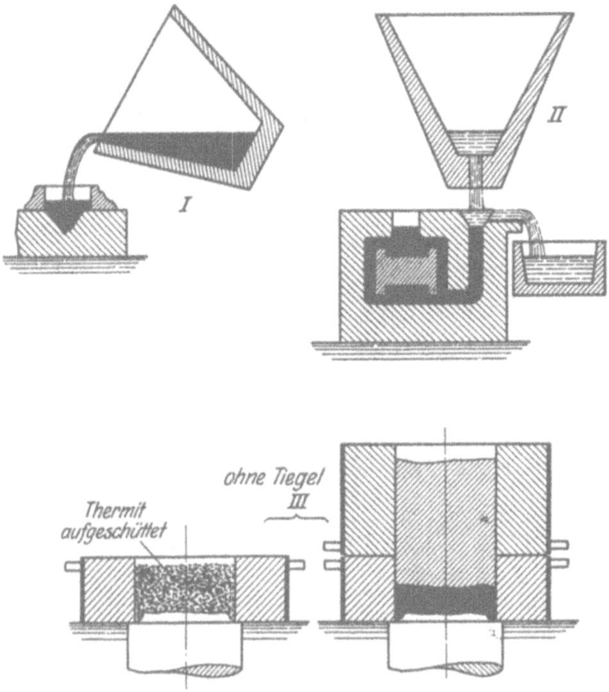

Abb. 3. Thermitschweißung.

Die Thermitschweißung kommt hauptsächlich bei Reparaturarbeiten an allen Arten von Eisenteilen und dann bei der Schweißung der Stöße von Straßenbahnschienen in Frage.

Die elektrischen Schweißverfahren[1]). Diese Verfahren zerfallen in zwei große Gruppen. In das Gebiet der Preßschweißung gehören die elektrischen Widerstandsschweißverfahren, in das Gebiet der Schmelzschweißung fallen die Lichtbogenverfahren.

Bei den elektrischen Widerstandsschweißverfahren wird die Eigenschaft des elektrischen Stroms ausgenutzt, daß er den stromleitenden Körper an Stellen, die größeren Widerstand bieten (dies sind die Schweißstellen), stark erwärmt. Zur Erzeugung großer Wärmemengen arbeitet man zweckmäßig mit Strom von hoher Stromstärke (bis zu 100000 Amp) und niedriger Spannung (1 ÷ 10 V), und diesen Strom kann man sehr einfach aus dem Wechselstrom eines Hauptstrom-

[1]) Im Anschluß an vorliegendes Buch erscheint Schimpke-Horn: Praktisches Handbuch der elektrischen Schweißverfahren. Berlin: Julius Springer.

netzes mit Hilfe eines Transformators (Umformers) erhalten. Abb. 4 zeigt im Schema, wie der aus dem Hauptnetz entnommene Strom im Transformator auf niedrige Spannung umgeformt und dann durch zwei Kupferklemmen den bei *a* stumpf aneinanderstoßenden Werkstücken zugeführt wird. Er findet an der Übergangsstelle größeren Widerstand und erwärmt diese Stelle in kürzester Zeit auf Schweißglut. Unter Ausschaltung des Stroms werden nun die Stoßenden maschinell zusammengepreßt. Sämtliche zum Schweißen erforderlichen Teile, einschließlich des Transformators, baut man in einer „Schweißmaschine" zusammen. Aus der im vorigen beschriebenen Stumpfschweißung entwickelte sich dann später die Punktschweißung, bei der dünne, übereinandergelegte Bleche punktweise — ähnlich der Vernietung — verschweißt werden, und weiter die Nahtschweißung, bei der die punktweise Schweißung der Bleche durch Anwendung von Rollenelektroden zu fortlaufenden Nähten weiter ausgestaltet worden ist.

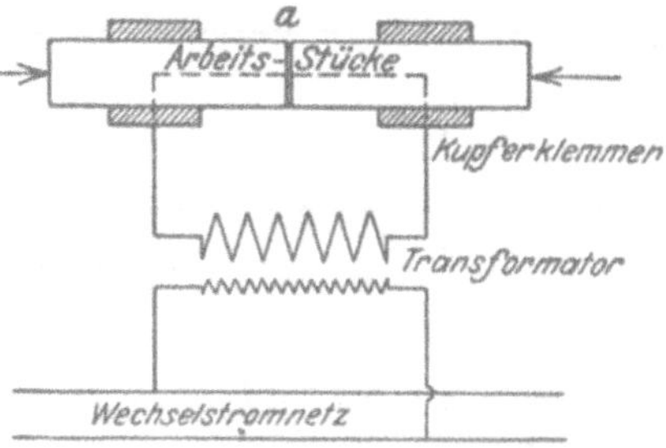

Abb. 4. Schema der elektrischen Stumpfschweißung.

Die elektrische Widerstandsschweißung hat ihre ganz besonderen Anwendungsgebiete. Es sind dies in der Hauptsache: Die einfache Stumfpschweißung, einschließlich der Kettenschweißung, und die Massenherstellung dünnwandiger Blechkörper.

Bei den elektrischen Lichtbogen- oder Flammbogenschweißverfahren wird der zwischen zwei Elektroden gezogene Lichtbogen zur Erzeugung der Schweißhitze benutzt. Da der Lichtbogen eine Temperatur von etwa 3500° hat, wird die Schweißstelle dünnflüssig. Den ersten brauchbaren Lichtbogenschweißapparat erfand Benardos. Abb. 5 zeigt im Schema, daß von einer Dynamomaschine *D* aus elektrischer Strom — unter Messung durch das Amperemeter *A* und Voltmeter *V* — zum Umschalter *U*, Griff *G* mit Schutzschirm *S* und dann zur Kohlenelektrode *K* und zum Werkstück *B* geführt wird. Durch leichtes Anheben von *K* entsteht zwischen *K* und *B* der Lichtbogen. Ein Schweißdraht wird mit eingeschmolzen. Einfacher und deshalb heute fast allgemein gebräuchlich ist das Verfahren von Slavianoff, bei dem an Stelle der Kohlenelektrode *K* eine Eisenelektrode von 2÷15 mm Durchmesser eingesetzt wird. Das von der Elektrode abfließende Eisen füllt die Schweißfuge aus. Seltener verwendet wird ein drittes Verfahren, nach Zerener, bei dem man mit Hilfe von zwei Kohlenelektroden und einem Magnet den Lichtbogen in Form einer Stichflamme erzeugt.

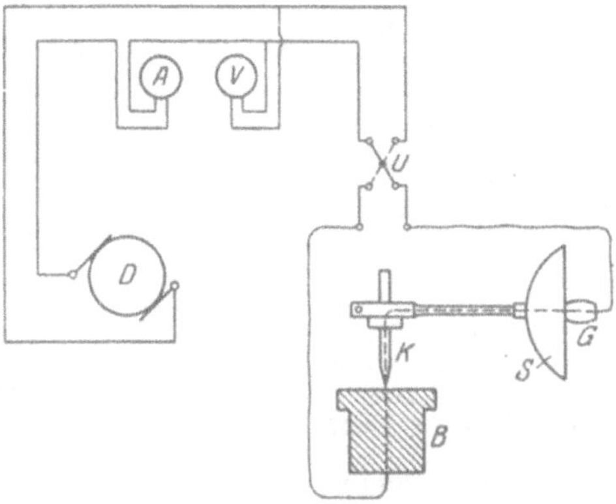

Abb. 5. Schema einer Lichtbogenschweißanlage.

Bis vor kurzem benutzte man für die Lichtbogenschweißung nur Gleichstrom von etwa 20÷65 V Spannung und 40÷800 Amp Stromstärke. Da bei der Bildung des Lichtbogens Kurzschluß auftritt, auch aus Gründen der größeren Wirtschaftlichkeit, erwies sich der Bau von besonderen

Schweißumformern als vorteilhaft, die heute wohl allgemein eingeführt sind. Neuerdings ist es auch gelungen, mit Wechselstrom erfolgreich zu schweißen, wobei man mit Hilfe eines einfachen Transformators den Strom des Hauptnetzes auf die zweckmäßige Spannung von 20÷65 V heruntertransformiert.

Tabell

Übersicht über die Anwendbarkeit de

Spalte:	a	b	c	d	e
Art des Schweißverfahrens: (bzw. Brenngas)	Azetylen und Dissousgas	Wasserstoff	Blau- und Flüssiggas	Benzol	Leuchtgas (Steinkohlengas)
Das Brenngas wird gemischt mit:	Sauerstoff	Sauerstoff	Sauerstoff	Sauerstoff	Sauerstoff (Luft)
Temperatur der Flamme oder der erzeugbaren Wärme:	3600÷4000°	ca. 2000°	ca. 2300°	ca. 2700°	ca. 1800°
Vorbereitung von Eisenblechen zur Schweißung:	nur stumpf geschweißt	wird nur stumpf geschweißt			
Zustand des Metalles beim Schweißen:	flüssig	flüssig	flüssig	flüssig	flüssig
Anwendungsbereich bei Eisenblechschweißung:	0,2÷40 mm	0,2÷8 mm	0,2÷10 mm	0,2÷6 mm	0,2÷6 mm
Ist beim Schweißen mechanische Kraft notwendig?	nein	nein	nein	nein	nein
Ist das Verfahren zum Hartlöten verwendbar?	ja	ja	ja	ja	ja
Brenngas- und Kraftbedarf, je nach Größe der Schweißstücke (Sauerstoff ca. 1/8 mehr)	80÷4000 l/st	60÷3000 l/st	80÷2000 l/st	100÷4000 l/st (gasförmig)	50÷3000 l/st
Kommt das Verfahren für Reparaturen in Frage?	ja	in beschränktem Maße			
Welche Metalle und Legierungen sind schweißbar?	Schmiedeeisen, Stahl, Stahlguß, Gußeisen, Temperguß, Kupfer, Messing, Bronze, Aluminium (und seine Legierungen), Zink, Blei, Nickel (Gold, Platin, Silber)				
Kann autogen geschnitten werden?	ja	ja	ja	ja	ja
Anschaffungskosten für die gesamte Anlage:	teurer als die Anlagen in Spalte b÷e	teurer als in Spalte e	teurer als in Spalte b	teurer als in Spalte b u. e	billigste Anlage

Die elektrische Lichtbogenschweißung kommt insbesondere für Reparaturschweißungen aller Eisensorten und für Blechschweißungen bei mittleren und größeren Blechstärken in Frage.

In Tabelle I wird zusammenfassend nochmals eine Übersicht über die Anwendbarkeit aller neueren Schweißverfahren gegeben.

erschiedenen neueren Schweißverfahren.

f	g	h	i	Bemerkungen:
Wassergas	Thermit	Elektr. Lichtbogenschweißung	Elektr. Widerstandsschweißung	Azetylen und Wasserstoff können zu Lötzwecken auch mit Luft gemischt werden (statt mit Sauerstoff).
Luft	—	—	—	
ca. 1800°	ca. 3000°	ca. 3500°	ca. 3000°	
überlappt geschweißt wie im Feuer	stumpf geschweißt (oder gegossen)	stumpf oder überlappt	stumpf (Nahtschweißung überlappt)	Die elektrische Widerstandsschweißung kommt entweder für Punktschweißung bis 10 mm Blech in Frage oder als Stumpfschweißung stabeisenförmiger Profile bis zu 20 cm² Querschnittsfläche. Längsnähte können nur an dünnen Blechen bis zu 3 mm Dicke geschweißt werden.
teigig	teigig (auch flüssig)	flüssig	teigig	
15÷80 mm	20÷100 mm	5÷60 mm	s. Bemerkung	
ja	ja (nein)	nein	ja	
ja	nein	ja	ja	
000÷16000 l/st	—	20÷65 V 40÷800 Amp	1÷10 V 300÷100 000 Amp	
nein	ja (als Gießverfahren)	ja	nein	Während Azetylen selbst für die größten Abmessungen der Werkstücke verwendbar ist, sind die übrigen unter b÷e genannten Gasarten nur für verhältnismäßig schwache Materialquerschnitte anwendbar.
schmiedbares Eisen	alle Eisensorten	alle Eisensorten	schmiedbares Eisen (Kupfer und Messing beschränkt)	
nein	nein	sehr beschränkt	nein	
eitaus teuerste Anlage	teurer als in Spalte a÷e	Zwischen Spalte f u. i gelegen	meist teurer als Spalte h	Mitte 1924 kostete z. B. eine vollständige Azetylenschweißanlage 400÷500 Mk., eine Gleichstrom - Lichtbogenschweißanlage 2500÷3000 Mk.

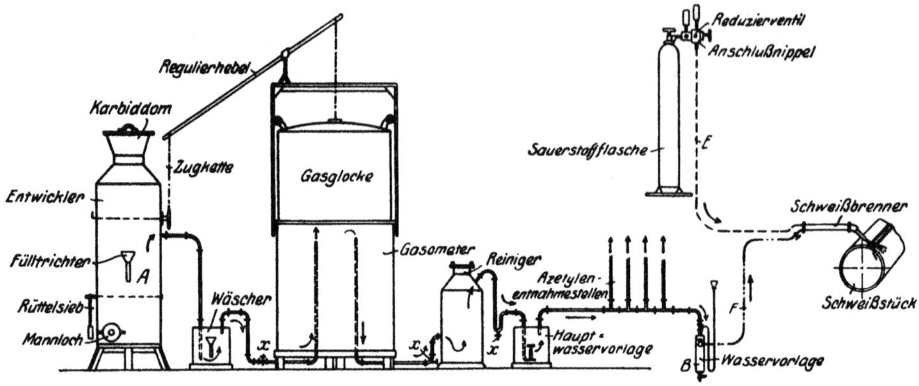

Abb. 6. Schema einer ortsfesten Azetylenschweißanlage.

C. Überblick über die vollständigen autogenen Schweißeinrichtungen.

1. **Azetylenschweißanlage** (Abb. 6):
   a) 1 Azetylenentwickler (beweglich oder ortsfest) mit Reiniger;
   b) 1 Sicherheitswasservorlage (Sicherung gegen Flammenrückschlag vom Brenner zum Entwickler);
   c) 1 Sauerstoffflasche (ist von den Gasfüllwerken, wie jede andere Flasche mit verdichtetem Gas, leihweise beziehbar);
   d) 1 Druckminderventil für die Sauerstoffflasche;
   e) 1 oder mehrere Schweißbrenner;
   f) je 1 Schlauch (3÷5 m lang) für Sauerstoff und Azetylen (Verbindung der Gasquellen mit dem Brenner).

2. **Schweißanlage für gelöstes Azetylen in Flaschen** (ähnlich Abb. 7):
   c) 1 Sauerstoffflasche;
   d) 1 Druckminderventil für Sauerstoff;
   e) 1 oder mehrere Schweißbrenner;
   f) 2 Schläuche;
   g) 1 Azetylengasflasche;
   h) 1 Druckminderventil für Azetylen.

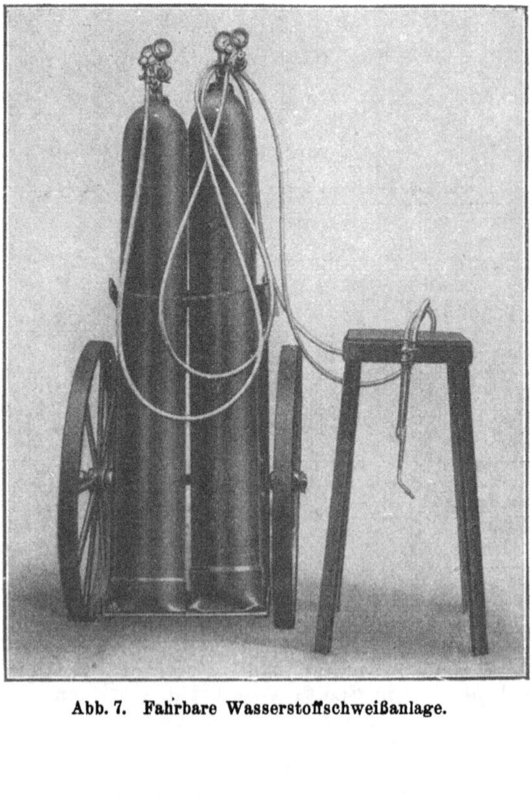

Abb. 7. Fahrbare Wasserstoffschweißanlage.

3. Leuchtgasschweißanlage:

b) 1 Wasservorlage (nicht Vorschrift, doch empfehlenswert);

c) 1 Sauerstoffflasche;

d) 1 Druckminderventil für Sauerstoff;

e) 1 Schweißbrenner mit mehreren Düsen;

f) 2 Schläuche.

4. Wasserstoffschweißanlage (Abb. 7):

c) 1 Sauerstoffflasche;

d) 1 Druckminderventil für Sauerstoff;

e) 1 Schweißbrenner;

f) 2 Schläuche;

g) 1 Wasserstoffflasche;

h) 1 Druckminderventil für Wasserstoff.

5. Allgemeine Geräte.

Abb. 8. Fahrbare Azetylenschweißanlage.

Alle diese Anlagen können, um leichter beweglich zu sein, auf Wagen fahrbar eingerichtet werden, und zwar so, daß bei der Anlage 1 der Azetylenapparat und die Sauerstoffflasche (Abb. 8), bei Anlage 2 und 4 beide Gasflaschen (Abb. 7) auf dem Wagen Platz finden. Soll auch autogen geschnitten werden, so kommt bei allen Anlagen noch ein Schneidbrenner hinzu. Ferner gehören zur Schweißausrüstung: Eine Brille mit dunklen Gläsern, ein Satz Brennerreinigungsnadeln, 4 Schlauchklemmen u. dgl. Die einzelnen Geräte finden in einem späteren Abschnitt besondere Beachtung.

II. Die Einzeleinrichtungen für das autogene Schweißen.

A. Die zur Erzeugung der Schweißflammen notwendigen Gase.

Der Sauerstoff. Sauerstoff, ein geruch-, geschmack- und farbloses Gas, ist selbst nicht brennbar, aber zu jeder Verbrennung erforderlich, da eine Verbrennung die Verbindung eines brennbaren Körpers mit Sauerstoff ist. Weil der Sauerstoff weitaus höhere Verbrennungstemperaturen erzeugt als die atmosphärische Luft, wird er an deren Stelle allen Schweißflammen zugeführt (Luft besteht nur zu etwa $^1/_5$ aus Sauerstoff und zu $^4/_5$ aus dem nicht brennbaren, die Verbrennungstemperatur also stark herabsetzenden Stickstoff). Sauerstoff ist, außer in der Luft, im Wasser und in vielen anderen Stoffen enthalten, aus denen er gewonnen werden kann. Er wird jedoch für Industriezwecke in großen Mengen, von einigen nebensächlichen chemischen Verfahren abgesehen, hauptsächlich auf zweierlei Art erzeugt: Durch Elektrolyse (s. nächsten Absatz) und durch Trennung verflüssigter Luft. Seine Herstellung auf letzterem Wege kann nur fabrikmäßig geschehen (in besonderen Sauerstoffwerken), und zwar derart, daß man ihn aus dem mechanischen Gasgemisch der Luft auch mechanisch austreibt. Die Luft wird verflüssigt, indem man sie stark verdichtet (komprimiert) und dann plötzlich entspannt (expandiert), und zwar von etwa 200 at auf 1 at und weniger. Infolge dieser Entspannung wird Kälte entwickelt, die ihrerseits dazu benutzt wird, neu zuströmende Mengen verdichteter Luft in Gegenstromschlangen vorzukühlen, so daß diese stark abgekühlte Luft, wieder entspannt, noch tiefere Temperaturen erzeugt, bis schließlich die Luft bei etwa — 140° flüssig wird. Im Lufttrennungsapparat wird die nunmehr flüssige Luft in Sauerstoff und Stickstoff getrennt, da der Stickstoff einen um 13° niedriger liegenden Siedepunkt hat als der Sauerstoff und demnach zuerst gasförmig entweicht, eine sauerstoffreichere Flüssigkeit zurücklassend. Diese wird nun beim Verdampfen durch geeignete Mittel (Rektifikation) mehrmals von Stickstoff gereinigt, bis endlich ein fast chemisch reines Sauerstoffgas (mit 98÷99% Sauerstoff) gewonnen wird, das in Stahlflaschen, auf 150 at verdichtet, in den Handel gelangt.

Der Wasserstoff. Wasserstoff, ein ebenfalls geschmack-, geruch- und farbloses Gas, ist im Gegensatz zum Sauerstoff brennbar; er verbrennt mit schwachbläulicher Flamme. Wasserstoff kann zunächst durch Zersetzung des Wassers (einer chemischen Verbindung H_2O, von 2 Teilen Wasserstoff [H] und 1 Teil Sauerstoff [O]), gewonnen werden, und zwar unter Zuhilfenahme des elektrischen Stromes (Elektrolyse). Das in besonderen Gefäßen (Elektrolyseuren) befindliche Wasser wird dem Durchgang des elektrischen Stromes ausgesetzt, wobei sich an den — Polplatten (den negativen Elektroden) Wasserstoff, an den + Polplatten (den positiven Elektroden) Sauerstoff abscheidet. Beide Gase werden durch Diaphragmen (Scheidewände) getrennt aufgefangen, gereinigt, in Gasbehältern gesammelt und ebenfalls in Stahlflaschen, auf 150 at, verdichtet. Bei dieser Wasserzersetzung wird also als Nebenerzeugnis Sauerstoff gewonnen. Der größte Teil des in den Handel kommenden Wasserstoffs wird nicht durch Zersetzung reinen Wassers, sondern durch Zersetzung von Chorkalium- (Steinsalz-) Lösungen mittels Elektrolyse gewonnen. Das Verfahren wird fabrikmäßig, vor allem von der Chemischen Fabrik Griesheim-Elektron, durchgeführt.

Das Leuchtgas. Das weniger für Schweißzwecke als für Schneid- und Lötzwecke geeignete Leuchtgas wird in Gasanstalten durch Vergasung von Steinkohlen in Retorten oder Kammeröfen (Erhitzung unter Luftabschluß = trockene Destillation) erzeugt. Leuchtgas — Steinkohlengas — ist ein im wesentlichen aus Wasserstoff und Kohlenwasserstoffen (CH_4 und C_2H_4, chemische Verbindung von Wasserstoff mit Kohlenstoff [C]) bestehendes Gas von bekanntem Geruch. Neben Teer und Ammoniak wird vor allem Koks als Nebenerzeugnis gebildet. Nach gründlicher Reinigung wird das Gas in großen Gassammlern aufgespeichert und durch Rohrleitungen den einzelnen Verwendungsstellen zugeführt.

Das Blaugas und Flüssiggas. Gewöhnliches Leuchtgas läßt sich nicht, wie die anderen bisher genannten Gase, in Flaschen verdichten, da es sich beim Zusammenpressen zersetzt. Nach den Patenten Wolf und Blau werden jedoch zwei ziemlich gleichartige, als Flüssig- bzw. Blaugas bezeichnete, dem Leuchtgas sehr ähnliche Gasarten dargestellt, und zwar durch trockene Destillation von Rohpetroleum, von Abfallerzeugnissen der Stein-, Braunkohlen- und Ölindustrie. Beide Gasarten werden in Stahlflaschen als leichtbewegliche, wasserhelle Flüssigkeit verschickt, die bei Entspannung auf niederen Druck (durch Reduzierventile) gasförmigen Zustand annimmt. Abgesehen von der etwas umständlichen Entspannung des flüssigen Gases aus den Stahlflaschen in dauernd bereitstehende Gaskessel oder Gasflaschen, ferner abgesehen von dem viel geringeren Heizwert gegenüber dem Azetylen, kommen Flüssiggas und Blaugas als ernstliche Wettbewerber gegenüber den Azetylen auch deshalb nicht in Frage, weil Flüssiggas nur in Zürich und Blaugas nur in Augsburg hergestellt wird. Die hohen Hin- und Rückfrachten für die Flaschen schließen die Verwendung dieser Gasart als Schweißgas im allgemeinen aus.

Das Azetylen. Wenn man Kalziumkarbid mit Wasser in Berührung bringt entsteht Azetylen, volkstümlich auch wohl „Karbidgas“ genannt. Da beide Rohstoffe überall zu haben sind, ist die Erzeugung des aus ihnen gebildeten Azetylens auch allerorts möglich. So stellt schon jede Fahrradlaterne in gewissem Sinn eine kleine, überhaupt die kleinste, selbständige Azetylen-Gasanlage dar.

Kalziumkarbid (CaC_2, aus einem Teil Kalzium [Ca] und 2 Teilen Kohlenstoff bestehend) entsteht, wenn man ein mechanisches Gemisch von etwa 100 Teilen Kalkstein ($CaCO_3$, kohlensaurer Kalk) und 60 ÷ 75 Teilen Kohle der hohen Temperatur des elektrischen Flammbogens aussetzt. Die Herstellung erfolgt in besonderen elektrischen Schmelzöfen. Beim Zusammenschmelzen der beiden Rohstoffe Kalkstein und Kohle wird dann neben gasförmig abziehendem Kohlenoxyd Karbid gewonnen, das man absticht und in Blöcken erstarren läßt. Entsprechend der Konstruktion der Karbidzersetzungsapparate kommt das Karbid in verschiedenen Größen in den Handel. Es ist von blaugrauem, kalksteinartigem Aussehen. Normale Karbidgrößen sind:

1 ÷ 4	mm,	granuliertes Karbid,
4 ÷ 7	„	feinkörniges „
8 ÷ 15	„	Karbid in Haselnußgröße,
15 ÷ 25	„	„ „ Walnußgröße,
25 ÷ 50	„	Stückkarbid,
50 ÷ 80	„	„ in Faustgröße.

Es mag gleich vorweg auf die immer bessere Eignung des Stückkarbids gegenüber den anderen Größen hingewiesen sein.

Der Versand des Karbids erfolgt in dünnwandigen Blechtrommeln von 50, meist jedoch 100 kg Bruttogewicht. Die Deckel dieser Trommeln sind entweder mit Pech oder Harz vergossen und aufgeschraubt oder, wie es am häufigsten der Fall ist, gefalzt oder weich aufgelötet. Aufgelötete Deckel dürfen keinesfalls mittels einer Flamme, sondern nur mittels Hammer und Meißel vorsichtig geöffnet werden, da sonst Explosionsgefahr besteht. Die Aufbewahrung des Karbids muß im Trocknen erfolgen, weil es sehr hygroskopisch (d. h. Feuchtigkeit anziehend) ist und sich bei Einwirkung von Feuchtigkeit sofort Azetylengas entwickelt, das, mit Luft gemischt und durch irgendeinen Zufall zur Zündung gebracht, zu heftigen Explosionen führen kann (daher eben Anwendung von brennenden oder glühenden Gegenständen beim Deckelöffnen streng verboten). Schon durch Luftfeuchtigkeit allein wird Karbid zersetzt, weshalb es empfehlenswert ist, um unnützen Zerfall des Karbids und Gefahren zu verhindern, geöffnete Karbidbüchsen mit einem kleinen Sandsack abzudecken oder, was noch besser ist, den Trommelinhalt in einen besonders zur Karbidaufbewahrung gewählten, luftdicht verschließbaren Behälter (Milchkannen ähnlich) umzufüllen. Diesem Behälter entnimmt man dann immer nur die jeweils erforderliche Menge Karbid und verschließt ihn sofort wieder.

Azetylen (C_2H_2, 2 Teile Kohlenstoff und 2 Teile Wasserstoff) entsteht, wie schon erwähnt wurde, indem man Wasser auf Karbid schüttet oder umgekehrt Karbid ins Wasser wirft. Durch die Umsetzung dieser beiden Stoffe — normale Temperatur vorausgesetzt — entsteht in jedem Verhältnis Azetylen, was man auch sehr übersichtlich durch folgende einfache, chemische Gleichung ausdrücken kann:

CaC_2	+	$2H_2O$	=	$Ca(OH)_2$	+	C_2H_2
Kalziumkarbid	+	Wasser	=	Kalkrückstand	+	Azetylen
64 GT	+	36 GT	=	74 GT	+	26 GT.

Gesetzmäßig müssen auf beiden Seiten dieser Gleichung dieselben Gewichtsmengen auftreten, und wir ersehen aus ihr, daß 64 GT (Gewichtsteile) Karbid mit 36 GT Wasser zusammengebracht, außer 26 GT Azetylen 74 GT Kalkrückstand (in Schlammform) ergeben. Nach dieser Gleichung läßt sich ferner bestimmen, daß 1 kg Karbid: $\frac{36}{64} = 0{,}562$ kg = rund 0,5 l Wasser zersetzt, wobei sich $\frac{74}{64} = 1{,}15$ kg Schlamm und 0,406 kg = 340 l Azetylen entwickeln (855 l Azetylen = 1 kg). 1 kg Karbid soll demnach 340 l Gas ergeben. In der Praxis kann jedoch nur mit einer Ausbeute von 250 l Azetylen auf 1 kg Karbid gerechnet werden, da einmal die Güte (Qualität) des Karbids starken Schwankungen unterworfen ist, zweitens durch unvergast gebliebene Stücke und durch Undichtheit in den Apparaten und Leitungen Gasverluste entstehen, und endlich, weil eine bestimmte Menge Gas (siehe später) mit dem Entwicklerwasser abgeleitet wird. Man muß also rechnen: Es werden für 1000 l = 1 m^3 Azetylen: $\frac{1000}{250} = 4$ kg Karbid benötigt. Mit dieser Berechnung (Kalkulation) reicht man, wie die Praxis gezeigt hat, aus.

Azetylen hat das spezifische Gewicht (Einheitsgewicht) 0,906 und ist demnach ein wenig leichter als die atmosphärische Luft. Es zeichnet sich unter allen Gasen durch seinen knoblauchartigen, starken Geruch aus, ist jedoch wegen Fehlens von Kohlenoxydgas viel weniger giftig als Leuchtgas.

Wir haben gesehen, daß zur Zersetzung von 1 kg Karbid $\frac{1}{2}$ l Wasser nötig ist; diese Wassermenge reicht allerdings nicht aus, um die beim Zersetzen des Karbids entstehende große Wärmemenge, die unter Umständen zu Explosionsgefahren Veranlassung geben kann, unschädlich zu machen. Diese Wärmemenge, die beim Umsetzen zwischen Wasser und Karbid (zu Azetylen) frei wird, wie man sich technisch auszudrücken pflegt, beträgt rund 400 WE[1]). Bei Besprechung der Azetylenentwickler haben wir auf diesen Umstand noch näher einzugehen.

Das unter dem Namen **Beagid**[2]) oder **Karbidid** bekannte Karbid ist ein zerkleinertes, mittels Zucker und Petroleum behandeltes (imprägniertes), in zylindrische Körper von etwa 80 mm Durchmesser und 100 mm Höhe gepreßtes Sondererzeugnis. Seines verhältnismäßig hohen Preises und seiner schwierigen Beschaffung halber wird es praktisch nur sehr wenig und nur bei kleinen Azetylenapparaten verwandt.

Alles aus handelsüblichem Karbid erzeugte Azetylen ist nie chemisch rein, sondern stets durch verschiedene Stoffe verunreinigt. Diese Verunreinigungen rühren zum Teil von den Ausgangsstoffen der Karbidfabrikation (Kalkstein und Kohle) her, können jedoch auch beim Zersetzen des Karbids selbst, je nach Güte der Azetylenentwickler, in mehr oder weniger großen Mengen gebildet werden. Solche Verunreinigungen sind, an Menge schwankend unter sich, in der Hauptsache: Schwefelwasserstoff, Phosphorwasserstoff, Ammoniak und Siliziumwasserstoff (auch Kohlenoxyd, Kohlensäure, Methan und Luft). Im allgemeinen kommen nur jene Verunreinigungen in Betracht, die sich später im Gas vorfinden; die im Kalkschlamm verbliebenen Bestandteile sind für uns belanglos.

Die chemischen Verunreinigungen des Azetylens sind in allen Fällen unerwünscht, teilweise weil sie giftig sind (Schwefelwasserstoff und Phosphorwasserstoff), teilweise infolge ihrer zerstörenden Wirkungen auf Armaturen und Leitungen der Apparate (Phosphorwasserstoff), ferner wegen ihres sehr schädlichen Einflusses auf die mit der Azetylenflamme bearbeiteten Metalle und schließlich, weil das diese Verunreinigungen enthaltende Gas gesteigerte Explosionsmöglichkeiten bietet. In der Literatur hin und wieder anzutreffende Ansichten, ein Überschuß von Phosphorwasserstoff oder überhaupt dessen Anwesenheit in der Schweißflamme sei erwünscht, sind unrichtig; praktisch ist dieser Überschuß auch gar nicht ohne weiteres herstellbar.

Nachweis der Verunreinigungen des Azetylens. Dieser ist einfach und mit billigen Mitteln zu erbringen. Mit Hilfe von Reagenzpapieren[3]) kann festgestellt werden die Anwesenheit von:

Schwefelwasserstoff, indem man das Azetylen gegen ein mit Quecksilberchlorid imprägniertes (schwarzaussehendes) Papier ausströmen läßt; das Papier wird weiß gefärbt.

Phosphorwasserstoff, indem man dasselbe Papier verwendet oder eine 5prozentige Höllensteinlösung (von weißem Aussehen) der Einwirkung des Azetylens aussetzt; die Lösung wird schwarz gefärbt.

Siliziumwasserstoff und Ammoniak mittels gewöhnlichen, leicht erhältlichen roten Lakmuspapiers, das bei Vorhandensein dieser Verunreinigungen blaue Färbung annimmt.

---

[1]) Unter WE = Wärmeeinheit oder Cal (Calorie) versteht man diejenige Wärmemenge, die notwendig ist, um die Temperatur von 1 l Wasser um 1° zu erhöhen. Angenommen, 1 l Wasser habe eine Temperatur von 18° und später, nach Erwärmung, eine solche von 68°, dann sind zu dieser Temperaturerhöhung 68 − 18 = 50 Cal erforderlich gewesen.

[2]) Beagid wird in Deutschland nur von der Dr. Alex. Wacker Ges. in Lechbruck (Bayern) hergestellt.

[3]) Ähnlich dem in der Elektrotechnik gebräuchlichen Polreagenzpapier, unter dessen Zuhilfenahme man + und − Pol unterscheiden kann.

Befreiung des Azetylens von seinen Verunreinigungen. Um Schwefelwasserstoff, Siliziumwasserstoff und Ammoniak zu entfernen, genügt ein gründliches Waschen des Gases in reinem, kaltem Wasser, an welches die Verunreinigungen gebunden werden. Dagegen ist der schlimmste Begleiter, der Phosphorwasserstoff, ein ziemlich hartnäckiger Geselle, dem man mit besonderen Mitteln zu Leibe gehen muß. Das geschieht in besonderen, mit chemischen Präparaten angefüllten Reinigern (siehe später). Die Reinigungsmassen stellen vorwiegend ein Gemenge von teils Chlor-, teils Chrompräparaten dar, die entweder pulver- oder stückförmig in die Reiniger eingebracht werden. Es kommen hauptsächlich folgende Reinigungsmassen in Frage: Puratylen, eine stückförmige, weiße, stark poröse Masse; Frankolin, eine sowohl stückförmig als pulverisiert erhältliche, weniger hygroskopische (also Feuchtigkeit aufsaugende) Masse von brauner Farbe, und das ihm ähnliche, pulverförmige Heratol und Klingerit.

Die Explosionsgefahr des Azetylens. Hierüber bestehen in weitesten Kreisen die verschiedensten, oft widersinnigsten Ansichten. Manche Explosion hätte bei einigermaßen vernünftiger Behandlung des Azetylenapparates verhütet werden können. Da in Deutschland nur behördlich geprüfte und von sachverständiger Stelle abgenommene Azetylenapparate Verwendung finden dürfen, hat die Explosion solcher Apparate, soweit sie auf Konstruktionsfehler zurückzuführen war, glücklicherweise beträchtlich abgenommen. Wir möchten daher auch an dieser Stelle vor Selbstanfertigung irgendwelcher Azetylenapparate dringend warnen.

In vorschriftsmäßig konstruierten Entwicklern hergestelltes Azetylen ist unter gewöhnlichem Druck und bei normaler Temperatur nicht explosibel. Welche Umstände können nun die Ursache von Azetylenexplosionen sein? Obwohl die Anwesenheit der im Gase vorhandenen Verunreinigungen, z. B. der Silizium- und Phosphorverbindungen, die Explosion des Azetylens nicht beeinflußt, erhöhen diese Stoffe doch die Explosionsgefahr bei Gegenwart von Luft und können dann zu einer plötzlichen Zündung des Gasgemisches führen. Außer für gute Reinigung des Azetylens von diesen verunreinigenden Begleitern muß deshalb auch für Erneuerung der chemischen Reinigungsmasse gesorgt werden, und zwar in gewissen Zeitabständen, wie sie von den die Apparate liefernden Firmen vorgeschrieben werden. Weitaus wichtiger ist jedoch die Fernhaltung der Luft aus den Apparaten, da deren Vorhandensein nicht allein eine erhöhte Explosionsgefahr an und für sich bedeutet, sondern auch die Explosionstemperatur des Gases ganz erheblich herabsetzt, d. h. Explosionen können, wenn Luft eindringt, schon bei verhältnismäßig tiefen, ganz normalen Entwicklungstemperaturen eintreten. Demnach muß größter Dichtheit aller Gasentwickler und Gassammler besonderes Augenmerk zugewendet werden.

Druck und zunehmende Temperatur steigern die Explosionsgefahr bedeutend. Schon bei 2 at Druck explodiert angezündetes Azetylen ohne Gegenwart von Luft; Azetylen darf deshalb keinenfalls unter höheren Druck gebracht werden (siehe gelöstes Azetylen). Zur Verhütung unzulässig hoher Temperaturen im Azetylenapparat ist für gute Ableitung der beim Zersetzen des Karbids entwickelten Wärme zu sorgen. Über 50° soll die Temperatur des Entwicklerwassers nie steigen. Bei Arbeitsüberlastung, d. h. bei Entnahme ungewöhnlich großer Gasmengen aus dazu vielleicht noch ungenügend leistungsfähigen Apparaten, kann die Entwicklungswärme bis zu 100° gesteigert und das zur Zersetzung des Karbids bestimmte Wasser zum Sieden gebracht werden. Die Kühlhaltung der Azetylenapparate ist also mit eine der wichtigsten Aufgaben des Schweißers beim Apparatebedienen.

Offenes Licht und Feuer, brennender Tabak, elektrische Kontakte und Schalter, glühende Körper u. dgl. sind Azetylenapparaten auf wenigstens 3 m Abstand fern zu halten. Bei stationären (feststehenden) Anlagen bestehen besondere Vorschriften. Azetylenapparate, welcher Konstruktion sie auch sein mögen, dürfen für Schweißzwecke ohne Zwischenschaltung einer amtlich geprüften Sicherheitswasservorlage (siehe diese) unter keinen Umständen verwendet werden! Kupferne Teile (Armaturen usw.) dürfen an Azetylenapparaten nicht angebracht werden, da sie mit Azetylengas explosive Verbindungen eingehen.

Weitere Schutzmaßnahmen sind in dem Abschnitt „Die Behandlung der Azetylenapparate" angegeben.

Azetylen-Dissous (gelöstes Flaschengas). Die hervorragenden Eigenschaften des Azetylens als Schweißgas ließen bald den Gedanken aufkommen, es ähnlich dem Wasserstoff, Blaugas und anderen Brenngasen in Stahlflaschen verdichtet aufzuspeichern und somit gebrauchsfertiges Azetylen auf den Markt zu bringen. Die großen Schwierigkeiten, die sich der Verdichtung des Gases entgegenstellten, infolge seines großen Explosionsvermögens schon bei 2 at Druck, wurden durch äußerst sinnreiche Anwendung verhältnismäßig einfacher Mittel behoben. Um lohnende Mengen Gas in Gastransportflaschen normaler Größe unterbringen zu können, machte man sich zunächst das große Lösungsvermögen des Azetons für Azetylen nutzbar. Azeton, Essiggeist, ist ein Bestandteil, der durch trockene Destillation des Holzes entstehenden, flüssigen Erzeugnisse, die mit Kalkmilch neutralisiert (d. h. neutral, unwirksam gemacht) werden und nach geeigneter chemischer Reinigung das starkriechende, flüssige Azeton bilden. 1 l Azeton löst bei atmosphärischem Druck 24 l Azetylen. Die Lösungsfähigkeit wächst entsprechend der Drucksteigerung, so daß bei 15 at Druck 1 l Azeton etwa $24 \cdot 15 = 360$ l Azetylen gelöst aufnehmen kann. Bei Druckentlastung geht das in flüssiger Form in den Flaschen enthaltene Gas, ähnlich wie Blaugas und Kohlensäure, in den gasförmigen Zustand über, ohne daß, wie bei Blaugas, die Zwischenschaltung eines Ausdehnungsbehälters nötig ist. Diese Lösung (Aufsaugung) des Azetylens in Azeton ist auch bei hohem Druck (in Deutschland zugelassener Höchstdruck 15 at) nicht explosiv, wohl aber der über der Flüssigkeit befindliche Dampf von verdichtetem Azetylen. Aus diesem Grunde müssen wirksame Zwischenträger die Ausscheidung, bzw. Ansammlung solcher verdichteter Dämpfe zuverlässig verhindern, und das geschieht, indem man die Azetylenflasche mit einer zu Brei angerührten, hauptsächlich aus Kieselgur und Holzkohle bestehenden Masse von großer Porosität (Durchlässigkeit) völlig anfüllt, eintrocknet und dann die zementartig gewordene Füllung mit Azeton sättigt. Hierauf wird peinlich gereinigtes, trockenes Azetylengas unter $12 \div 15$ at Druck in die Gasflaschen hineingepreßt. Flaschen von $10 \div 50$ l Wasserinhalt fassen dann $1000 \div 6600$ l Gas, eine Normalflasche von 40 l Wasserinhalt bei 15 at Druck rund 6000 l. Die Gasentnahme geschieht, wie beim Sauerstoff, mittels eines Druckminderventils. Eine Sicherheitswasservorlage ist beim Schweißen mit Flaschenazetylen nicht erforderlich. Allerdings macht sich hier ein anderer unangenehmer Umstand geltend, der besonders bei Entnahme größerer Gasmengen beachtet werden muß. Das Azeton wird in kleineren oder größeren Mengen, je nach Gasentnahme, vom Azetylen mitgerissen, weshalb es bei starker Gasentnahme notwendig ist, 2,3 oder noch mehr Gasflaschen zusammenzuschließen (siehe auch unter Stahlflaschen für verdichtete Gase).

B. Schweißapparate, Schweißgeräte und deren Behandlung.

1. Stahlflaschen für verdichtete Gase.

Einrichtung der Stahlflaschen. Da die wirtschaftliche Selbsterzeugung der zum autogenen Schweißen und Schneiden erforderlichen Gase nur sehr selten möglich und vor allem an bedeutenden Verbrauch gebunden ist, sind die weitaus meisten, selbst größere Schweißereien auf besondere Gaswerke für den Bezug von Sauerstoff, Wasserstoff usw. angewiesen. Mit Rücksicht auf den hohen Füllungsdruck, den die in dieser Werken gefüllten Gastransportflaschen auszuhalten haben, wird für solche Stahlflaschen nur hochwertiger Baustoff, meistens Mannesmann-Stahlrohr, verwendet. Der Inhalt der Flaschen wird nach ihrem Wasserfassungsvermögen bestimmt. Je nach ihren Abmessungen fassen die Flaschen 5÷60 l Wasser. Im Schweißereibetriebe finden ziemlich ausschließlich die Normalflaschen mit 40 l Wasserinhalt Verwendung, die bei einem Durchmesser von etwa 200 mm eine Höhe von etwa 1700 mm haben. Solch eine Flasche nimmt bei 150 at Füllungsdruck genau 6000 l = 6 m^3 verdichtetes Gas auf (gasförmig, nicht flüssig wie Azetylen oder Blaugas), Gewicht der Flasche leer: ca. 73 kg, mit Sauerstoff gefüllt ca. 78 kg.

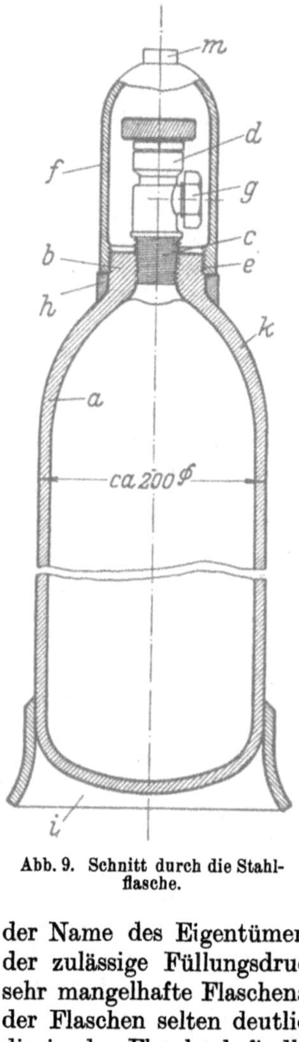

Abb. 9. Schnitt durch die Stahlflasche.

Das Aussehen der Flasche zeigt Abb. 9 im Schnitt und zur Platzersparnis in der Höhe unterbrochen. Ein Stahlrohr *a* von 5÷8 mm Wandstärke ist unten flachbogenförmig geschlossen und oben bei *b* halsförmig eingezogen. Der meist durch einen warm aufgezogenen Sprengring *h* verstärkte Flaschenhals *b* besitzt außen ein zylindrisches Rohrgewinde *e*, welches zum Aufschrauben der Schutzkappe *f* (die das Flaschenventil *d* während des Transports der Flasche zu schützen hat) dient. Um die senkrechte Stellung der Flasche zu ermöglichen, ist am unteren Flaschenende ein Fuß *i* warm aufgezogen, der durch die quadratische Form seiner Grundfläche auch das Fortrollen der liegenden Flasche verhindert. Bei *k*, unterhalb des Flaschenhalses, sind eingeschlagen der Name des Eigentümers, die Flaschennummer, der Probedruck (225 at) und der zulässige Füllungsdruck, sowie der Wasserinhalt der Flasche. Der meist sehr mangelhafte Flaschenanstrich (dessen Farbe infolge des häufigen Transportes der Flaschen selten deutlich zu erkennen ist) soll ein äußeres Kennzeichen für die in der Flasche befindliche Gasart sein. Allgemein gilt blau für Sauerstoff, rot für Wasserstoff, weiß für Flaschenazetylen als Anstrichfarbe.

Das am Flaschenkopf in das innere, konische Gewinde (Gasgewinde) *c* eingeschraubte Flaschenventil *d* hat den Hauptzweck, die gefüllte Flasche zu verschließen und das zur Gasentnahme unter beliebig hohem Druck notwendige Druckminderventil (siehe dieses) möglichst einfach anzuschließen. Das Ventil *d* darf vom Verbraucher niemals entfernt werden. Abb. 10 zeigt uns ein solches

Flaschenventil im Schnitt, das sich auf Grund seiner zweckmäßigen Konstruktion sehr gut eingeführt hat. Das Handrad *a* wirkt durch Vierkant auf die Oberspindel *k*, die durch eine lose Messingmuffe *e* mit der den Abdichtungsstöpsel *f* tragenden Unterspindel verbunden ist. Die Feder *b* preßt die Oberspindel *k* an die Dichtung *d* an; sie sitzt geschützt in einer Ausdrehung des Handrads unter einem verschraubbaren Deckel *g*. Die abdichtende Mutter *c* ist oben mit einem Ansatz *i* versehen, um das früher so häufige Verbiegen der Oberspindel durch das Handrad zu verhindern. Bei *m* ist der Anschluß für das Druckminderventil, der während des Transports und bei Nichtbenutzung durch eine Verschlußmutter *l* verschlossen ist. Über Behebung von Undichtigkeiten am Flaschenventil wird später noch das Erforderliche ausgeführt.

Das Anschlußgewinde der Flaschenventile für das Druckminderventil ist nach gesetzlichen Bestimmungen bemessen und, um Verwechslungen beim Füllen der Flaschen und damit Explosionsgefahren vorzubeugen, für die verschiedenen Gasarten verschieden. Alle Sauerstoffflaschen tragen Rechtsgewinde, alle Wasserstoffflaschen Linksgewinde. Bis vor kurzem waren Durchmesser und Gangzahl für beide Gewinde, ob links- oder rechtsgängig, gleich. Nach der neuen „Polizeiverordnung für den Verkehr mit verflüssigten und verdichteten Gasen", gültig ab 1. 7. 1922, haben die Wasserstoffflaschen das alte, früher auch für Sauerstoff übliche Kohlensäureflaschengewinde behalten (21,8 mm Gewindedurchmesser, 14 Gang auf 1″). Die Sauerstoffflaschenventile dagegen haben an Stelle dieses ½″ Gasgewinde einen ³/₄″ Gasgewindeanschluß erhalten (26,174 mm Gewindedurchmesser, 14 Gang auf 1″). Näheres ist aus dem vom Normenausschuß der deutschen Industrie (Berlin NW 7, Sommerstr. 4a) herausgegebenen Normenblatt DJ Norm 477 zu ersehen.[1]) Das neue Gewinde muß innerhalb von fünf Jahren an allen Sauerstoffflaschen angebracht sein. Während dieser Übergangszeit sind Zwischenstücke erforderlich, deren kleineres Gewinde an die bestehenden Druckminderventile mit altem Gewinde und deren größeres Gewinde an den neuen Anschluß am Flaschenventil paßt, oder umgekehrt.

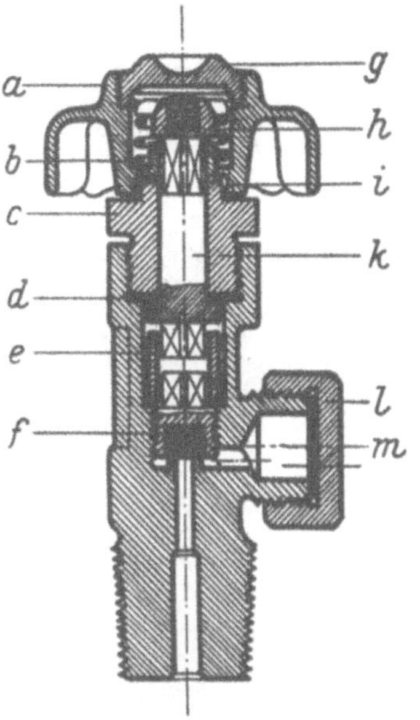

Abb. 10. Flaschenventil im Schnitt.

Die Flaschenventile für gelöstes Azetylen weichen von den übrigen Ventilen insofern ab, als sie keinen Gewindeanschluß, sondern einen Zapfenanschluß tragen (s. Abb. 11). Ein mittels Fiberring *c* abgedichteter, in eine entsprechende Bohrung *b* passender Zapfen *a*, wird durch einen Bügel *d*, den Flaschenbügel (der über das Flaschenventil hinüberreicht), mit Hilfe einer Schraube *k* fest angepreßt. An Stelle des Handrades in Abb. 10 tritt bei diesem Ventil ein Vierkantsteckschlüssel bei *i*. Diese Art des Druckminderventilanschlusses ist nur bei Azetylenflaschen gebräuchlich und erfüllt ihren Zweck ausreichend, da der Gasdruck in diesen Flaschen 15 at nie übersteigt. Auf den übrigen Teil der Abb. 11, der das gleich angeschraubte Druckminderventil darstellt, wird noch im Abschnitt „Druckminderventile" kurz Bezug genommen.

[1]) S. auch „Die Schmelzschweißung", 1922, S. 200.

Fast sämtliche Flaschenventile werden aus Druckmessing hergestellt; eine Ausnahme macht lediglich das schmiedeeiserne Flaschenventil für gelöstes Azetylen. Wie bereits erwähnt, ist es nämlich verboten, für Azetylen unter Druck Kupfer- oder Kupfer enthaltende Ventile usw. zu verwenden, da sich explosives Azetylenkupfer bilden kann.

Behandlung der Stahlflaschen. Bei Eingang des kurz mit Flasche bezeichneten Stahlbehälters (Benennungen wie: Bombe, Rezipient usw. sind seltener und unpassend), hat man sich zunächst von seinem Inhalt zu überzeugen. Dies ist nur durch Ermittlung des Gasdrucks und entsprechende Umrechnung möglich und im ureigensten Interesse des Verbrauchers gelegen, weil im Füllwerk durch Un-

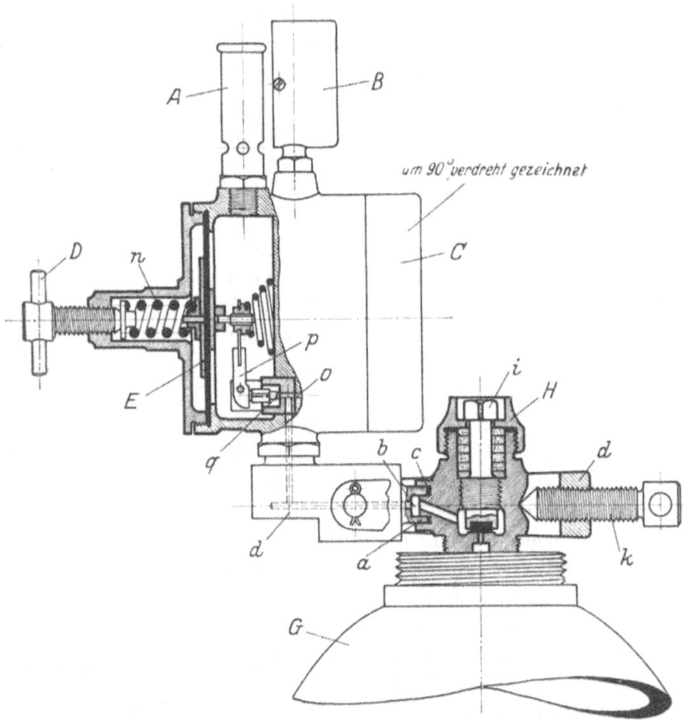

Abb. 11. Flaschen- und Druckminderventil für gelöstes Azetylen.

achtsamkeit und schlechte Kontrolle, ungenügende Auffüllung oder auch durch Undichtheiten am Flaschenventil während des Transportes Gasverluste eintreten können, die unter Umständen den größeren Teil des eigentlichen, in Rechnung gestellten Inhalts ausmachen. Die Prüfung geschieht, falls sich nennenswerte Unterschiede ergeben, am besten in Gegenwart eines glaubwürdigen Zeugen, um bei etwaigen Weiterungen beweislich gedeckt zu sein.

Zur Flaschen-Inhaltsprüfung wird zunächst die Schutzkappe *f* Abb. 9 abgeschraubt (immer durch Linksdrehung). Mitunter kommt es vor, daß diese Schutzkappe festgerostet oder festgeklemmt ist und nicht ohne weiteres durch Drehung des am Sechskant (selten Vierkant) *m* angesetzten Schlüssels gelöst werden kann. Leichtes Anschlagen mit dem Flaschenschlüssel wird die festsitzende Kappe *f* immer lockern. Nach Entfernung der Kappe überzeugt man sich zunächst davon, ob das Handrad *a* am Flaschenventil richtig geschlossen ist (nach rechts fest andrehen!), damit im gegenteiligen Falle die Gewindeschutzmutter *g* nicht durch den hohen Gasdruck fortgeschleudert werden kann, wenn nur noch einige Gänge eingeschraubt sind. Nunmehr wird die Mutter *g* (bei Sauerstoff durch Links-, bei Wasserstoff durch Rechtsdrehung) abgeschraubt, indem man, wie bei allen Handgriffen an der Gasflasche, links oder rechts, niemals aber vor dem Gasausströmungskanal des Ventils Stellung nimmt. Diese Vorsicht dient zur persönlichen Sicherheit; man schützt sich so gegen das Abfliegen vielleicht locker gewordener Teile des Druckminderventils. Jetzt öffnet man vorsichtig und langsam das Flaschenventil durch etwa $^1/_4$ Drehung (90°) und läßt eine halbe Sekunde lang das Gas ausströmen, damit etwa vorhandene Rost- und Schmutzteilchen abgeblasen und nicht in das anzuschraubende Ventil hinübergedrückt werden und dort Verstopfungen hervorrufen. Nun kann das Druckminderventil oder — falls ein solches vorhanden — besondere Prüfmanometer aufgeschraubt und der in der Flasche herrschende Gasdruck abgelesen werden. Die Abdichtung zwischen Druckminder- und Flaschenventil erfolgt durch Zwischenlage eines Fiberringes, der stets mit den Ventilen geliefert wird. Natürlich ist Voraussetzung, daß das Inhaltsmanometer des Druckminderventils (über letzteres und dessen Behandlung siehe nächsten Abschnitt) in Ordnung ist und möglichst fehlerfrei anzeigt.

Unter normalen Verhältnissen sind Druckunterschiede, die sich beim Nachprüfen des Flascheninhalts gegenüber dem in Anrechnung gebrachten Druck ergeben, bis zu 5 % als zulässig anzusehen, da die Manometerwerte trotz geeichter Skalen oft voneinander abweichen und auch der Temperaturunterschied zwischen Fabrikations- und Verbrauchsort der Gase zu berücksichtigen ist. Ergeben sich größere Druckunterschiede als 5 %, so sind Reklamationen (Beanstandungen) beim Gasfüllwerk im allgemeinen berechtigt. Sind also z. B. 150 at Sauerstoff berechnet, so muß der Mindestdruck 5 % unter 150, demnach $150 - 7{,}5 \sim 142$ at betragen. Man wird normalerweise bei mehr als 140 at Druck nicht reklamieren. Allgemein wird von den Gaswerken der Inhalt der Flasche nach l oder m³ berechnet und nicht nach Atmosphärendruck. Die entsprechende Ausrechnung ergibt sich aus dem nächsten Absatz. Bei der Inhaltsbestimmung sind Raumtemperaturen unter 10° C nicht normal und hierbei ablesbare Druckunterschiede nicht reklamierbar; bei Temperaturabnahme tritt Druckabfall, bei Temperatursteigerung Druckzunahme ein.

Die Berechnung des Gasinhalts der Stahlflasche. Sie geschieht, indem man den Wasserinhalt der Flasche mit der Anzahl Atmosphären, die am Inhaltsmanometer des Druckminderventils ablesbar sind, multipliziert. Beispiel: die Flasche habe 40 l Wasserinhalt (Normalflasche), und am Inhaltsmesser werden 150 at abgelesen, so enthält die Flasche $40 \times 150 = 6000$ l $= 6$ m³ Gas von normalem Druck (1 at). Man kann demnach auch sagen, daß bei dieser Flaschengröße 1 m³ Gas 25 at entspricht. Hat eine Flasche nur 30 l Wasserinhalt und zeigt der Inhaltsmesser 80 at an, so sind in dieser Flasche $30 \times 80 = 2400$ l $= 2{,}4$ m³ Gas enthalten. Man rechnet also stets die kleine Menge hochgespannten Gases in der Flasche um in eine große Menge niedriggespannten Gases von atmosphärischem Druck (1 at). Mit diesem niedrigen Druck wird das Gas ja auch tatsächlich verbraucht. Im letzten Beispiel haben wir also, genau genommen, umgeformt 30 l $\times$ 80 at in 2400 l $\times$ 1 at.

Den Verbrauch an Sauerstoff oder Wasserstoff für eine bestimmte Schweiß- oder Schneidarbeit kann man nach vorigem feststellen, indem man den Flascheninhalt bei Arbeitsschluß vom Flascheninhalt bei Arbeitsbeginn abzieht. Beispiel: Wasserinhalt der Flasche = 40 l. Der Inhaltsmesser zeige bei Arbeitsbeginn 128 at, bei Arbeitsschluß 71 at. Wir haben also in der Flasche bei Arbeitsbeginn: 128 × 40 = 5120 l, bei Arbeitsschluß 71 × 40 = 2840 l; der Unterschied 5120 − 2840 = 2280 l ist der Gasverbrauch. Einfacher ist es, den Druck bei Arbeitsschluß von dem Druck bei Arbeitsbeginn abzuziehen und diesen Unterschied mit dem Wasserinhalt der Flasche zu multiplizieren. Im Beispiel also: 128 − 71 = 57 at Druckunterschied und daraus: 57 × 40 = 2280 l Gasverbrauch.

Der Flascheninhalt und Verbrauch bei Flaschenazetylen (gelöstem Azetylen) läßt sich nicht ohne weiteres durch eine solche Rechnung feststellen, weil das Azetylen in der Flasche in flüssigem Azeton gelöst ist und letzteres sehr große Azetylenmengen in sich aufnehmen kann, und zwar umso mehr, je höher der Druck in der Flasche ist. Man kann aber annehmen, daß 1 l Azeton bei einer Druckzunahme von 1 at etwa 24 l Azetylen von atmosphärischem Druck aufnimmt. Da die Flasche etwa zu 40 % mit Azeton gefüllt ist, so enthält eine Flasche von 40 l Wasserinhalt bei 1 at Druck: $\frac{40}{100} \cdot 40 \cdot 24 = 384$ l Azetylen und bei 15 at Druck: $\frac{40}{100} \cdot 40 \cdot 24 \cdot 15 = 5760$ l Azetylen (von atmosphärischem Druck). In dieser Rechnung kommt, wie wir sehen, wieder der Wasserinhalt der Flasche (40 l) und der Flaschendruck (15 at) vor, und wir können annähernd auch den Flascheninhalt durch Multiplikation von: Wasserinhalt × Flaschendruck × 10 feststellen. Beim letzten Beispiel ergäbe das: 40 · 15 · 10 = 6000 l Azetylen. Entsprechend läßt sich dann auch der Verbrauch an Azetylen ausrechnen. Eine genauere Bestimmung der Azetylenmenge kann man nur durch Abwiegen der Flasche vor und nach der Schweißarbeit vornehmen. Beispiel: Eine Flasche wiege vor der Arbeit 79,9 kg und nach der Arbeit 78,3 kg. Dann wiegt das verbrauchte Azetylen 79,9 − 78,3 = 1,6 kg. Nun nimmt 1 kg Azetylen bei atmosphärischem Druck einen Raum von 855 l ein. Also beträgt der Azetylenverbrauch in unserem Fall: 855 × 1,5 = 1283 l. Roh angenähert kann man schließlich den Azetylenverbrauch, auch für Niederdruckazetylen (also im Apparat an Ort und Stelle erzeugt), aus dem Sauerstoffverbrauch feststellen, indem man auf 1 m³ Sauerstoff 0,8÷0,9 m³ Azetylen rechnet.

Undichtigkeiten an Stahlflaschenventilen. Diese kann man an Ventilen neuerer Konstruktion meist selbst beheben; Voraussetzung ist allerdings, daß man auch bei gelockertem Handrad den Verschluß des Ventilsitzes ermöglichen kann. Eine solche Konstruktion haben wir in Abb. 10 vor uns. Ursache der Undichtheit ist mit geringen Ausnahmen in der Abnutzung der Dichtungsscheibe *d* zu suchen, welche zeitweise erneuert werden muß. Wenn ein Nachziehen der Stopfbuchsenmutter *c* nicht mehr genügt, erfolgt die Erneuerung der Dichtungsscheibe dadurch, daß man nach festem Andrehen (Rechtsdrehung) des Handrades der Reihe nach folgende Teile abmontiert: *g*, *h*, *b*, *a* und *c*. Darauf wird ein neuer Dichtungsring *d* (Ersatz soll immer zur Hand sein) eingelegt und der Einbau der vorhin genannten Teile in umgekehrter Reihenfolge vorgenommen. Während der Entfernung der einzelnen Teile sorgt der in Gewinde geführte Ventilstöpsel *f* für guten Verschluß des Gasausgangskanals. Fehler am Hartgummistöpsel *f* sind nur bei entleerter Flasche im Gasfüllwerk zu beheben, wie auch sonstige Hantierungen an den Flaschenventilen ganz unzulässig sind. Flaschenventile, die keine im Gewinde geführte Unterspindel besitzen oder keine ähnliche Einrichtung tragen, dürfen unter Flaschendruck nicht zerlegt werden, da sonst alle eingebauten Teile durch den Gasdruck herausgeschleudert werden.

Vor allem ist zu beachten: Öl oder fetthaltige Stoffe, wie Mennige, Hahnfett, mit fetthaltigen Stoffen getränkte Pappe oder Wollpackung usw. dürfen weder mit dem Flaschen- noch mit dem Druckminderventil in Berührung gebracht werden, da hierdurch häufig schwere Explosionen entstanden sind. Diese Warnung bezieht sich hauptsächlich auf Sauerstoff, der unter hohem Druck befindlich mit Fett in Verbindung gebracht zu Explosionen führt. Doch ist es sehr zu empfehlen, Fett und Öl auch allen Ventilen der übrigen Schweißgase fernzuhalten, da etwaige, durch Reibung entstehende Selbstzündung durch solche Stoffe weitere Nahrung erhält.

Die Prüfung des Flaschenventils auf Dichtheit kann bei Sauerstoffflaschen durch Ableuchten mit einem glimmenden Holzspan geschehen, wobei sich undichte Stellen durch Aufflammen des glimmenden Spanes deutlich bemerkbar machen. Auch verfährt man wohl bei Sauerstoffflaschen ebenso wie bei Azetylen- und Wasserstoff- (überhaupt Brenngas enthaltenden) Flaschen so, daß man das Ventil entweder mit Seifenwasser einpinselt oder den Flaschenkopf in ein Becken mit Wasser taucht und auf etwaige Blasenbildung achtet.

Prüfung der chemischen Reinheit des Gases. Für eine genauere Prüfung empfiehlt es sich, Analysen durch einen Chemiker vornehmen zu lassen, da die Prüfung außer einiger Erfahrung auch zweckmäßige Analysenapparate erfordert, die in kleinen und mittleren Betrieben selten zur Hand sein werden. Ein zur Bestimmung des Reinheitgrades des Gases anwendbares, einfaches Mittel besteht darin, daß man beispielsweise bei Wasserstoff durch einen an das Druckminderventil angeschlossenen Schlauch wenig Gas in ein offenes Gefäß mit Seifenwasser eintreten läßt. Ist der Wasserstoff rein, so brennt er, an den Seifenblasen durch ein Zündholz entzündet, mit ruhiger, blauer Flamme ab. Enthält er hingegen mehr Verunreinigungen als zulässig, so explodieren die Seifenblasen unter Knallen; das in der betreffenden Flasche befindliche Gas darf nicht verwendet werden. Derselbe Versuch kann beim Sauerstoff zum Ziele führen, sofern dieser auf elektrolytischem Wege, d. h. durch Zersetzung des Wassers, gewonnen wurde (aus flüssiger Luft hergestellter Sauerstoff läßt sich auf diese Weise nicht prüfen). Das in den Seifenblasen enthaltene Gas darf dann nicht brennen, auch nicht zerknallen, da es andernfalls Wasserstoff in unzulässig großen Mengen enthält. Eine genauere Feststellung der Verunreinigungen in Prozenten ist natürlich bei diesen beiden Proben ausgeschlossen.

Lagerung der Stahlflaschen. Sie soll am besten liegend erfolgen, um die Flaschen vor Umfallen zu schützen. Auch an Arbeitsstellen im Freien, besonders an Baustellen, ist die liegende Anordnung vorzuziehen, sofern die Flasche nicht durch Rohrschellen an festen Körpern oder durch ähnliche Sicherheitsvorrichtungen wie Flaschenständer, Transportkarren u. dgl. gegen Umstürzen gesichert ist. Innerhalb der Werkstätte ist aufrechte Stellung der Flasche vorteilhafter; vor Umfallen ist sie am besten durch Anbringen von Rohrschellen zu bewahren. Ferner sind gefüllte Flaschen vor Sonnen- und Wärmestrahlen zu schützen und dürfen demnach auch nicht in unmittelbarer Nähe von Feuer oder vor großen in Rotglut befindlichen oder vorgewärmten Arbeitsstücken Aufstellung finden. Gase dehnen sich, wie alle Körper, bei Wärmeeinwirkung aus. Die Erwärmung fällt bei Gasen unter Druck (Flaschengasen) um so mehr ins Gewicht, als sie keine Ausdehnungsmöglichkeit haben, was notwendigerweise Drucksteigerung im Flascheninnern zur Folge haben muß, und die soll man vorsichtshalber stets verhindern.

Weder die Leer- noch die Vollflaschen dürfen, wegen der damit verbundenen Gefahr, während des Transports geworfen werden. Da die Leihflaschen nur bis zu 30 Tagen mietefrei sind, darüber hinaus aber eine tägliche Leihgebühr berechnet wird, ist für sofortige Rücksendung nach Entleerung Sorge zu tragen. Bei Rücksendung der Flaschen darf das Aufschrauben von Schutzmutter *g* (Abb. 9) und Schutzkappe *f* nicht vergessen werden, da der Verbraucher sowohl hierfür als auch für etwaige Schäden, die infolgedessen den Flaschen auf dem Transport zustoßen, haftet. Auf dem Frachtbrief sind die Flaschennummern anzuführen.

Explosionsgefahr der Flaschen. Soweit durch starke, chemische oder auch ungewöhnlich große, mechanische Verunreinigung der Gase selbst Gefahrenquellen bestehen, kann der Verbraucher sich leider kaum schützen, doch sind solche Fälle, trotz der außerordentlich hohen Anzahl im Verkehr befindlicher Stahlflaschen, glücklicherweise selten geworden. Im übrigen können wir auf all die mannigfaltigen, überhaupt möglichen Explosionsursachen nicht eingehen; für uns ist allein wichtig, wie bei Behandlung der Flaschen Gefahren abgewendet werden können. Einige Punkte haben bereits Erwähnung gefunden: Flaschen nicht werfen; keine fetthaltigen Stoffe an die Ventile bringen; Flaschen vor Wärmestrahlen schützen usw. Hinzugefügt sei noch: das Flaschenventil ist immer langsam, nicht ruckweise zu öffnen und nicht durch endloses Drehen des Handrades, sondern durch nur eine volle Drehung von 360° (nach links). Erst wenn der Flascheninhalt stark zur Neige geht, oder bei besonders starker Gasentnahme ist eine weitere ganze Umdrehung des Handrädchens am Flaschenventil erforderlich. Durch diese Vorsicht ist man in die Lage versetzt, im Falle einer Gefahr das Ventil rasch zu schließen. Undichtheiten am Flaschenventil sind sofort abzustellen; erforderlichenfalls ist die Flasche unentleert mit entsprechendem Vermerk bezüglich des Mangels ans Werk zurückzusenden.

Zusammenfassung der Flaschenbehandlung.

1. Schutzkappe abnehmen.
2. Nachsehen ob Handrad am Flaschenventil (nach rechts) gut geschlossen ist.
3. Seitlich von der Flasche, nie vor dem Ventilauslaß, Aufstellung nehmen!
4. Schutz- (Verschluß-) Mutter lösen.
5. Gas kurz abblasen lassen.
6. Druckminderventil (mit zwischengelegtem Fiberring) anschrauben.
7. Flaschenventil langsam öffnen (eine volle Drehung am Handrad nach links).
8. Dichtheit des Ventils prüfen; vorhandene Undichtheiten durch Anziehen der Stopfbuchse oder Einlegen eines Fiberringes beheben.
9. Nach Arbeitsbeendigung Flaschenventil schließen.
10. Fett und ölhaltige Stoffe und Dichtungen den Ventilen aller Art unter allen Umständen fernhalten!
11. Die Flaschen nicht werfen!
12. Die Flaschen vor Fall schützen!
13. Die Flaschen vor Wärme- und Sonnenstrahlen schützen!
14. Bei Rücksendung der Flaschen Mutter und Kappe aufschrauben.

2. Druckminderventile.

Zur Entnahme des Gases aus den Stahlflaschen bedient man sich der Druckreduzier- oder Druckminderventile, denen, wie ihr Name sagt, vor allem die Aufgabe zukommt, das Gas von hohem Flaschendruck (150 at) auf den zur Schweiß- bzw. Schneidarbeit erforderlichen niedrigen Druck (meistens: 0,2 ÷ 6 at) zu bringen.

Konstruktion und Arbeitsweise. Gute Ventile müssen ganz aus Druckmessing hergestellt sein, aus Gußeisen oder anderen Metallegierungen hergestellte Ventile sind minderwertig. Aussehen und innere Konstruktion des Ventils richten sich nach Leistung und Zweck, denen das Ventil zu dienen hat. Zur besseren Unterscheidung sind die Ventile je nach Gasart durch einen Anstrich gekennzeichnet, und zwar tragen Ventile für Sauerstoff blaue (seltener grüne), solche für Wasserstoff rote und jene für Flaschenazetylen weiße Farbe, gemäß den zugehörigen Flaschenfarben. Entsprechend den Flaschenanschlußgewinden (am Flaschenventil) haben alle Sauerstoffventile Rechts-, alle Wasserstoffventile Linksgewinde. Die übrige Konstruktion kann bei beiden Ventilarten ganz dieselbe sein. Ventile für Azetylen haben, wie wir bereits wissen, einen Flaschenanschlußzapfen statt des Gewindes und sind nur für 15 at Höchstdruck bestimmt.

Jedes zur autogenen Metallbearbeitung bestimmte Druckminderventil muß 2 Manometer (Röhrenfeder-Druckmesser) tragen, einen Inhaltsdruckmesser und einen Arbeitsdruckmesser. Die Stellung der beiden Manometer zu-

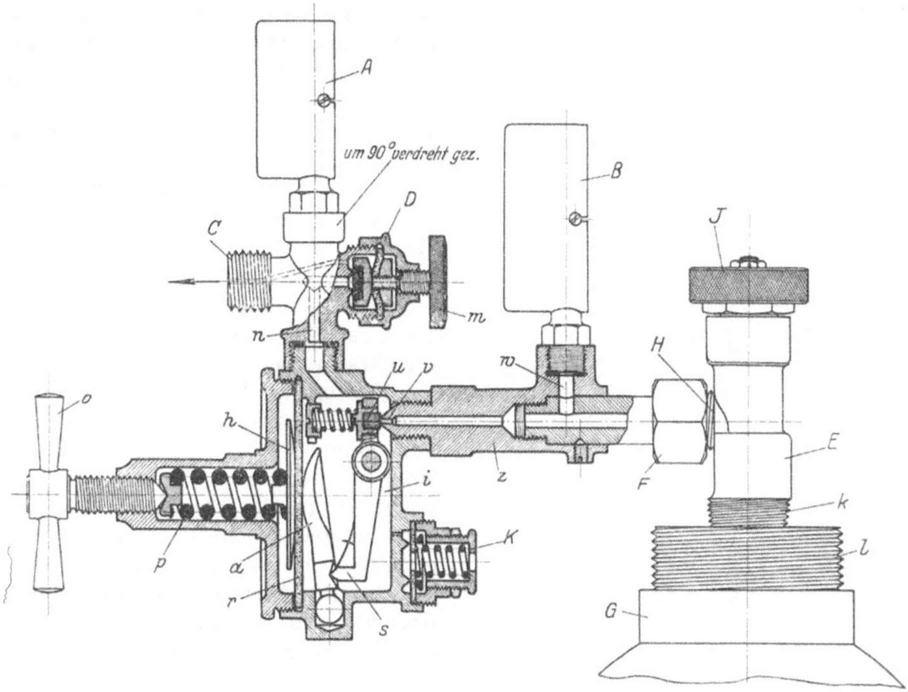

Abb. 12. Druckminderventil für Wasserstoff und Sauerstoff.

einander, ob über-, neben- oder hintereinander, sowie die Anzahl der im Ventilinnern befindlichen Hebel ist im wesentlichen mehr für die Form und Bauart des Ventils als für dessen Arbeitsweise ausschlaggebend. Die Manometereinteilungen sollen nicht verdeckt, sondern leicht übersichtlich sein. Je nach der Konstruktion kann die Flaschenanschluß-Überwurfmutter links oder rechts, oben oder unten am Ventil angeordnet sein, desgleichen auch die Druckeinstellschraube. Am Grundgedanken der Arbeitsweise ändert dies alles so gut wie nichts, und nach den folgenden Erläuterungen wird sich der Leser bei allen Ventilen ohne weiteres zurechtfinden, auch wenn ihm Beschreibungen nicht zur Verfügung stehen, was im Einzelfalle aber immer zutreffen sollte.

An Abb. 12, welche ein Ventil im Schnitt darstellt, wollen wir uns Konstruktion und Arbeitsweise eines beliebigen Ventils verständlich machen. Rechts sehen wir den Kopf der Gasflasche *G* mit dem in Ansicht gezeichneten Flaschenventil *E*. An dieses ist mittels Überwurfmutter *F* das Druckminderventil angeschraubt. Wird durch Linksdrehung des Handrädchens *J* der Hartgummistöpsel (*f* Abb. 10) gehoben, so tritt das Gas in den Anschlußteil *z* des Druckventils bis zur Entspannungsbohrung *v* ein und zeigt, gleichzeitig durch Kanal *w* strömend, am Manometer *B* den in der Flasche herrschenden Druck an. Durch Drehung der Stellschraube *o*, im Sinne des Uhrzeigers, wird die Feder *p* zusammengedrückt, welche ihrerseits über einen Metallteller *h* und eine Gummimembrane *r* das Hebelwerk *a s* betätigt. Hierdurch hebt sich der Hartgummistöpsel *u* von der Ausströmungsdüse *v*. Erst jetzt kann das Gas in das Ventilgehäuse *i* einströmen. Der an der Schraube *o* eingestellte, herabgeminderte Arbeitsdruck, wie er innerhalb des Gehäuses *i* besteht, kann am Arbeitsdruckmesser *A* abgelesen werden, welchem das Gas durch den Kanal *n* zufließt. Um ein Platzen der Feder im Manometer *A* und eine Überlastung des Gehäuses *i* zu verhüten, ist bei *K* ein Sicherheitsventil vorgesehen, das bei einem bestimmten, zulässigen Höchstdruck (der meist am Ziffernblatt, an der Einteilung des Arbeitsmanometers durch einen roten Strich angemerkt ist) den Gasüberdruck selbsttätig ins Freie austreten läßt. *D* ist die Gasentnahmedrosselvorrichtung mit Handrädchen *m* und *C* der Gewindeanschluß für die Schlauchverschraubung.

Abb. 13. Druckminderventil für Wasserstoff und Sauerstoff.

Weitere Konstruktionselemente neuester Art wie sie z. B in der Sicherung gegen die mit Inflammation (Ausbrennen) bezeichnete Erscheinung und gegen Flammenrückschläge bestehen, sind für das Verständnis der Arbeitsvorgänge im Ventil belanglos, haben jedoch einen gewissen praktischen Wert erreicht, der ihr Vorhandensein erwünscht macht. Der Ausbrennschutz besteht aus einem wärmeableitenden, an der Düse *v* gelagerten Körper (meist Kupferröhrchen), der den Zweck hat, das Ventil gegen Ausbrennen zu schützen. Man hat nämlich durch Versuche festgestellt, daß bei schnellem Öffnen des Abschlußventils *E* der vor diesem Ventil bis nach *v* hin vorhandene Sauerstoff stark verdichtet wird und durch die Verdichtungswärme ein Entflammen des Hartgummistöpsels *u* und Ausbrennen des ganzen Ventils herbeiführen kann. Die gegen den Rückschlag der Schweißflamme zum Druckreduzierventil getroffene Maßnahme besteht aus einer sog. Rückschlagpatrone, die am Ventil der Schlauchleitung vorgeschaltet wird. Diese Schutzpatrone enthält ein Rückschlagventil, das sich sofort bei einem Gasrücktritt schließt, und einen porösen Einsatz, der etwaige, vom Brenner her kommende Explosionswellen unschädlich macht.

In der bereits früher benutzten Abb. 11 (Flaschen- und Druckminderventil für gelöstes Azetylen) geht das Azetylen von der Flasche *G* bei geöffnetem Verschlußstöpsel des Flaschenventils durch den Kanal bei *b* nach *o* und wird dann im Druckminderventil bei *q* mit Hilfe der Schraube *D*, Feder *n*, Membran *E* und Hebelwerk *p* reguliert. Ein Manometer bei *C* zeigt den Flaschendruck, ein zweites bei *B* den Arbeitsdruck an. *A* ist wieder ein Sicherheitsventil.

Abb. 13 veranschaulicht ein Sauerstoff- oder Wasserstoffdruckminderventil einer etwas anderen, bewährten Konstruktion in der Ansicht. Hier ist das, wie immer der Flasche zunächstliegende, bis 250 at reichende Inhalts- (Hochdruck-) Manometer gegen das vorn höherstehende, bis 10 at reichende Arbeitsmanometer der besseren Übersicht halber um 45° versetzt. Rechts oben ist die Druckregulier-, darunter die Durchgangsdrosselschraube zu erkennen. Ganz unten befindet sich der Schlauchnippel und hinten, unter dem zylindrischen Gehäuse, das Abblasventil. Ein Dissousgas- (Flaschenazetylen-) Ventil derselben Konstruktion, mit links erkennbarem Flaschenanschlußbügel, stellt Abb. 14 dar.

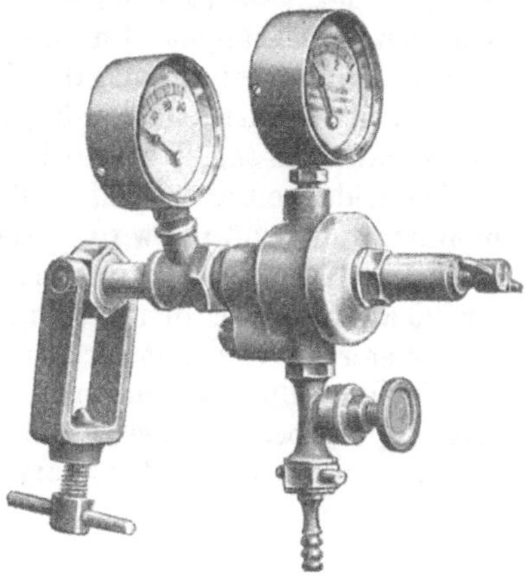

Abb. 14. Druckminderventil für gelöstes Azetylen.

Die Strichteilung der Manometer (Manometerskala) ist meist nach dem Dekadensystem (Zehnzahlordnung) eingerichtet und zeigt den Druck in kg/cm^2 = at (Atmosphären) an. Beim Arbeitsdruckmanometer, dem Niederdruckmanometer, findet man hin und wieder eine den Schweißbrenner-Düsengrößen (Nummern) angepaßte Druckteilung vor; diese Teilung hat erhebliche Nachteile. Im Innern sind die Manometer so eingerichtet, daß durch

Abb. 15. Doppeldruckminderventil.

den in eine Röhrenfeder eintretenden Gasdruck diese sich streckende, rundgebogene Metallröhrenfeder ihre Streckbewegung mittels einer kleinen Zahnradübersetzung auf den Zeiger überträgt. Eine bestimmte Größe der Streckbewegung entspricht einem bestimmten, an der Skala ablesbaren Druck.

Obwohl es sich bei diesen Druckminderventilen ja ausschließlich um **Hochdruckventile** handelt, unterscheidet man trotzdem noch zwischen diesen und

Niederdruckventilen, wobei allerdings nur die Höhe des Arbeitsdrucks bestimmend ist. Man sagt, ein für Schweiß- und normale Schneidarbeiten (bis 100 mm Schnittstärke) gebautes Ventil mit einer Arbeitsmanometerskala bis etwa 10 at sei ein Niederdruckventil, während die bis 30 und noch mehr Atmosphären reichende Arbeitsdruckskala (Ventile für schwere Schneidarbeiten) die Bezeichnung Hochdruckventil begründet. Im allgemeinen reicht das sog. Niederdruckventil für alle Durchschnittsarbeiten aus; das Hochdruckventil ist schwerer und größer gebaut. In manchen Fällen ist allerdings eine Vereinigung beider Ventile erwünscht; wir haben dann ein sog. Doppeldruckminderventil (Abb. 15) vor uns, wie es nur für Schneidarbeiten bei sehr großen Materialstärken oder bei besonderen Schneidbrennerarten benötigt wird. Das Ventil ist für Sauerstoff bestimmt und hat im Hintergrund in der Mitte das Inhaltsmanometer, vorn rechts ein Arbeitsmanometer für 20 at, darunter den Schlauchanschluß und vorn links ein zweites Arbeitsmanometer für 10 at mit darunterliegendem, zweitem Sauerstoff-Schlauchanschluß.

Bedingt die Ausführung einer großen Arbeit auch den Verbrauch großer Gasmengen (beim Schweißen z. B. große Mengen von Sauerstoff und Flaschenazetylen, beim Schneiden starker Bleche große Mengen von Sauerstoff), dann ist die Zusammenkupplung mehrerer Flaschen (gleicher Gasart) sehr zu empfehlen, damit die durch wiederholten Leer- und Vollflaschenwechsel hervorgerufene, lästige und häufige Arbeitsunterbrechung vermieden wird. Man kann ohne weiteres 2, 3 oder beliebig viel Flaschen mittels kupferner oder messingner Trompetenrohre parallelschalten, wie dies z. B. in Abb. 16 bei 3 Azetylenflaschen erfolgt ist.

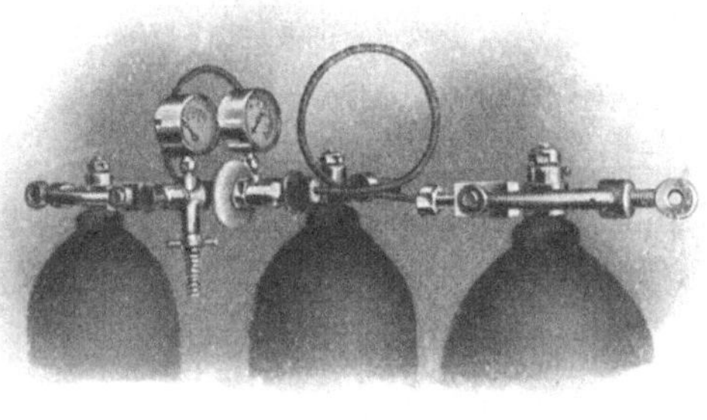

Abb. 16. Parallel geschaltete Azetylenflaschen.

Behandlung der Ventile. Vom Druckminderventil, einem in allen seinen Teilen sehr empfindlichen Präzisionsinstrument, ist das Schweißerzeugnis sowohl in der Güte wie in der Menge in hohem Maße abhängig, weshalb diesem Gerät eine besonders sorgfältige Behandlung zuteil werden muß. Die nachfolgenden Anleitungen können stets sinngemäß Anwendung finden. Außerdem empfiehlt es sich, den besonderen Anweisungen der das Ventil liefernden Firma nachzukommen.

Das Ventil darf, was selbstverständlich sein sollte, weder gestoßen noch geworfen werden, andernfalls die einwandfreie Arbeitsweise der Manometer sofort versagt. Wenn die beiden Manometer geschont werden und ihren Dienst lange und ohne Mucken verrichten sollen, darf vor allem das Handrad J am Flaschenventil (Abb. 12) — zum wiederholten Male gesagt — nicht plötzlich und ruckweise, sondern nur allmählich gedreht werden (wegen unmittelbarer Druckwirkung auf den Inhaltsanzeiger und wegen der Ausbrennungsgefahr). Um sich bei Ventilen, die den früher erwähnten Ausbrennschutz nicht besitzen, gegen etwaige Gefahren des Ausbrennens zu schützen, kann man auch so zu Werke gehen, daß man vorsichtig die Stellschraube o ein klein wenig anzieht, bis sich der Gegendruck der Feder p bemerkbar macht, und dann die Flasche öffnet. Dadurch gibt der Verschlußstöpsel u den Gasaustritt bei v etwas frei, so daß ein wenig Gas nach i gelangen und sich eine Erhitzung von u durch Gasstauung nicht einstellen kann. Im allgemeinen soll das Flaschenventil E nur dann geöffnet werden, wenn die Feder p durch Zurückdrehen der Stellschraube o (Stellung wie in Abb. 12 gezeichnet) entlastet ist. Erst bei geöffnetem Flaschenventil stellt man durch Hineinschrauben der Stellschraube den für die jeweilige Arbeit erforderlichen Druck ein. Die Feder drückt auf das Hebelwerk s a, öffnet den Düsenkanal v und läßt Gas ins Gehäuse eintreten. Die Druckregulierung erfolgt bei geöffnetem Drosselventil D, das bei kurzen Arbeitspausen geschlossen wird, ohne daß sonst Hantierungen am Ventil notwendig sind. Bei längerer Arbeitsunterbrechung wird die Druckschraube o herausgedreht und das Flaschenventil E ganz geschlossen. Bei Wiederbeginn der Arbeit wiederholt sich das Spiel von neuem. Regulierungen am Abblasventil K sind unbedingt zu unterlassen.

Infolge der Gasentspannung von hohem auf niederen Druck entsteht Kälte, die während der Wintermonate, und bei großer Gasentnahme auch zu anderer Jahreszeit, zum Einfrieren des Ventilgehäuses führen kann; die Feuchtigkeit der Luft schlägt sich in Eisform am Ventil nieder. Das einzige Auftaumittel in solchem Fall ist warmes Wasser, welches in gewissen Zeitzwischenräumen über das Gehäuse (nicht über die Manometer) geschüttet wird.

Zeitweise Prüfung des Ventils auf Dichtheit ist zweckdienlich, da nicht selten durch Unachtsamkeit oder durch Überhören im geräuschvollen Betriebe bedeutende Gasverluste eintreten. Eine einfache Prüfung auf Dichtheit beruht darauf, bei geöffnetem Flaschenventil E und einem beliebig eingestellten Arbeitsdruck die Drosselschraube D abzusperren und darauf das Flaschenventil bei J zu schließen. Das Inhaltsmanometer darf dann nicht abfallen, d. h. dessen Zeiger muß stehenbleiben auf dem jeweiligen Flaschendruck. Wird sodann die Stellschraube o ganz zurückgedreht und das Ventil von der Flasche abgenommen, so darf, nach anfänglich geringem Zurückgehen des Zeigers am Arbeitsmanometer, nach einer Stunde und länger ein Abfallen des Niederdruckmanometers nicht eintreten, andernfalls ist das Ventil nicht mehr dicht. Undicht werden leicht: der Anschluß an der Überwurfmutter E in Abb. 12 (Einlegen eines neuen Fiberringes), bei längerem Gebrauch die Gummimembrane r (durch Brüchigwerden) und jene im Ventil D. Die Auswechslung kann man bei einiger Sachkenntnis selbst ausführen, wobei jedoch immer für festes Anziehen aller Gewindeteile zu sorgen ist. Blasen der Manometergewindestutzen wird durch Einlegen von Fiberringen behoben.

Reparaturen am Ventil dürfen, mit Rücksicht auf Gefahrenbildung (infolge der hohen Betriebsdrucke, denen das Ventil ausgesetzt ist), nur Spezialfirmen überlassen werden; jedenfalls ist anzuraten, nur bei sicherer Fachkenntnis Reparaturen selbst auszuführen. Versagen der Manometer (möglicherweise geplatzte Röhrenfedern) und abgenutzte oder ausgebrannte Hartgummistöpsel machen etwa 80 % aller Ventilreparaturen aus.

Zusammenfassung der Ventilbehandlung.

1. Bevor Flaschenventil geöffnet wird, Schraube für Einstellung des Arbeitsdruckes zurückschrauben, bis die Feder entlastet ist.
2. Flaschenventil langsam öffnen!
3. Drosselventil öffnen.
4. Arbeitsdruck einstellen durch Rechtsdrehung der Regulierschraube.
5. Bei kürzerer Arbeitspause Drosselventil schließen.
6. Bei längerer Arbeitsunterbrechung Flaschenventil schließen und Druckregulierschraube zurückdrehen.
7. Öl und fetthaltige Stoffe vom Ventil fernhalten!

8. Eingefrorene Ventile durch warmes Wasser auftauen!
9. Ventile nicht stoßen oder werfen!
10. Am Sicherheits- (Überdruckabblas-) Ventil nichts verstellen!
11. Ventil zeitweise auf Dichtheit prüfen.

3. Azetylenapparate.

a) Allgemeines und Einteilung der Entwickler.

Wir haben gesehen, daß alle bisher genannten Schweißgase in Flaschen verdichtet von Spezialgaswerken bezogen werden mußten, außer dem aus dem Rohrnetz der Gasanstalten abnehmbaren Leuchtgas, welches für unsere Zwecke aber eine ganz untergeordnete Rolle spielt. Unter allen Schweißgasen steht Azetylen an erster und wichtigster Stelle. Dem glücklichen Umstande seiner einfachen Darstellungsweise ist es zu verdanken, daß gerade dieses Schweißgas als wertvollstes, zugleich auch einziges für die Selbstfabrikation, und zwar sogar im kleinsten Umfang, in Frage kommt.

Allgemeine Genehmigungsvorschriften. Alle für Schweißzwecke bestimmten Azetylenapparate sind der Konzession (Genehmigung) einer technischen Behörde oder der hierzu behördlicherseits berufenen Stelle unterworfen. Bis zum 1. Januar 1924 galten folgende Bestimmungen (alte Azetylenverordnung): Für stationäre (ortsfeste, mithin nicht bewegliche) Azetylenapparate, die in besonderen Räumen (Gashäuschen) untergebracht werden müssen, genügte für Deutschland die Zulassungsbescheinigung der Untersuchungs- und Prüfstelle des Deutschen Azetylenvereins in Berlin. Hingegen bedurften alle transportablen (beweglichen) Entwickler, sofern sie entweder dauernd oder auch vorübergehend in Innenräumen (Werkstätten) benutzt und aufgestellt werden sollten, außer der durch obige Stelle erfolgten Prüfung noch der Genehmigung des Ministeriums für Handel und Gewerbe. Die Apparate erhielten dann entweder eine „J-Typen“-Nummer (Apparate mit bis zu 4 kg Karbidbeschickung, zugelassen zur dauernden Aufstellung in Innenräumen [daher J-Type]), oder eine „A-Typen“-Nummer (bis zu 10 kg Karbidbeschickung, zugelassen zur vorübergehenden Aufstellung in Innenräumen und unbeschränkten Verwendung in Außenräumen [daher A-Type]).

Mit dem 1. Januar 1924 ist eine neue Azetylenverordnung in Kraft getreten. Sie gestattet den Inhabern der bisherigen Typenzeugnisse noch ein Jahr lang, ihre Apparate unter den bisherigen Bedingungen herzustellen und zu vertreiben, weist aber im übrigen folgende wesentlichen Änderungen auf: die Bescheinigung und Zulassung neuer Apparate (und auch der bestehenden, nach Ablauf eines Jahres) erfolgt durch den Deutschen Azetylenausschuß, Berlin. Alle Apparate bis 10 kg Karbidfüllung und bis zu einer Stundenleistung von 6000 l Azetylen unterliegen einer Bauart- (Typen-) Prüfung und können in Arbeitsräumen benutzt werden. Der Unterschied zwischen J- und A-Type fällt also fort. Entwickler mit mehr als 10 kg Karbidfüllung können (freiwillig) geprüft werden; solche ohne ausdehnungsfähigen Gassammler sind in jeder Größe der Bauartprüfung unterworfen.

Die Übereinstimmung der Apparateabmessungen und Konstruktionen mit den tatsächlich getypten wird bei jedem einzelnen Apparat vor dessen Lieferung nochmals amtlich festgestellt (durch die Gewerbeinspektion oder den Dampfkesselüberwachungsverein) und durch Abstempelung des Apparateschildes bestätigt. Apparate, denen die Stempelzeichen (Adler) auf den Kupfernieten oder Zinntropfen der Firmenschilder fehlen, sind nicht genehmigt und dürfen in Innenräumen nicht verwendet werden. Es liegt daher im Interesse des Käufers, auf diese Vorschrift besonders zu achten. Der Besitzer eines Azetylenapparats, ob mit oder ohne Typennummer, ist verpflichtet, die Inbetriebsetzung des Apparats der zuständigen Polizeibehörde anzumelden.

Einteilung der Azetylenentwickler. Wir unterscheiden zwei Hauptgruppen:

System „Karbid ins Wasser“: Gaserzeuger, bei denen das Karbid ins Wasser fällt; die sich bewegende Masse ist das Karbid, das Wasser steht still. Entwickler dieses Systems nennt man: Einwurf-Apparate.

System „Wasser zum Karbid“: Gaserzeuger, bei welchen das Wasser zum Karbid fließt; die bewegliche Masse ist hier das Wasser, das Karbid liegt still. Man nennt Apparate dieses Systems: Tropf- oder Wasserzuflußapparate.

Diese beiden grundlegenden Konstruktionen, aus denen alle anderen in größter Mannigfaltigkeit hervorgehen, sind noch in folgende Untergruppen zu unterteilen:

Untergruppen des Systems „Karbid ins Wasser“:

a) Karbideinwurfapparate;
b) Tauchapparate.

Untergruppen des Systems „Wasser zum Karbid“:

a) Apparate mit zufließendem Wasser;
b) Wasserverdrängungs- und Überschwemmungsapparate.

Da ferner die Beschickung der Apparate, unabhängig vom System, von Hand oder mechanisch erfolgen kann, hat man noch zu unterscheiden zwischen: Apparaten für Handbetrieb und Apparaten für selbsttätigen (automatischen) Betrieb. Die selbsttätige Beschickung der meisten Systeme verursacht bei ortsfester (stationärer) Bauart wenig Schwierigkeiten, um so mehr jedoch bei transportablen Apparaten (besonders nach dem System „Karbid ins Wasser“ mit Stückkarbidfüllung). Da bei ortsfesten Anlagen eine Gewichtsersparnis keine direkt ausschlaggebende Konstruktionsbedingung ist, finden wir hier fast immer Entwickler, Gassammler, Reiniger und Wäscher getrennt vor (als Einzelapparate), seltener Erzeuger und Gassammler vereinigt. Hingegen bedingt die leichte Transportfähigkeit tragbarer Apparate möglichst geringes Gewicht bei ebenfalls geringsten Abmessungen; daher sind bei diesen Apparaten in den weitaus meisten Fällen Entwickler und Gassammler (Glocke) in einem Körper zusammengebaut.

Wegen ihrer wesentlich höheren Wirtschaftlichkeit ist, wo nur eben angängig, eine stationäre Anlage jeder transportablen vorzuziehen. Die in einem den gesetzlichen Bestimmungen entsprechenden, besonderen Raum untergebrachte, größere ortsfeste Anlage wird durch festverlegte, genügend weit bemessene Rohrleitungen beliebiger Länge mit den einzelnen Schweißstellen eines Betriebes verbunden, wobei jedem Schweißbrenner eine Wasservorlage vorzuschalten ist. Selbstverständlich ist auch ein dem Druckabfall der Leitungslänge entsprechender Gasdruck notwendig. Auch bei transportablen Apparaten muß die Verbindung der Einzelteile wie Entwickler, Gassammler, Reiniger und Wasservorlage durch Rohrleitungen erfolgen (Gummischlauchverbindung ist untersagt).

Für jedes Entwicklersystem gibt es eine bestimmte, einfache Grundform, aus welcher sich die verschiedensten Konstruktionen entwickeln lassen. Darum können wir uns bei der Betrachtung der verschiedenen, sehr vielseitigen Konstruktionsmöglichkeiten von Entwicklern auf diese Grundformen beschränken. Interessiert sich der eine oder andere Leser für das Aussehen und die Einrichtung einer ganz bestimmten Entwicklertype, so werden ihm von den Fachfirmen im allgemeinen belehrende Unterlagen und Abbildungen gern zugestellt.

b) Azetylenapparate des Systems: „Karbid ins Wasser".

Karbideinwurfapparate. Als Urbild kann die Grundform Abb. 17 dienen. An einem bis zur bestimmten Höhe mit Wasser gefüllten, geschlossenen Gefäß *B* ist seitlich eine halsförmige Erweiterung *A* angebracht, durch welche in gewissen Zeitabständen Karbid ins Wasser geworfen wird (von Hand). Das Karbid rutscht an der schrägen Wand (rechts) herab auf den Boden von *B*, wird dort vergast, und das entwickelte Gas wird, indem es den Wasserstand aus *B* nach *A* verdrängt, in *B* aufgefangen und bei *C* entnommen.

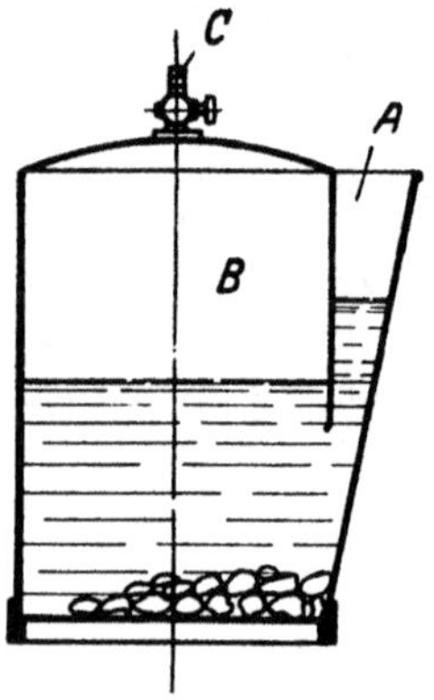

Abb. 17. Grundform eines Azetylenentwicklers, System „Karbid ins Wasser".

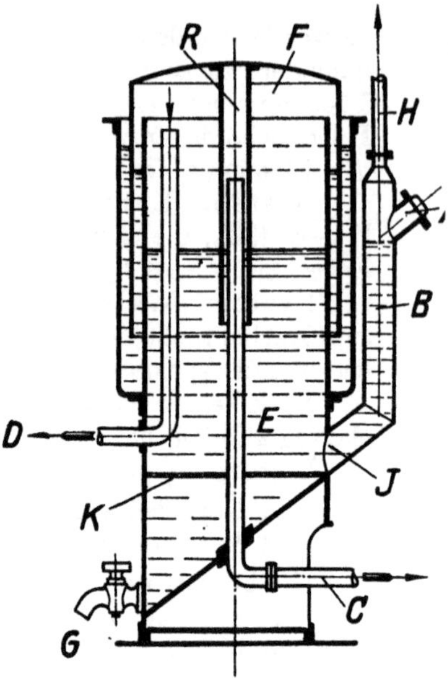

Abb. 18. Azetylenentwickler, System „Karbid ins Wasser".

In entwickelter Form zeigt uns Abb. 18 einen Vertreter dieses Systems. Die Karbidbeschickung erfolgt hier wiederum bei *A* von Hand. Das Karbid fällt durch *B* auf den durchlöcherten Blechboden *K* des Entwicklerraumes *E*. Das über dem Wasserstand von *E* sich ansammelnde Gas hebt die Glocke *F*, die sich in einem mit Abschlußwasser gefüllten, ringförmigen Mantel schwimmend bewegt. Die Gasentnahme erfolgt bei *D*, der Schlammablaß bei *G*. Gasmangel macht sich durch Sinken der Glocke bemerkbar und erfordert wieder Nachfüllung mit Karbid bei *A*. *H* ist ein Entlüftungsrohr für kleine Azetylenmengen, die sich bei *B* entwickeln; *RC* ist eine Übergasungsvorrichtung (siehe später).

Abb. 19. Azetylenentwickler, System „Karbid ins Wasser".

Einen transportablen Apparat nach diesem System zeigt Abb. 19. Der seitlich angebrachte Einwurf bei *B* (Abb. 18) ist bei diesem Entwickler selbsttätig wirkend gemacht, indem der Karbid-

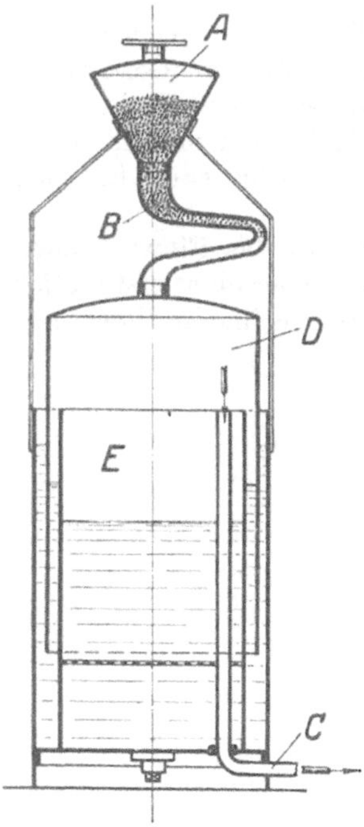

Abb. 21. Azetylenentwickler, System „Karbid ins Wasser".

vorrat (2÷4 kg Feinkornkarbid) in einer am oberen Ende des Rohres *B* drehbar gelagerten Trommel eingebracht und bei niedergehender Glocke, also bei Gasmangel, in bestimmten Mengen in den Entwickler geschüttet wird. Wie bei fast allen Apparaten wird auch bei diesem die Karbidbeschickung durch die Bewegung der Gasglocke (Hebelübertragung) reguliert. Die Konstruktion Abb. 19 ist unseres Wissens in Deutschland nur in dieser einen Form gebräuchlich.

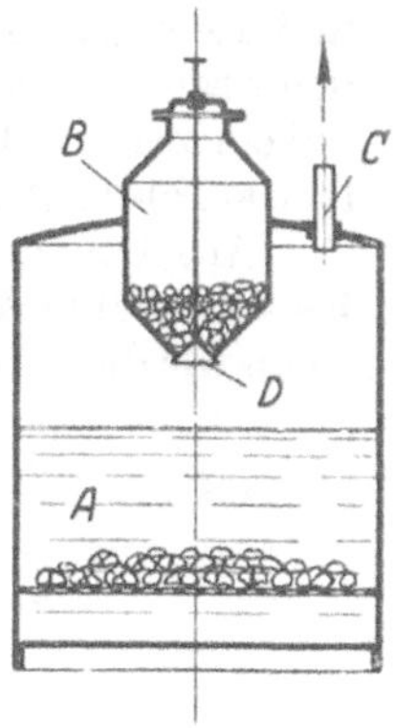

Abb. 20. Zweite Grundform des Systems „Karbid ins Wasser".

Viel mehr verbreitet sind nach Grundform Abb. 20 konstruierte Apparate, bei denen das Karbid in einem meist domförmigen Vorratsbehälter *B* in der Mitte über dem Entwicklerraum *A* angebracht ist. Die sinkende Glocke öffnet mittels einer Hebelvorrichtung das Ventil *D*, Karbid einwerfend, bis die Glocke über eine Mindesthöhe gestiegen ist. Die Gasentnahme erfolgt bei *C*.

Dieses Arbeitsverfahren hat bei einem in Abb. 21 schematisch dargestellten Apparat Anwendung gefunden, der hier, seiner anschaulichen Wirkungsweise halber, erwähnt sein mag. Im Trichter *A* wird Feinkornkarbid gelagert. Der an Flacheisen befestigte Trichter steht durch einen Gummischlauch *B* von genügend großem Durchmesser mit der Decke der Gasglocke *D* in Verbindung. Sinkt die Glocke, dann streckt sich der Schlauch und Karbid fällt ins Entwicklerwasser *E*; steigt die Glocke, so wird der Schlauch *B* (wie in der Figur gezeichnet) abgebogen, geknickt, und die Karbidfüllung aufgehoben. Bei *C* erfolgt wieder die Gasentnahme. Die Mängel dieses an sich sehr einfachen Apparates sind durch entsprechend verbesserte Konstruktion behoben worden. An Stelle des Schlauchs sind zwei untereinander angebrachte Behälter vorgesehen, wie sie uns auch Abb. 22 zeigt, die die aus dem eben beschriebenen Apparat abgeleitete Neukonstruktion wiedergibt.

Abb. 22. Beweglicher Azetylenentwickler, System „Karbid ins Wasser".

Ein gleicher Konstruktionsgedanke lag auch dem Apparat Abb. 23, einer kleinen stationären Anlage, zugrunde. Hier sehen wir die einzelnen Apparateteile getrennt, von links nach rechts in Reihenfolge: Entwickler, Wäscher, Gassammler und Reiniger. Die Karbidbeschickung erfolgt in bereits bekannter Weise durch den oben am Führungsgerüst der Gasglocke sichtbaren Hebel, der mittels Drahtseil einerseits mit der Glocke, andererseits mit dem am Vorratsbehälter des Entwicklers angebrachten Hebel in Verbindung steht.

Aus Gründen technischer und wirtschaftlicher Natur ist das Einwurfsystem bei stationären Anlagen in allen Fällen vorzuziehen. Es ist daher nicht erstaunlich, wenn wir diese Bauart bei ortsfesten Anlagen am häufigsten vorfinden. Verbessert

Abb. 23. Kleine stationäre Azetylenanlage.

wird die Anlage noch durch Verwendung großen Stückkarbids, wie dies bei der in Abb. 24 im Schnitt schematisch dargestellten Anlage für hohe Leistungen zutrifft. Das im Vorratsdom *a* dieses Apparates aufgestapelte Stückkarbid wird nach Schließung des Deckels *b* durch Drehen des Handrads *c* auf eine Rutsche *d* herabgelassen, darauf der Kegel *e* wieder verschlossen und Raum *a* mit einer neuen Reservefüllung versehen. Die in beliebiger Entfernung aufgestellte Glocke *D* steht durch ein über Rollen geführtes Drahtseil *f* mit dem Hebel *g* der Transporttrommel *h* in Verbindung, so den Einwurf von Karbid bei erschöpftem Gasvorrat regelnd. Das erzeugte Gas geht durch den Wäscher *B* in die Glocke *D*, dann in die Reiniger *E* und zur Hauptwasservorlage *H*. Bei *G* sind drei Gasdruckmesser (einfach gebogene Glasrohre) angebracht.

Tauchapparate. Die in Abb. 25 veranschaulichte Grundform der Untergruppe *b* des Systems „Karbid ins Wasser“ ist von ganz untergeordneter Bedeutung.

Die technischen, vor allem sicherheitstechnischen Mängel der im übrigen denkbar einfachsten Tauchapparate sind so mannigfach, daß von der Beschaffung nach

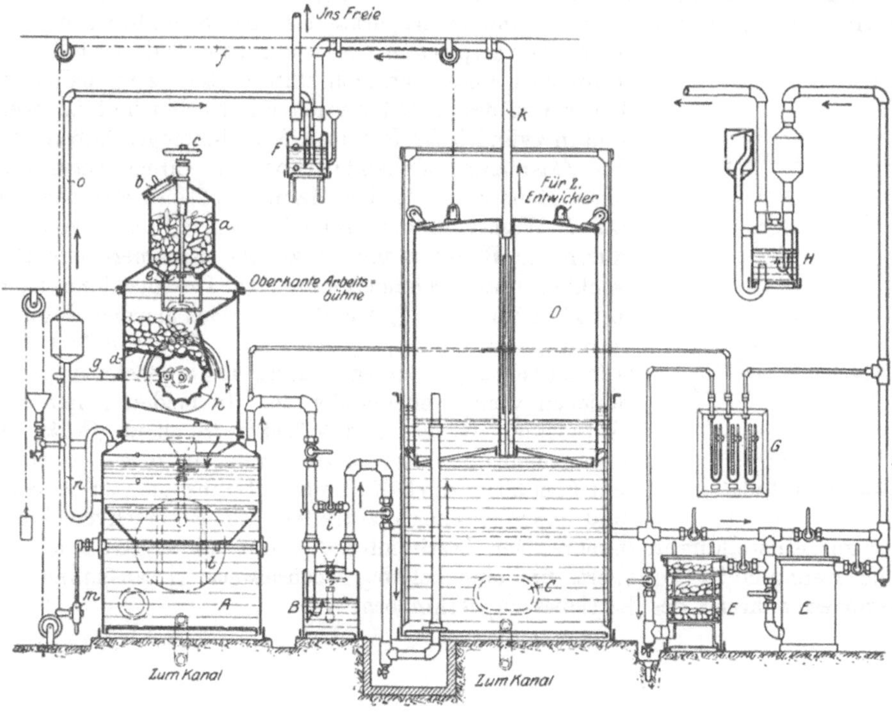

Abb. 24. Große stationäre Azetylenanlage.

diesem System gebauter Apparate entschieden abzuraten ist. An Hand der Abb. 25 läßt sich die Arbeitsweise dieser Apparate wie folgt erläutern: An der Glockendecke hängt ein mit Karbid angefüllter, gelochter (oder Drahtgeflecht-) Korb A, welcher bei fallender Glocke B in den Wasserraum C taucht und beim Steigen dieser wieder mit hochgezogen wird. D = Gasentnahme, E = Schlammablaß. Gerade dieser Umstand, daß der Karbidkorb wieder aus dem Wasser gezogen und das erhitzte Karbid im Gasraum belassen wird, macht das Tauchsystem ungeeignet.

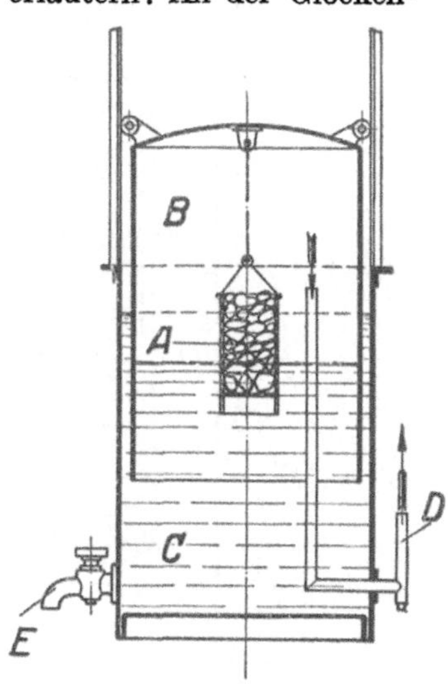

Abb. 25. Grundform der Tauchapparate.

c) Azetylenapparate des Systems: „Wasser zum Karbid".

Apparate mit zufließendem Wasser. Dieses System hat nur die in Abb. 26 wiedergegebene Grundform. Auf eine im Behälter B gelagerte, größere Menge Karbid tropft aus dem Vorratsbehälter A durch einen meist von der Glocke aus selbsttätig regulierten Hahn C zeitweise eine bestimmte, geringe Menge Wasser, entsprechend der jeweils erforderlichen Gasmenge. Die Gasentnahme erfolgt bei *D*. Den einfachsten, in weitesten Kreisen bekannten Vertreter dieses Systems zeigt uns jede Fahrrad-Azetylenlampe.

Fast ausnahmslos finden sich nach dem Tropf- oder Wasserzuflußsystem gebaute, für Schweißzwecke bestimmte Apparate als sog. Schubladen- oder Retortenapparate vor, wie in Abb. 27 dargestellt. Die Kammern eines mehrfach unterteilten, schubladenähnlichen Gefäßes ($C_1 C_2$) werden mit Karbid halb angefüllt und in zylindrische Retorten $E_1 E_2$ hineingeschoben. Die bei Gasmangel sinkende Glocke *G* öffnet vermittelst eines Hebelwerks *tg* den Hahn *S*, so daß aus dem Gefäß *F* Wasser in den Verteilerbecher *V* und von hier durch die Rohre r_1 und r_2 zu den Kammern der Entwicklerretorten gelangen kann. Die Gasentnahme erfolgt bei *H* durch Rohr *R*, nachdem das Gas aus den Retorten durch die Rohre $A_1 A_2$ der Glocke *G* zugeströmt war. Die Ausführungen transportabler und ortsfester Apparate weichen wenig voneinander ab. In beiden Fällen sind Entwickler, Glocke und Wäscher in einem Gefäß zusammengebaut. Stationäre Anlagen dieses Systems mit über 50 kg Karbidfüllung sind unbequem zu bedienen und daher seltener anzutreffen. Die Retortenverschlüsse der zur Aufstellung in Innenräumen bestimmten Apparate dieser Art sind vielfach zwangsläufig gesteuert, um eine beliebig wechselweise Herausnahme der Retorten während des Betriebes zu verhindern.

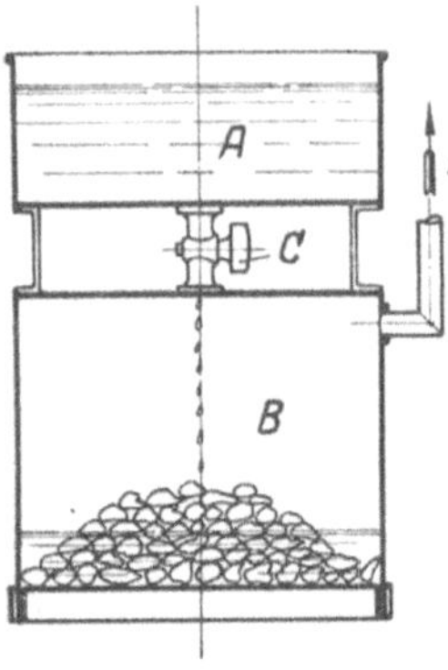

Abb. 26. Grundform des Systems „Wasser zum Karbid“.

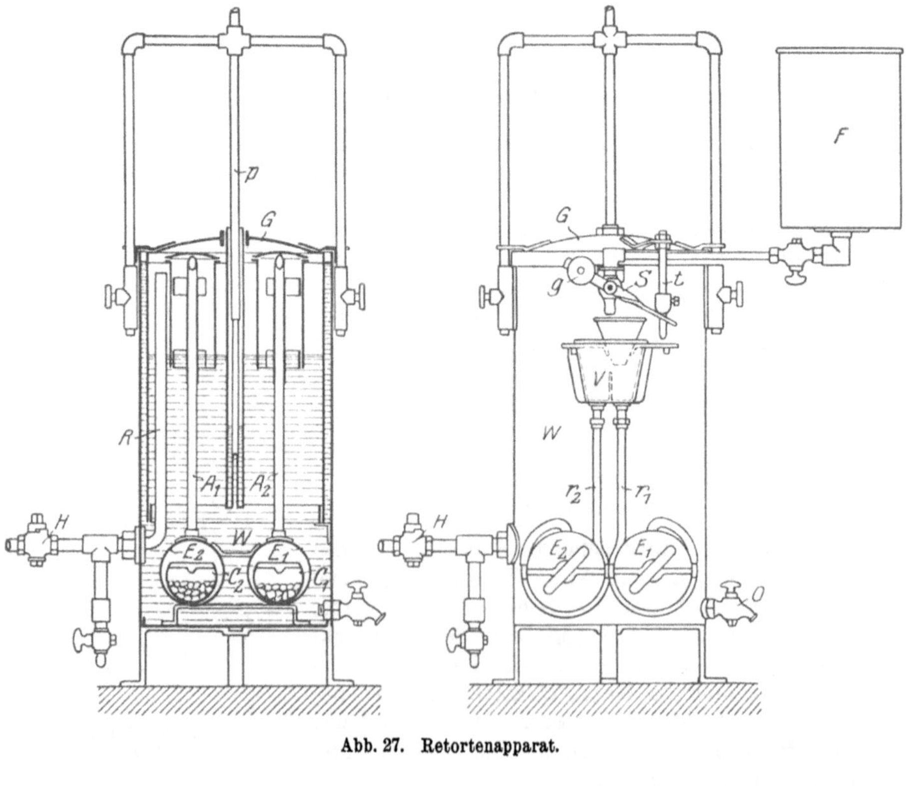

Abb. 27. Retortenapparat.

Wasserverdrängungs- und Überschwemmungsapparate. Als Grundform kann die Kippsche Flasche, Abb. 28, angesehen werden. Ist ihr Gasvorrat erschöpft, so wird das im Trichter *B* befindliche Wasser durch das Rohr *A* im Raume *D* hochsteigen, bis es mit dem in *C* gelagerten Karbid in Berührung kommt. Das jetzt sich bildende Gas verdrängt das Wasser wieder in das Rohr *A*, wodurch gleichzeitig dem Gas ein von der jeweiligen Wassersäule abhängiger, schwankender Druck verliehen wird. Bei niedrigem Wasserstand (im Raume *D*) ist also der Gasdruck hoch, bei hohem Wasserstand ist er gering, da die Größe des Gasdrucks ein von der Höhe der Wassersäule in *A* abhängiger Faktor ist. Sinken und Steigen des Wasserspiegels wiederholt sich, solange noch Karbid in *C* vorhanden ist.

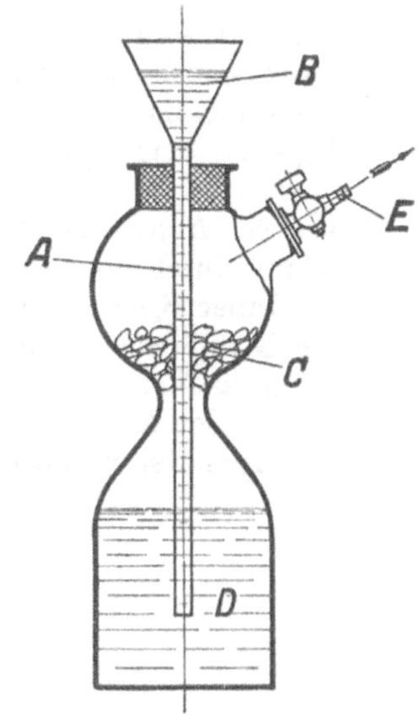

Abb. 28. Grundform des Wasserverdrängungssystems.

Diese Grundform findet sich, wie ihre Einfachheit erwarten läßt, sehr häufig vor, besonders bei transportablen Azetylenentwicklern. Wie alle anderen Entwickler sind auch die nach diesem System gebauten bisher mit der behördlich vorgeschrieben gewesenen,

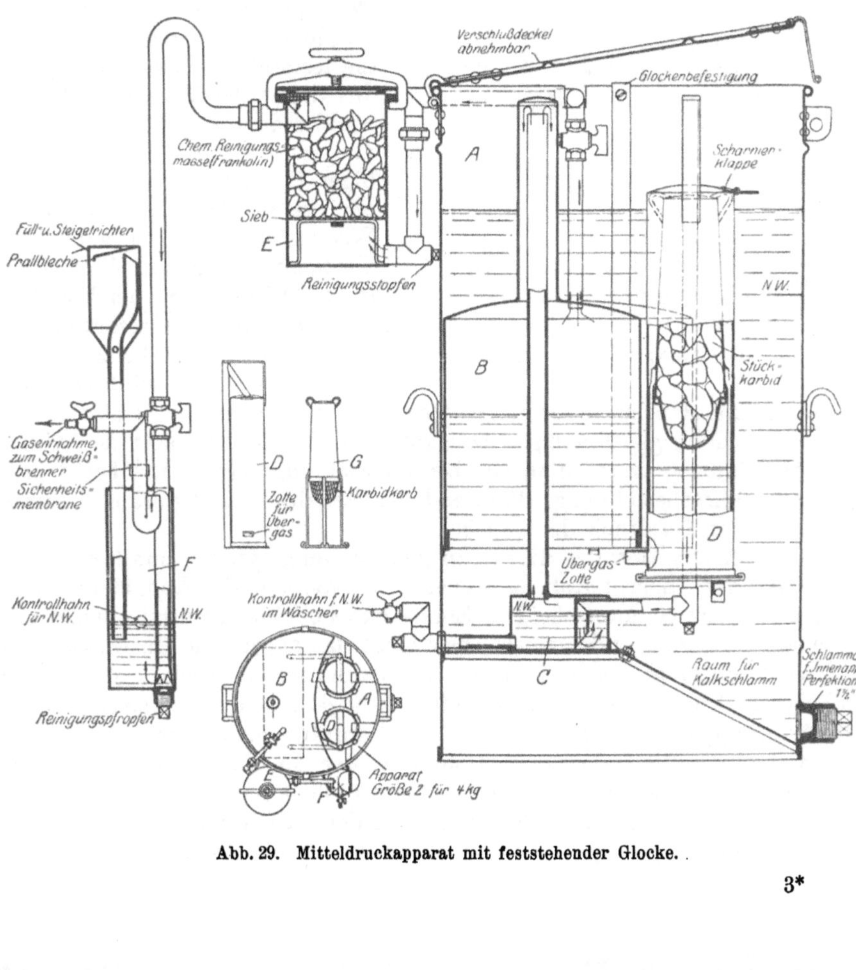

Abb. 29. Mitteldruckapparat mit feststehender Glocke.

beweglichen Gasglocke ausgerüstet. Der schwankende Gasdruck ist vom jeweiligen Glockenstand abhängig. Eine Ausnahme unter allen in Deutschland behördlich zugelassenen Apparaten machte zuerst der in Abb. 29 wiedergegebene Apparat, dem die schwimmende Glocke fehlt. An ihre Stelle tritt die feststehende Glocke, so daß dem Gas ein viel höherer Druck gegeben wird, als dies bei Apparaten mit beweglicher Glocke möglich ist. Abb. 29 zeigt uns den Schnitt durch einen solchen für Stückkarbidbeschickung eingerichteten Entwickler. Bei seiner Konstruktion war die sicherlich richtige Auffassung maßgebend, daß alle beweglichen Teile wie Hebel, Räder, Ventile, aber auch die meist im Gestänge geführte Glocke des ständig mit Wasser und Schlamm in Berührung kommenden Entwicklers zu zeitweisem Klemmen und infolgedessen zu Betriebsstörungen führen müssen. Dem Apparat fehlt außerdem jede zwangläufige Betätigung seiner sehr einfachen Konstruktionsteile; das bewegliche Medium (Vermittlungsglied) ist Wasser allein. Das im Einsatz *D* hochsteigende Wasser bespült das in einem Korbe (links bei *G* herausgezeichnet) gelagerte Karbid und entwickelt Gas, welches durch ein Winkelrohr in einen Wäscher und Wasserverschluß *C* geleitet wird und von hier durch ein Steigerohr unter die feststehende Glocke *B* gelangt, aus dieser das Wasser in den Entwicklerraum *A* verdrängend. Das Gas geht dann weiter durch Reiniger *E* zur Wasservorlage *F*. Der höchste Gasdruck entspricht einer Wassersäule, gemessen vom unteren Glockenrand bis zum Wasserspiegel in *A*. Wenn man vom Wäscher *C* absieht, findet man sofort eine Ähnlichkeit mit der in Abb. 28 gezeigten Grundform. Tritt bei dieser (bei *E*) eine gleichmäßige Gasentnahme ein, so bleibt der Wasserstand in *D*, also auch der Gasdruck, ziemlich gleichmäßig. Das gilt auch für den Apparat der Abb. 29. Druckschwankungen treten nur ein bei Entwicklungsbeginn und bei Arbeits-, d. h. Gasentnahmebeendigung. Während der Arbeit — und darauf kommt es an — bleibt der Gasdruck der gleiche.

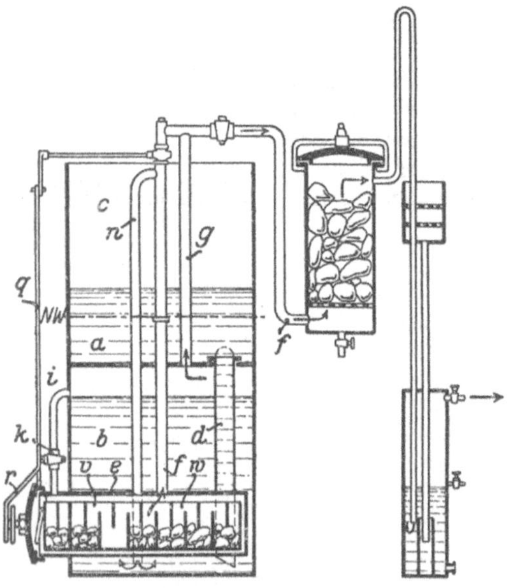

Abb. 30. Mitteldruckapparat (Retortensystem).

Dieser Konstruktion des direkten Verdrängungssystems mit feststehender Glocke folgte der Apparat Abb. 30, welcher sich von dem der Abb. 29 im wesentlichen in zwei Punkten unterscheidet. Einmal ist es ein Wasserzufluß- und zwar ein Retortenapparat; zum anderen wird hier nicht das eigentliche Entwicklerwasser vom Karbid verdrängt, sondern nur das Wasser der festen Glocke *c*, um dem Gas einen höheren Druck zu verleihen. Demnach handelt es sich um einen indirekten Verdrängungsapparat, bei dem Zufluß- und Verdrängungssystem vereinigt sind. Aus dem Raume *b* fließt durch das Rohr *i* Wasser zur Karbidschublade *w*. Das sich entwickelnde Gas strömt durch die Rohre *f* und *n* nach *b* und verdrängt aus diesem Wasser, welches durch das Rohr *d* in den Raum *c* gelangt. *b* dient als Gassammelraum (Glocke); Gasentnahme erfolgt durch Rohr *g*. Leider haften diesem System die Mängel aller Schubladenapparate an. Die zwangläufige Betätigung der Karbidbeschickungseinrichtung (*r*) durch bewegliche Hebel ist weniger zu begrüßen.

Bezeichnen wir Apparate nach Abb. 29 und 30 als Mitteldruckapparate (mit einem Gasdruck von bis zu 700, auch 1000 mm Wassersäule) und die mit schwimmender Glocke eingerichteten als Niederdruckapparate (Gasdruck bis 200 mm Wassersäule), dann können wir noch eine dritte Gruppe unterscheiden: Hochdruckapparate (über 1000 mm ÷ 10000 mm Wassersäule = 0,1 ÷ 1,0 at). Über die Vorzüge unter höherem Druck stehenden Azetylens für Schweißzwecke wird augenblicklich viel gestritten. Jedenfalls ist es für die Beschaffenheit der Schweißflamme sehr vorteilhaft und hat sich für Lötwerkzeuge mit Luftzuführung ganz besonders bewährt. Die Überlegenheit des höheren Gasdrucks in technischer Hinsicht ist einwandfrei festgestellt; inwieweit auch wirtschaftliche Vorzüge erkennbar sind, möge hier dahingestellt bleiben. Nun ist man neuerdings dazu übergegangen, sogar Hochdruckapparate mit bis zu 1 at Druckentwicklung zu bauen (zunächst nur im Auslande, da nach der deutschen Azetylenverordnung solch hohe Drucke unzulässig waren und jetzt erst ausnahmsweise zugelassen werden). Ob allerdings diese hohen Drucke sicherheitstechnisch ganz einwandfrei sind, muß die Zeit lehren. Überdies erscheint es, als seien die technischen und wirtschaftlichen Vorteile nicht überwiegend genug, um die leichten, weniger gefährlichen Nieder- und Mitteldruckapparate durch die um ein Vielfaches schwereren Hochdruckapparate zu ersetzen. Die Mitteldruckapparate dürften daher nach dem augenblicklichen Stand der Schweißtechnik am zweckdienlichsten sein.

d) Allgemeine Einrichtungen und Behandlung der Azetylenentwickler.

Für Konstruktion und Einrichtung der Azetylenentwickler bestehen umfangreiche, behördliche Vorschriften, auf die wir hier nicht näher eingehen können. Sie beziehen sich, außer auf die Art des Baustoffs und allgemeine Abmessungen, vor allem auf sicherheitstechnische Fragen. Z. B. muß einer bestimmten Karbidmenge eine bestimmte Menge an Entwicklerwasser entsprechen (zur Vermeidung hoher Temperaturen), der nutzbare Rauminhalt der Glocke hat zu dem Umfange der für jeden Füllungsvorgang möglichen Karbidvergasung in entsprechendem Verhältnis zu stehen usw. Andere Bestimmungen beziehen sich auf die Aufstellung der Apparate. Einige allgemeine Einrichtungen der Entwickler müssen wir aber kurz besprechen.

Allgemeine Einrichtungen der Azetylenentwickler. Bei allen Azetylenapparaten muß, wenn der beim Karbidzersetzen gebildete Schlamm nicht jedesmalig bei Neubeschickung mit Karbid mitsamt dem Karbidbehälter entnommen werden kann, eine genügend große Entschlammungsvorrichtung vorgesehen sein (*G* in Abb. 18, *E* in Abb. 25). Die Entschlammung soll besonders bei ortsfesten Anlagen so erfolgen, daß während ihrer Dauer keine Luft ins Apparateinnere eintreten oder hineingesaugt werden kann. Dies wird dadurch erreicht, daß man entweder soviel frisches Wasser zufließen läßt, als man im Augenblick an Schlamm entnimmt, oder daß man durch Öffnen eines Zwischenhahns (*i* Abb. 24) eine Verbindung zwischen Gasglocke und Entwickler herstellt, damit eine der abgelassenen Schlammenge entsprechende Gasmenge von der Glocke zum Entwickler strömen kann. Dadurch kann sich im Entwickler kein Unterdruck bilden, und die Gefahr des Luftansaugens ist beseitigt. Abb. 31 veranschaulicht einen bei Gasgeneratoren gebräuchlichen und auch für Azetylenentwickler angewandten Wasserverschluß.

Am Entwicklerboden *A* ist eine wassergefüllte Tasse *B* angeordnet, in welche der untere zylindrische Teil des Entwicklers hineintaucht. Hierdurch wird ein dauernder Abschluß des Entwicklers gegen die atmosphärische Luft auch beim Schlammablassen in Richtung *a*, also bei gehobenem Hebel *C* und geöffnetem Ventil *D*, gewährleistet.

Die bei plötzlicher Drosselung der Gasentnahme bei allen Apparatesystemen auftretende Nachvergasung (Nachentwicklung), infolge Vergasens bereits stark angenäßten Karbids, muß von den Glocken aller transportablen Apparate fast restlos aufgenommen werden können, ohne daß etwaige Übergasung der Apparate, wie sie allerdings selten ganz vermeidbar ist, sicherheitstechnische Bedenken erregt. Übergasungsrohre dürfen an transportablen Apparaten nicht angebracht sein, sind aber bei allen stationären Anlagen Gegenstand besonderer Vorschriften. Wir finden dort ins Freie, z. T. durch einen Sicherheitstopf führende Übergasungsrohre, z. B. bei *k* Abb. 24, *P* Abb. 27, *C* Abb. 18.

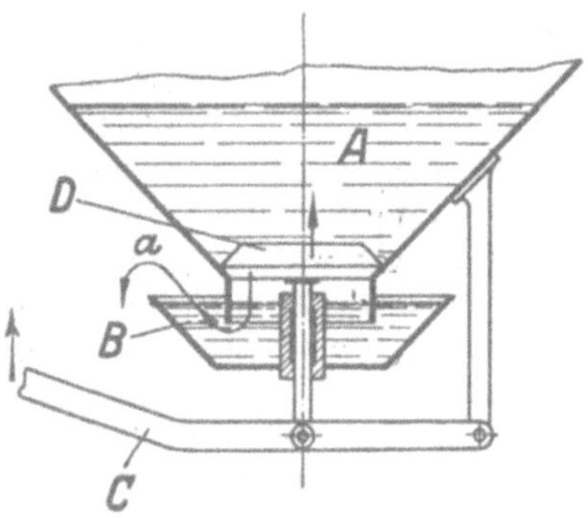

Abb. 31. Kalkschlammablaß.

Aus Gründen sicherheitstechnischer, wie auch wirtschaftlicher Natur ist ferner bei Einwurfsapparaten eine zweckmäßige Vorkehrung zu treffen, die verhütet, daß ins Entwicklerwasser fallendes, frisches Karbid nicht in bereits vorhandenen Kalkschlamm fällt. Durch Einbettung frischen Karbids in oft teigigen, zumindest aber dickflüssigen Schlamm bildet sich bei spärlichem Wasserzutritt zum Karbid örtliche Überhitzung, und außerdem werden oft nennenswerte Mengen unvergaster Karbidstücke beim Entschlammen mit abgeführt. Diesem Übel kann man in einfachster Weise durch Anbringung eines durchlöcherten Bodens begegnen. Eine drehbare Anordnung dieses Zersetzungsrostes (auf ihm erfolgt die Karbidzersetzung, der Schlamm fällt unten durch) erhöht seine Wirksamkeit, weil sein Wenden (in gewissen Zeitzwischenräumen) durch Spülung die restlose Vergasung etwa noch unvergast zurückgebliebener Karbidstücke verbürgt. In der Grundform Abb. 20 und bei *K* in Abb. 18 sind derartige Entwicklerroste zu erkennen. Drehbare Roste haben die Apparate der Abb. 23 und 24, Abb. 24 bei *l* mit Kurbel *m*; in Abb. 23 sieht man links vorn am Entwickler die Kurbel des Drehrostes.

In allen selbsttätigen Entwicklern stationärer Anlagen sind ferner gegen gefahrbringende Gasdrucksteigerungen, wie sie infolge Verstopfung der Gasabgangsrohre (Verschlammung, Einfrieren u. dgl.) eintreten können, geeignete Sicherheitsmaßnahmen zu treffen; z. B. Anbringen von Überdruckrohren (*n* und *o* Abb. 24).

Weiter ist es wichtig, den Eintritt von Luft ins Entwicklerinnere, auch während der Beschickung mit Karbid, soweit als nur möglich einzuschränken, am besten gänzlich zu unterbinden. Wenngleich es in den seltensten Fällen gelingt, diese Aufgabe bei transportablen Apparaten befriedigend zu lösen, und ihr dort auch nicht die Bedeutung zukommt wie bei ortsfesten Anlagen, ist dieser Anforderung bei letzteren verhältnismäßig leicht nachzukommen, beispielsweise durch Anbringen eines ebenfalls bei Generatoren oft vorzufindenden Beschickungsverschlusses (Abb. 24 bei *b*, *a*, *e*).

Für die Retortenapparate nach Abb. 27 und 30 sind besondere Vorschriften vorhanden, deren wesentlichste sich auf die Regelung des Wasserzuflusses zu den Vergasungsretorten erstreckt. Danach soll der Retorte entweder das zur vollkommenen Zersetzung der gesamten Karbidmenge erforderliche Wasser auf einmal zufließen (wobei genügend groß bemessene Gasglocken Voraussetzung sind) oder eine kleinere Wassermenge mit entsprechend kleineren Karbidmengen in Berührung gelangen. Da jedoch die gänzliche Vergasung des gesamten Karbidvorrats zugleich unverhältnismäßig große Gasglocken bedingt, sind fast alle Apparate dieses Systems so gebaut, daß kleineren Mengen Karbid geringe Wassermengen zufließen. Die in die Vergasungsretorten eingeführten, schubladenartigen Karbidbehälter sind deshalb meist durch eine Anzahl stegförmiger Zwischenwände (*d* in Abb. 32) in einzelne Kammern getrennt. In Abb. 32, die uns den Längsschnitt durch eine solche Schublade zeigt, sind 5 Kammern angebracht, wovon zunächst der mit 1 bezeichneten Wasser zugeführt wird (in Pfeilrichtung *b*; bzw. von *i* in Abb. 30). Ist in der ersten Kammer der Vorrat an Karbid zersetzt, so fließt das Wasser von der ersten zur zweiten Kammer selbsttätig über, da die Stege gegen den oberen Rand des Einsatzes zurückstehen. Nach Vergasung des Inhaltes von Kammer 2 läuft das (immer bei *b* zufließende) Wasser zum dritten Fach usw., bis schließlich die ganze Retorte mit Wasser überschwemmt ist. Darauf kann der Einsatz mit dem Schlamm herausgezogen werden. Wird der gesamte Gasvorrat der Glocke entnommen, dann entsteht in dieser ein so niedriger Druck, daß das noch zu den Retorten nachfließende Wasser z. B. in den Rohren $A_1 A_2$ der Abb. 27 hochsteigen und Schlamm

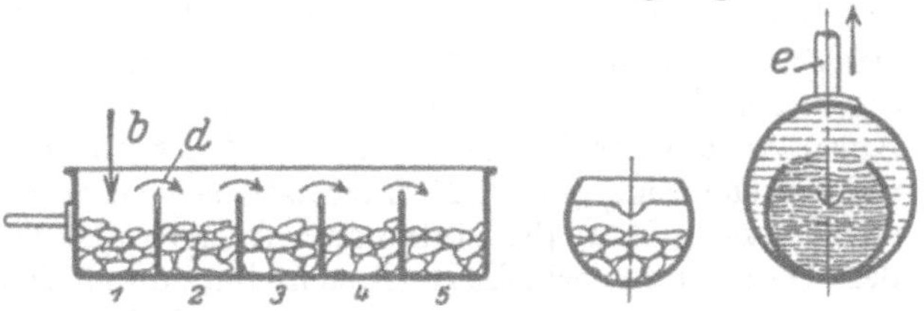

Abb. 32. Richtige Karbidfüllung der Retorten.

in das Sperr- und Kühlwasser des Raumes *W* überführen kann. Seine Entfernung erfolgt bei *O*. Unter allen Umständen ist auf vorschriftsmäßige Füllung der Kammern mit Karbid zu achten. Wie Abb. 27 und 30 zeigen, dürfen alle Kammern nur bis zur Hälfte mit Karbid angefüllt werden. Da der bei der Karbidzersetzung zurückbleibende, aufquellende Kalkschlamm annähernd den doppelten Raum des reinen Karbids einnimmt, wird nach beendeter Karbidzersetzung jede einzelne Kammer des Einsatzes normalerweise gerade ganz angefüllt sein, wie dies Abb. 32 rechts darstellt. Als Folge der Mißachtung des Überladungsverbots der Kammern ist nicht allein eine Verstopfung der Rohröffnungen (*e* Abb. 32) mit Schlamm zu gewärtigen, sondern auch eine sehr unvollkommene Vergasung des Karbids, weil das Karbid in den etwa 50% leichteren Schlamm eingeschlossen wird. Hierdurch entsteht, abgesehen von der gesteigerten Entwicklungstemperatur, auch nach Entleerung der Einsätze die starke Gefahr der Nachentwicklung und Bildung explosibler Gasluftgemische in den Schlammgruben. Trotz Einhaltung dieser Vorschrift und ständiger, äußerer Kühlung der Retorten durch das an der Entwicklung nicht beteiligte Wasser sind bei starker Gasentnahme bedeutende Temperatursteigerungen im Retorteninnern kaum zu vermeiden.

Die gegenüber den Einsätzen im Durchmesser größer gehaltenen Retorten sind vor neuer Karbidbeschickung jedesmal mit Wasser gründlich auszuspülen, damit der in ihrem Innern zurückgebliebene Kalkschlamm entfernt wird. Bei Entfernung dieses Schlammes aus den Schubladen ist die Verwendung von Gummihandschuhen zum Schutze gegen die stark ätzende Wirkung der im Schlamm zurückgebliebenen Phosphor- und Schwefelverunreinigungen sehr angebracht.

Allgemeine Behandlung der Azetylenentwickler. Leider sind die von den Fachfirmen ihren Apparaten mitgegebenen Bedienungsvorschriften häufig mangelhaft abgefaßt und lassen mitunter den den Apparat bedienenden Arbeiter über wichtige Einzelheiten im unklaren. Es möge trotzdem vorweg gesagt sein: Außer den im folgenden gegebenen Vorschriften ist natürlich den besonderen Anweisungen der einzelnen Betriebsvorschriften Folge zu leisten. Oft haben Fahrlässigkeit des Schweißers oder Versäumnis scheinbar als nebensächlich betrachteter Handgriffe zu heftigen Explosionen Anlaß gegeben, die bei vorschriftsmäßiger Behandlung der Apparate ausgeschlossen sind.

Bei Inbetriebsetzung von Azetylenapparaten, ganz nebensächlich welchen Systems und welcher Größe, sind vor allem sämtliche für Wasser bestimmten Gefäße anzufüllen (mit der vorschriftsmäßigen Menge), wobei durch Öffnen der Hähne für Entweichen der Luft zu sorgen ist. Die Hähne sind darauf sofort wieder zu schließen. Nun erst darf die zulässige Karbidbeschickung vorgenommen werden. Karbidstaub ist zurückzulassen, da er teils zu Verstopfungen, teils unter bestimmten Umständen zu Gefahren Veranlassung geben kann. Lagert sich der Karbidstaub im Vorratsraum des Entwicklers ab (bei Anlagen nach dem Einwurfsystem) und wird er von feuchtem Gase bespült, so können derart hohe Temperaturen eintreten, daß bei Zutritt von Luft plötzliche Zündung und Explosion erfolgt. Die Temperatur des Karbidstaubs kann sich bei Anwesenheit von Luft, sogar ohne Wasserzutritt, bis zur Glühhitze steigern. Aus diesem Grunde haben Apparate, die zur Vergasung des Karbidstaubs bestimmt sind, besondere Einrichtungen nötig. Zu große Karbidstücke sind erforderlichenfalls in 3÷4 m Abstand vom Apparat (bei stationären Anlagen außerhalb des Apparateraumes) mit dem Hammer zu zerkleinern (Augenschutz durch Drahtbrillen!). Die ersten Liter erzeugten Gases sind immer mit Luft gemischt; man läßt deshalb dieses Gasluftgemisch einige Zeit entweichen, bis sich Azetylen allein durch seinen stark knoblauchartigen Geruch bemerkbar macht.

Da nach Außerbetriebsetzung des Entwicklers, je nach System und Größe des Apparats, eine mehr oder weniger große Nachvergasung einsetzt, sollte man dies beim Beschicken des Apparats kurz vor Arbeitsende berücksichtigen und deshalb nur die voraussichtlich erforderliche Mengen an Karbid nachfüllen. Für stationäre Anlagen ist dies allerdings weniger bedeutungsvoll.

Luftzutritt zu den Apparaten ist sowohl während als nach dem Betriebe unbedingt zu verhüten. Nach Arbeitsbeendigung werden alle erforderlichen Gas- und Wasserhähne abgesperrt.

Im Winter etwa eingefrorene Apparate und Rohrleitungen dürfen nur durch heißes Wasser, nie mit glühenden Stangen oder gar offenen Flammen aufgetaut werden. Verstöße gegen dieses Verbot haben des öfteren zu Unglücksfällen geführt. Sicherwirkende Mittel gegen Einfrieren des Entwicklerwassers (bzw. Sperrwassers in anderen Apparateteilen) gibt es kaum, da sie entweder nicht mit Azetylen in Verbindung gebracht werden dürfen oder die Zersetzungsfähigkeit des Wassers herabsetzen. Einigermaßen brauchbar ist eine in Drogerien erhältliche Kalziumchlorid- oder Magnesiumchloridlösung, die dem Wasser stark verdünnt zugesetzt werden kann.

Alle Apparate, welchen Systems sie auch seien, dürfen unter keiner Bedingung ohne Zwischenschaltung einer Wasservorlage (siehe später) benutzt werden.

Reparaturen an Azetylenapparaten dürfen nur von Fachleuten und nur nach Außerbetriebsetzung, auch nur bei Tageslicht, nie bei künstlichem Licht vorgenommen werden. Die Ausführung der Reparatur hat bei transportablen Apparaten im Freien zu geschehen. Lötung und Schweißung undichter Stellen sind nur auszuführen, nachdem der Gas- und Karbidraum des Apparates selbst geöffnet, geleert und mit heißem Wasser gründlich ausgewaschen wurde.

Trotz strengsten Verbots werden zuweilen Apparatehäuschen mit offenem Licht betreten, was meistens zu gewaltigen, folgenschweren Explosionen führte. Es sei daher mit allem Nachdruck darauf hingewiesen: das Betreten von Apparatehäuschen mit offenem Licht, mit brennenden, glimmenden und glühenden Gegenständen, sowie das Rauchen in diesen Räumen, in unmittelbarer Nähe transportabler Apparate und der Karbidschlammgruben ist äußerst gefährlich und daher dringend verboten. Wird an Arbeitsstellen außerhalb des Betriebs (an Bauten, auf Straßen, Plätzen usw.) mit Azetylenapparaten gearbeitet, so sind Fremde auf diese Vorschrift, mit entsprechendem Hinweis auf die Gefahr, aufmerksam zu machen. Ferner ist vor der Anordnung einer unter Umständen als Zündquelle dienenden, elektrischen Signalvorrichtung an den Apparaten (welche Karbid- oder Wassermangel, eigentlich Gasmangel, anzeigen soll) zu warnen, da durch überspringende Kontaktfunken Explosionsmöglichkeit besteht. Offene Beleuchtungskörper sollen mindestens 3 m nach jeder Richtung vom Apparat entfernt sein. Insbesondere beim Herausnehmen der Karbidbehälter und beim Schlammablassen ist Fernhaltung brennender, überhaupt zündender Körper vom Apparat zu beachten.

Das Schlammablassen zur rechten Zeit, — soweit der Schlamm nicht mit den Karbideinsätzen herausgezogen wird — zählt zu den wichtigsten Hantierungen am Apparat und beeinflußt die Betriebssicherheit in hohem Maße. Merkwürdigerweise besteht in dieser Hinsicht oft größte Unkenntnis, so daß man nicht selten völlig verschlammte Apparate sicherheitswidrig im Betriebe antrifft. Mit Rücksicht auf die Wichtigkeit dieses Faktors müssen wir uns hiermit näher befassen.

Wie früher errechnet, sind zur vollkommenen Zersetzung von 1 kg Karbid 0,562 = rund $\frac{1}{2}$ kg = $\frac{1}{2}$ l Wasser erforderlich. Das entspricht z. B. bei einem Apparat mit 4 kg Karbidfüllung 2 l Wasser. An gleicher Stelle wurde nebenbei auf die Zersetzungswärme hingewiesen, die rund 400 WE auf 1 kg vergastes Karbid beträgt. Um diese nicht unerhebliche Wärmemenge unschädlich zu machen, muß ein ausreichender Überschuß an aktivem (d. h. unmittelbar an der Azetylenerzeugung beteiligtem) Entwicklerwasser vorhanden sein, und zwar soll dieser Überschuß nach den gesetzlichen Bestimmungen 10 l auf 1 kg Karbid betragen. Demnach muß ein 2 kg-Apparat mindestens $2 \times 10 = 20$ l, ein 4 kg-Apparat mindestens 40 l Entwicklerwasser enthalten. Dies entspricht dem zwanzigfachen Betrage der zur Zersetzung selbst erforderlichen Wassermenge. Wenngleich diese Bedingung in erster Linie auf stationäre Anlagen Bezug nimmt, ist sie für transportable Apparate nicht minder wichtig und auch leicht einzuhalten.

Nun vermag aber Wasser Azetylen zu lösen, d. h. aufzunehmen. Das Lösungsvermögen des Wassers für Azetylen beträgt über 100%; z. B. lösen 100 Teile Wasser bei 12° 118 Teile Azetylen. Dies ist nebenbei bemerkt der Grund, weshalb beim erstmaligen Füllen des Entwicklers mit Karbid nicht sofort die Glocke steigt. Obwohl die Gasentwicklung sofort einsetzt, sättigt sich zuerst das Wasser teilweise mit Azetylen; erst der restliche Teil des Gases wird unter der Gasglocke gasförmig aufgefangen. Beim Entschlammen geht hiernach mit 1 m³ Wasser auch 1 m³ Azetylen nutzlos verloren (in Wirklichkeit sind die Zahlen nicht ganz so ungünstig). Trotzdem muß das für die Betriebssicherheit wichtige, sorgfältige Entschlammen ohne Verzug erfolgen, sobald es Anzeichen im Betriebe des Apparates bedingen, und zwar aus folgender Überlegung: In verschlammten Apparaten oder auch in überlasteten — Überlastung tritt häufig ein, zumal wenn zeitweise große

Gasmengen, die über die Leistungsfähigkeit des Apparats hinausgehen, entnommen werden — steigert sich infolge Mangels an aktivem Wasser die Wassertemperatur sehr rasch und kann gegebenenfalls 100°, also den Verdampfungspunkt des Wassers erreichen. Damit verbundene Gefahren (Selbstzündung, Explosion bei Luftzutritt usw.) sind unverkennbar und wachsen besonders dann, wenn die Gasglocke oder die Karbidbehälter aus dem Apparat entfernt werden, wobei durch Luftzutritt zum überhitzten Gas oft Unglücksfälle entstanden sind. Durch die geringe Wärmeableitung, hauptsächlich durch die überaus mangelhafte Karbidzersetzung in stark verschlammten Entwicklern, bildet sich sog. überhitztes Azetylen mit seinen nicht allein vielseitigen, sicherheitstechnischen Gefahrenquellen, sondern auch bedeutenden, technischen Nachteilen, die sich erst im fertigen Schweißgut bemerkbar machen. Die Überhitzung des Azetylens kann sogar soweit getrieben werden, daß überhaupt kein reines Azetylengas mehr entsteht, sondern ein Gemisch von verschiedenen Zersetzungserzeugnissen des Azetylens (technisch nennt man den Vorgang Polymerisation), wie Benzine, Benzole, Naphtaline, Styroline usw. (die als Polymere bezeichnet werden). Dieses Gas ist für Schweißzwecke nicht mehr brauchbar. Zersetzungserscheinungen machen sich auch im Karbidschlamm durch gelbe, braune, ja sogar schwarze, teerartige Rückstände bemerkbar.

Nach vorigem muß die Temperatur des sowohl aktiv als passiv (unmittelbar und mittelbar) an der Karbidzersetzung beteiligten Wassers in normalen Grenzen gehalten werden. Dampft der Apparat, weil das Wasser zu heiß wird, und hat die Wassertemperatur 60° erreicht, so muß unbedingt frisches Wasser nachgefüllt und eine entsprechende Menge verschlammtes Wasser gleichzeitig abgelassen werden. Stark verschlammte Apparate sind völlig frisch zu füllen. Die Sicherheit gegen Überhitzung ist eben wichtiger als der Verlust an Azetylen im verschlammten Wasser. Bei großen, ortsfesten Anlagen begegnet man neuerdings diesem Azetylenverlust, indem man das abgeschlammte Wasser durch Pumpen in besondere Behälter befördert und nach erfolgter Klärung, noch mit dem aufgesaugten Azetylen gesättigt, den Entwicklern wieder zuführt.

Soweit die jeweilige Betriebsvorschrift nichts anderes vorschreibt, und der Schlamm nicht mit den Karbidpatronen herausgezogen wird, mag als Regel für den Zeitpunkt der Entschlammung der Entwickler folgende Rechnung gelten:

Unter normalen Voraussetzungen, ferner wenn z. B. das Sechsfache der zur Karbidzersetzung nötigen Wassermenge vorhanden ist, und wenn der Apparat 100 l = 100 kg Wasser faßt, so muß der Schlamm ganz abgelassen und frisches Wasser nachgefüllt werden nach Zersetzung von $\frac{100}{6} = \sim 17$ kg Karbid oder, was dasselbe ist, nach Entwicklung von $17 \times 250 = 4250$ l = 4,25 m³ Azetylen, denn 1 kg Karbid liefert ja 250 l Azetylen.

Der Schlamm darf nicht in Kanäle, vielmehr nur in eigens hierfür bestimmte Kalkgruben oder Behälter geschüttet werden, durch deren örtliche Lage Nachvergasungen nicht gefährlich werden können.

Zusammenfassung der Behandlung der Azetylenentwickler.

1. Alle aus den Betriebsvorschriften ersichtlichen Anweisungen sind zu befolgen.

2. Zur Aufstellung von transportablen Apparaten bestimmte Arbeitsräume müssen mindestens 60 m³ Luftinhalt haben. In diesen Räumen dürfen leicht brennbare Stoffe, wie Benzin, Öl u. dgl. nicht aufbewahrt werden.

3. Offenes Feuer und Licht muß vom Apparat mindestens 3 m entfernt sein. Unmittelbar über ihm darf sich keine Lampe befinden.

4. Ortsfeste Anlagen (mit über 10 kg Karbidfüllung) müssen in besonderen, den gesetzlichen Bestimmungen entsprechenden Apparatehäuschen untergebracht werden.

5. Das Rauchen und Hantieren mit Licht, Feuer und glühenden Körpern in der Nähe von Apparaten, Schlammgruben, Karbidlagern, besonders innerhalb der Apparatehäuschen, ist streng verboten; Laien sind erforderlichenfalls hierauf aufmerksam zu machen.

6. Die Apparate müssen gut in der Wage stehen, um Betriebsstörungen durch Festklemmen der Glocken und ähnliches zu vermeiden.

7. Bei Inbetriebsetzung des Apparates sind zunächst sämtliche hierzu vorgesehene Gefäße vorschriftsmäßig mit Wasser zu füllen, und zwar bei geöffneten Hähnen, damit die Luft entweichen kann.

8. Nach erfolgter Füllung mit Wasser sind alle Hähne sofort zu schließen.

9. Hierauf erst kann die Füllung mit Karbid vorgenommen werden.

10. Erstes Gasluftgemisch behutsam ins Freie lassen.

11. Bei Arbeitsunterbrechungen von länger als 10 min Dauer Gashahn am Apparat, bzw. an der Vorlage (nicht allein am Brenner) abstellen.

12. Apparat zeitweise vorsichtig entschlammen, unter Beachtung aller im vorstehenden besprochenen Einzelheiten.

13. Schlamm nicht in Kanäle abfließen lassen, da Nachvergasung in diesen böse Folgen zeitigen kann, wofür der Besitzer des Apparates haftbar ist.

14. Beschwerung der Gasglocken (bei transportablen Apparaten) zur Erhöhung des Gasdrucks ist untersagt.

15. Eigenmächtige Verstellung oder Entfernung zwangsläufiger Konstruktionsteile der Apparate, um eine größere Leistung zu erzielen, ist in allen Fällen unzulässig.

16. Reparaturen an Azetylenapparaten dürfen nur von Fachleuten ausgeführt werden.

17. Reparaturen sind nur bei Tageslicht, bei transportablen Apparaten auch nur im Freien vorzunehmen.

18. Jeder Reparatur, besonders solcher, die eine Anwendung von Löt- oder Schweißflammen erheischt, hat eine sorgfältige und gründliche Reinigung des Apparats vorauszugehen. Nichtbeachtung dieser Vorschrift hat wiederholt Schweißern das Leben gekostet.

19. Eingefrorene Apparate und Rohrleitungen dürfen niemals mit brennenden oder glühenden Gegenständen aufgetaut werden; als Auftaumittel ist allein heißes Wasser oder Dampf zulässig.

20. Prüfung der Apparate und Rohrleitungen auf Dichtheit hat ausschließlich durch Einpinseln der betreffenden Teile mit Seifenwasser zu geschehen, keinesfalls durch Ableuchten.

21. Undichtheiten sind sofort zu beheben, bzw. den Vorgesetzten zu melden.

e) Nebenapparate.

Als Nebenapparate der Azetylenanlage sind zu bezeichnen: Gasglocke, Wäscher, Reiniger, Trockner, Sicherheitstöpfe, Stoßfänger, Druckregler, Gasmesser, Druckmesser usw. Hiervon interessieren uns in erster Linie die drei erstgenannten Apparaturen; die übrigen kommen fast nur für große Azetylengaswerke in Frage und sollen hier unberücksichtigt bleiben. Im weiteren Sinne ist auch die bei Schweißanlagen notwendige Wasservorlage zu den Nebenapparaten der Azetylenerzeugungsanlage zu zählen, doch ist diesem Apparat, seiner Wichtigkeit und eigentlichen Zugehörigkeit zu den Schweißgeräten halber, ein besonderer Unterabschnitt vorbehalten.

Die Gasglocke. Sie dient in allen Fällen als Ausgleichstelle zwischen erzeugter Gasmenge und Gasabnahme, und ihre Inhaltsbemessung ist ein von der Leistungsfähigkeit des Entwicklers abhängiger Faktor. Der Gassammelbehälter oder, wie man wohl auch sagt, Gasometer ist bei transportablen Apparaten in überwiegender Mehrzahl mit dem Entwickler zusammengebaut und an zwei oder drei Stellen geführt; siehe z. B Abb. 19, 22, 24, 25. Getrennt stehende Gasbehälter stationärer Anlagen haben oft bedeutende Abmessungen. Von der jeweiligen Standhöhe der Gasglocke und deren Eigengewicht ist das im Schweißbrenner bestehende Druckverhältnis der Gase direkt abhängig. Bei hohem Glockenstand ist der Gasdruck natürlich größer als bei niedrigem.

Der Wäscher. Ihm fallen drei Aufgaben zu: 1. Die Kühlung des im Entwickler erzeugten Gases; 2. das Waschen des Gases, d. h. dessen gründliche Befreiung von Schwefelwasserstoff, wohl auch Ammoniakwasser; 3. die Verhütung des Rücktritts von Gas aus der Glocke zum Entwickler. Wir finden den Wäscher daher, mit sehr geringen Ausnahmen, auch bei allen transportablen Apparaten. Auf seine vorschriftsmäßige Füllung ist stets zu achten, wenn Gasverluste unterbleiben sollen. Wir sehen Wäscher in Abb. 23 (das zweite Gefäß von links) und bei *B* in Abb. 24. Ferner in Abb. 27, woselbst auf den Rohren $A_1 A_2$ Hauben aufgesetzt sind, die auf bestimmte Tiefe in den Wasserstand des Raumes *W* eintauchen, damit das Gas nicht aus der Glocke *G* in die Retorten zurückgelangen kann. Das in diesem Falle inaktive (am Zersetzungsprozeß an sich nicht beteiligte) Wasser in *W* ist gleichzeitig Waschwasser. In Abb. 29 spielt die richtige Füllung des Wäschers *C* eine noch größere Rolle, da er in diesem Falle die Regulierung der Gasentwicklung beeinflußt und außerdem bei ungenügender Füllung und herausgenommenen Einsätzen *D* aus den Entwicklerrohren Gas ins Freie abziehen läßt.

Größe und äußere Form der Wäscher richten sich natürlich nach Umfang und Konstruktion der Azetylenanlage, sind aber für die Arbeitsweise bedeutungslos. Der Grundgedanke der Konstruktion ist immer der gleiche: das Gaszuführungsrohr taucht ein Stück in das Abschlußwasser ein, so daß das Gas zwar durch das Wasser hindurchströmen und sich über diesem ansammeln, bzw. an der höchsten Stelle des Wäschers weitergeleitet werden, aber nicht umgekehrt durch das Wasser zurück in das Gaszuleitungsrohr gelangen kann. Wir sehen das deutlich in Abb. 24 und 29, wo die Strömungsrichtung des Gases durch Pfeile gezeichnet ist.

Der chemische Reiniger. Er hat in der Hauptsache den Zweck, den Phosphorwasserstoff des Gases zu absorbieren, d. h. an bereits erwähnte chemische Präparate zu binden. Insbesondere das Feinkornkarbid (Kleinkorn- oder granuliertes Karbid) zeigt den Nachteil größerer Phosphorwasserstoffverunreinigung des aus ihm gewonnenen Gases. Wenn nämlich die kleineren Karbidkörnchen, die an und für sich ja schwerer sind als Wasser, auf ihrem Wege durch das Entwicklerwasser von dem ringsum gebildeten Gase blasenförmig eingeschlossen werden, und der Auftrieb dieser Gasblasen größer ist als das Gewicht der umschlossenen Karbidkörnchen, so steigen diese mit an die Wasseroberfläche, zersetzen sich hier völlig und verunreinigen das in der Glocke bereits vorhandene Gas noch stärker. Konstruktion, Größe und Aussehen des Reinigers richten sich nach der Leistungsfähigkeit des Apparats und ferner nach der Art der zur Verwendung gelangenden chemischen Reinigungsmasse, ob pulver- oder stückförmig.

Solche Reiniger sind z. B. aus den Abb. 19 (links mit Bügelverschluß), 23 ganz rechts, 24 bei *E* und 29 bei *E* ersichtlich. Abb. 33 und 34 zeigen zwei insofern verschiedene Reinigerkonstruktionen (zugleich im Schnitt), als der in Abb. 33 dargestellte für pulverisierte Reinigungsmasse, der in Abb. 34 dargestellte für stückförmige Masse gebaut ist. Im Reiniger Abb. 33, einem mit 5÷6 gelochten Blechböden *F* ausgerüsteten, zylindrischen Gefäß, wird die Reinigungsmasse auf roher Watte oder lockerem Filz in dünnen Schichten gleichmäßig verteilt auf-

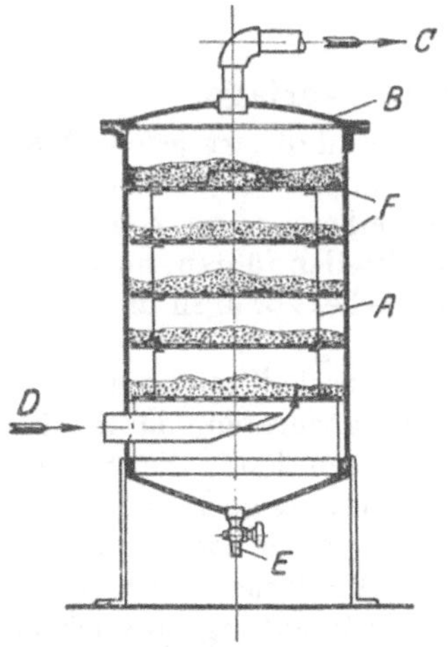

Abb. 33. Chemischer Reiniger für pulverisierte Reinigungsmasse.

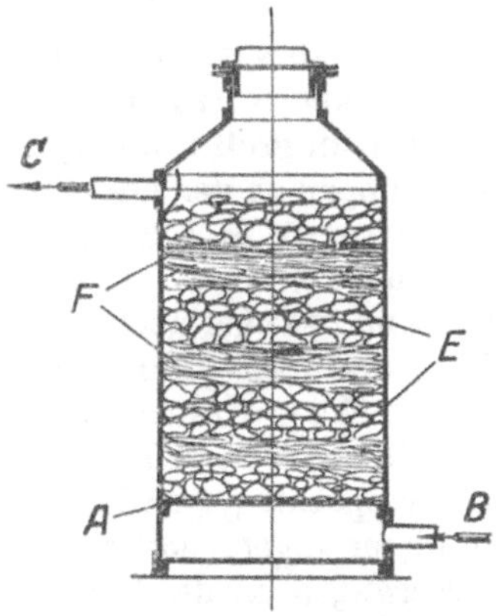

Abb. 34. Chemischer Reiniger für stückförmige Reinigungsmasse.

getragen. Der Gaszugang erfolgt bei *D* (in Pfeilrichtung), der Abzug bei *C*. *B* ist ein mittels Gummi abgedichteter Deckel, *E* ein Kondenswasserablaßhahn. An Stelle der Gummiabdichtung kann auch eine solche mittels Sperrwasser treten, doch findet man diese seltener vor. Der milchkannenähnliche Reiniger Abb. 34 hat nur einen gelochten (perforierten) Boden *A*, auf dem Schichten von Reinigungsmasse *E* und Holzwolle oder Stroh *F* abwechselnd hordenartig übereinander gelagert sind. Gaseintritt bei *B*, Gasaustritt bei *C*.

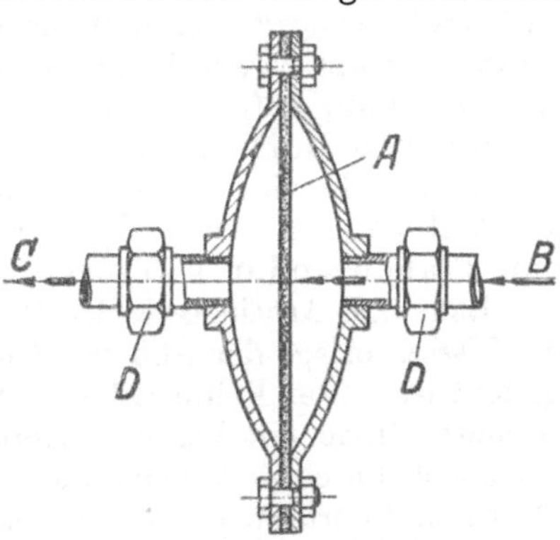

Abb. 35. Mechanischer Reiniger.

Die Strömungsrichtung des Gases ist für Reiniger mit stückförmiger Masse vorteilhaft von oben nach unten, bei Verwendung pulverförmigen Materials entgegengesetzt zu wählen, doch ist dies nicht Bedingung und von noch anderen Umständen abhängig. Die Füllung beläuft sich bei transportablen Apparaten auf 1÷2 kg Reinigungsmasse (mitunter etwas mehr), bei stationären Anlagen hingegen auf bis zu 50 kg für einen Reiniger. Bezüglich der Auswechslung verbrauchter Reinigungsmassen halte man sich an die jeweiligen Angaben der Lieferanten.

Koks eignet sich nicht als chemische Reinigungsmasse. Eine durch ihn erreichbare Reinigung kann nur mechanischer Natur sein.

Die vom Gase mitgerissenen, mechanischen Verunreinigungen (aus dem Karbid und der Reinigungsmasse herrührend) werden in einem Gasfilter, dem mechanischen Reiniger, entfernt, wie Abb. 35 einen solchen veranschaulicht. Zwischen zwei tellerförmigen, meist gußeisernen Schalen, die mittels Rohrverschraubungen *D* in die Gasrohrleitung eingebaut sind, wird ein Diaphragma (durchlässige Scheidewand) *A* eingelegt. Es besteht aus Filz oder gepreßter Rohwatte und muß natürlich zeitweise herausgenommen und von aufgefangenem Staube gereinigt werden. Gaseintritt bei *B*, Gasaustritt bei *C*. Die mechanischen Reiniger finden seltener Anwendung und werden immer zwischen der Azetylenanlage und der Wasservorlage in die Rohrleitung eingeschaltet.

f) Sicherheitswasservorlage.

Die Sicherheitswasservorlage (Wasserverschluß) ist jedem Azetylenschweißbrenner unmittelbar vorzuschalten und wird mit diesem durch einen Schlauch verbunden. Selbst in großen und größten Schweißereien, wo von der ortsfesten Anlage Rohrleitungen zu den einzelnen Schweißstellen führen, müssen an allen Zapfstellen für Schweiß- oder Schneidbrenner solche Vorlagen angebracht sein. Das ist behördliche Vorschrift. Wiewohl für Leuchtgas diesbezügliche Gesetze nicht vorgesehen sind, ist aber auch dort die Zwischenschaltung einer Vorlage (zwischen Rohrleitung und Schweißbrenner) dringend anzuraten, da nicht selten durch Flammenrückschlag Gasmesser zertrümmert wurden. Die Sicherheits-Wasservorlage ist die derzeit einzige auserprobte, zuverlässige Einrichtung zum Schutze der Azetylenapparate gegen Gefahren, welche von der Schweißflamme her drohen; sie hat in dieser Eigenschaft verschiedenen Anforderungen zu genügen.

Anforderungen an die Wasservorlage. Tritt aus irgendwelchem Grund eine Verstopfung der Düsenbohrung an der Schweißbrennerspitze ein, so kann der unter höherem Druck stehende Sauerstoff in die Brenngasleitung übertreten und ins Innere des Azetylenapparates gelangen, wodurch ein außerordentlich explosives Gasgemisch entsteht, das im Falle der Zündung schwerwiegende Explosionen zur Folge hat. Zweck der Vorlage ist es daher, zunächst den Rücktritt von Sauerstoff in die Azetylenleitung unter allen Umständen zu verhüten. Gasmangel ermöglicht, daß der im Schweißbrennerinnern heftig saugende Sauerstoff infolge Unterdrucks Luft aus der Atmosphäre in den Azetylenapparat hineinsaugt. Aus uns bereits bekannten Gründen muß dies vermieden werden, woraus sich die zweite Aufgabe ergibt: die Wasservorlage soll bei Gasmangel das Einsaugen von Luft in den Azetylenapparat unbedingt verhindern. Schließlich kommt ihr eine dritte, sehr wichtige Aufgabe zu: die Vorlage muß so eingerichtet sein, daß sie dem Fortschreiten einer vom Brenner her zurückschlagenden Flamme oder Explosionswelle sicher entgegentritt.

Bau- und Arbeitsweise der Wasservorlage. Zum besseren Verständnis möge die Wasservorlage der Abb. 29 dienen, die in Abb. 36 noch mal im Schema dargestellt ist. Zwei Rohre münden mit verschiedener Tauchtiefe in ein bis zu bestimmter Höhe mit Wasser angefülltes, zylindrisches Gefäß *F*, Abb. 36 *I*. Am Schlauchhahn eines Anschlusses im oberen Teil von *F* wird das Gas entnommen. Der durch Rohrleitung mit dem Reiniger verbundenen Vorlage wird das Gas rechts oben (in Pfeilrichtung) zugeführt. Es muß demnach, um in den Gasraum *F* der Vorlage zu gelangen, die Säule des Sperrwassers passieren (Pfeilrichtung) und kann dann durch die mit dem Schlauchhahn hergestellte Schlauchverbindung dem Brenner zuströmen. Die Füllung der Vorlage mit Wasser geschieht oben am mit Füll- und Steigetrichter bezeichneten Teil, dessen unteres, konisches Ende durch mehrere kleine Löcher mit dem Steigerohr in Verbindung steht.

Angenommen, es trete nun durch den Gasentnahmehahn (links) vom Brenner aus Sauerstoff zur Vorlage zurück (Abb. 36 *II*), so drückt dieser, da sein Druck größer ist als der im Vorlageninnern herrschende Gasdruck, das Sperrwasser in den beiden Tauchrohren in die Höhe. Im Gaszuflußrohr (rechts) besteht dann eine schwebende Wassersäule, die infolge genügender Höhe des Rohres nicht zum Reiniger übertreten kann und den Durchgang von Sauerstoff in umgekehrter Strömungsrichtung (zum Apparat hin) unmöglich macht. Indessen steigt der andere Teil des Wassers in dem linken Steigerohr von geringerer Tauchtiefe in die Höhe, schnellt gegen die am oberen Rande des Trichters angebrachten Prall- (Spritz-) bleche und sammelt sich im Steigetrichter an. Da nun die untere Öffnung des Steigerohrs inzwischen freigelegt wurde, kann der Sauerstoff durch dieses und durch den Schlitz zwischen beiden Prallblechen des Trichters ins Freie gelangen. Der Schweißer wird durch ein gurgelndes, vom Sprudeln des Wassers herrührendes Geräusch auf den Rücktritt von Sauerstoff aufmerksam gemacht. Außerdem muß er merken, daß sich das am Brenner ausströmende Gas nicht entzünden läßt, da es reiner Sauerstoff ist. Brenngas kann nicht zuströmen, weil seine Zufuhr durch die Wassersäule im Gaszuleitungsrohr der Vorlage unterbunden ist. Wird der Sauerstoffrücktritt abgestellt, so fließt infolge der Schwere natürlich das Wasser aus beiden Rohren selbsttätig wieder in die Vorlage zurück und stellt den alten, normalen Sperrwasserstand wieder her.

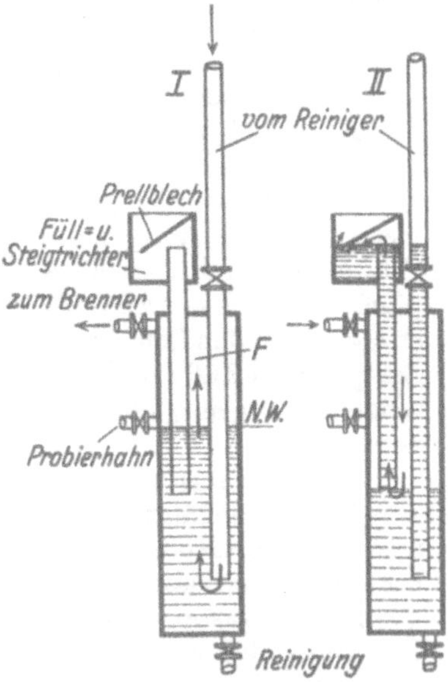

Abb. 36. Schema der Wasservorlage.

Bei Eintritt von Gasmangel wird durch den Fülltrichter soviel Luft angesaugt (vom Brenner her), als der fehlenden Gasmenge entspricht. Die Luft wird demnach dem Brenner, niemals jedoch dem Azetylenapparat zugeleitet. Starkes Glucksen des Sperrwassers kennzeichnet Luftansaugen und damit Gasmangel. Im übrigen sind, wie wir später noch sehen werden, Sauerstoffrücktritt und Gasmangel leicht zu unterscheiden.

Flammenrückschläge oder Explosionswellen von seiten des Brenners nehmen denselben Weg wie rückströmender Sauerstoff, also durch den Steigetrichter ins Freie, wobei immer der Zutritt zum Gaszuführungsrohr durch dessen größere Tauchtiefe wirksam unterbunden wird. Schlägt die Flamme bis zur Vorlage zurück, so schließe man am besten den Durchgangshahn im Gaszutrittsrohr und fülle die Vorlage mit frischem Wasser an.

Die Überwachung (Kontrolle) des richtigen Wasserstandes geschieht am Probierhahn (Abb. 36) und stets bei geschlossenem Gashahn der Gaszuflußleitung (Abb. 36 rechts). Andernfalls steht die Vorlage unter Gasdruck und läßt am Probierhahn so lange Wasser ausfließen, bis die untere Öffnung des linken Steigerohrs frei liegt, wodurch nur eine vermeintlich richtige Füllung bewirkt und Gas statt zum Brenner durch den Trichter ins Freie geleitet wird.

Wirkungsgrenze der Wasservorlage. Wir haben gesehen, daß alle der Vorlage obliegenden Tätigkeiten allein durch das bewegliche Sperrwasser zufriedenstellend ausgeübt werden. Wasser ist an sich ein sicher und leicht bewegliches Medium (Vermittlungsglied). Daraus läßt sich folgern: Rückschlagventile, Hebelübersetzungen, Schwimmer, Federn, Alarmsignale und ähnliche, umständliche Einrichtungen sind bei gut konstruierten Vorlagen entbehrlich und möglichst fortzulassen, da beim Einrosten, Verschlammen oder Festklemmen solcher Vorrichtungen das zuverlässige Arbeiten der Vorlage in Frage gestellt ist. Leider gilt diese Forderung nur unter gewissen Einschränkungen. Mit wachsender Gasdruckhöhe muß nämlich auch die Länge der Wassersteige- und Gaseintrittsrohre der Vorlage in entsprechendem Verhältnis steigen, was bei Niederdruckazetylen zwar keine, bei Mitteldruckazetylen indessen schon gewisse Schwierigkeiten verursacht. Schließlich kommen bei Hochdruckazetylenapparaten Vorlagen der besprochenen Art überhaupt nicht mehr in Betracht, da sie Rohrlängen von 10 m und mehr zur Bedingung hätten. Hier wird die Wasservorlage durch eine mechanische Rückschlagsicherung ersetzt, deren Konstruktion sich im allgemeinen bekannten Rückschlagventilen anpaßt mit dem Unterschiede, daß an Stelle metallischer Kegel Gummikugeln oder Gummibälle Verwendung finden. Wenngleich Sicherheitsventile solcher Art gegenüber der Wasservorlage den Vorzug haben, in ihrer Arbeitsweise weniger von gewissenhafter Bedienung abhängig zu sein, kann von einer vollständigen Betriebssicherheit keineswegs die Rede sein, da die Bewegung der Abschlußteile, zudem fester Körper, auch hier nur durch immerhin schwache Drucke bewerkstelligt wird.

Eingedenk der Wichtigkeit, welcher der guten Wirkungsweise der gegenwärtig noch immer vorzuziehenden Wasservorlage beizumessen ist, darf ihre sachgemäße und zuverlässige Behandlung niemals außer acht gelassen werden. Gerade hierauf soll der häufig mit der Gefahr spielende, über alles sich erhaben dünkende Schweißer nachdrücklichst aufmerksam gemacht sein. Auch ist die Genehmigungspflicht der Wasservorlagenkonstruktion ein begrüßenswertes Gesetz. Die Prüfung erfolgt durch den Deutschen Azetylenverein, bzw. von nun ab durch den Deutschen Azetylenausschuß, Berlin, welcher gleichzeitig dem Erbauer der Vorlage ein besonderers Typenzeugnis ausstellt. Ungeprüfte Vorlagen dürfen nicht verwendet werden.

Zusammenfassung der Behandlung der Sicherheitswasservorlage.

1. Die Ausführung von Schweiß- und Schneidarbeiten mittels Azetylen ist nur dann gestattet, wenn dem Azetylenapparat eine Vorlage oder ein anderes, behördlich zugelassenes Sicherheitsorgan vorgeschaltet ist.

2. Die Wasservorlage ist vor Arbeitsbeginn und außerdem täglich zwei- bis dreimal auf den vorgeschriebenen Wasserstand am Kontrollhahn zu prüfen.

3. Die Vorlage ist nur dann richtig gefüllt, wenn bei geschlossenem Gaszutritts- und geöffnetem Gasaustrittshahn etwas Wasser aus dem Probierhahn abfließt.

4. Nach Füllung der Vorlage bleibt der Prüfhahn so lange geöffnet als Wasser ausfließt, da bei zu hohem Wasserstand Gasmangel (infolge zu großen Gegendrucks der Wassersäule [Widerstand]) eintreten oder vom Brenner Wasser angesaugt werden kann. Nach erfolgtem Ablauf überschüssigen Wassers ist der Prüfhahn jedesmal sofort zu schließen.

5. Durch Verdunstung oder andere beliebige Ursache (Rückschlag usw.) verlustig gegangenes Wasser ist unverzüglich zu ersetzen.

6. Das Vorlageninnere ist monatlich einmal durch Ausspülen mittels Wasser gründlich zu reinigen und von anhaftenden Rost- und Schmutzteilchen zu befreien.

7. In demselben Zeitzwischenraum sind alle an der Vorlage etwa vorhandenen, mechanisch betätigten Vorrichtungen (Hebel u. dgl.) auf ihre einwandfreie Wirkungsweise zu prüfen.

8. Reparaturen an der Vorlage dürfen nur nach deren Außerbetriebsetzung vorgenommen werden. Undichtheiten sind sofort zu beheben.

9. Insbesondere ist auch den einzelnen Betriebsvorschriften restlos nachzukommen.

4. Schweißbrenner.

a) Konstruktion und Arbeitsweise.

Mit dem Schweißbrenner (kurz Brenner, verschiedentlich auch Pistole genannt) ist uns ein einfaches Mittel an die Hand gegeben, zwei Gase grundverschiedener Art innig zu mengen und durch Verbrennung des entstandenen Brenngas-Sauerstoffgemisches große Wärmemengen auf kleinstem Raume in Form der Schweißflamme zu erzeugen. Der Schweißbrenner macht den wichtigsten Bestandteil der Schweißanlage aus; von seiner richtigen Wirkungsweise ist der Erfolg der Schweißarbeit im höchsten Maße abhängig. Deshalb erfordert die Brennerfabrikation besondere Sorgfalt und gründliche Kenntnis der Arbeitsweise dieses Geräts.

Als Baustoff für Schweißbrenner wird mit verschwindenden Ausnahmen Druckmessing, für die Schweißspitzen Kupfer oder Messing verwendet.

Die Konstruktion des Brenners richtet sich in der Hauptsache nach folgenden Gesichtspunkten: Art, Dichte und Druck des Brenngases, Abmessungen des zu schweißenden Gegenstands, Geschmack des Konstrukteurs. Wir können uns auf die verschiedenen Konstruktionsmöglichkeiten, auf Abmessungs- und Bohrungsverhältnisse des Brenners — die selbstredend in bestimmtem Verhältnis zueinander

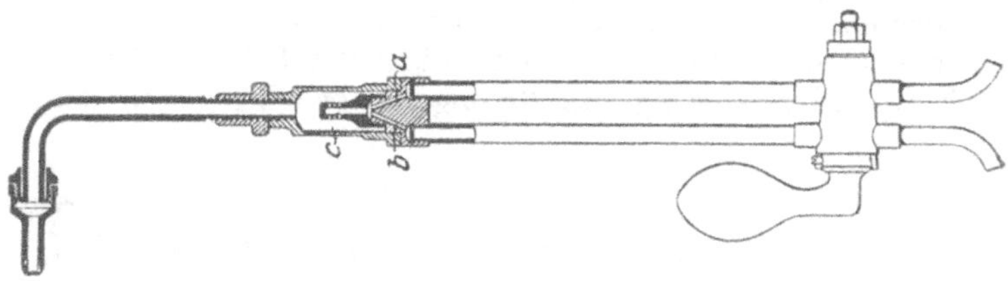

Abb. 37. Wasserstoffschweißbrenner.

zu stehen haben — an dieser Stelle nicht einlassen, vielmehr nur jene Einzelheiten erörtern, deren Kenntnis für ein lückenloses Verständnis der Arbeitsweise des Brenners und seiner Behandlung wünschenswert ist.

Allgemeine Brennereinteilung. Je nach den Drucken, unter welchen die Gase dem Brenner zuströmen, hat man zunächst zwischen Mischdüsen- und Injektorbrennern zu unterscheiden. Strömt das Brenngas dem Brenner unter höherem, dem Sauerstoffdruck näherliegendem Drucke selbständig zu (Flaschenazetylen, Wasserstoff, Blau- und Flüssiggas), so genügt als Mischvorrichtung für die Gase die Mischdüse; fällt dem Sauerstoff aber die Arbeit des Ansaugens eines Brenngases von geringem Druck zu (Azetylen, Leuchtgas), dann wird die Mischdüse durch den Injektor ersetzt. Man könnte berechtigterweise auch von Hochdruck- und von Niederdruckbrennern sprechen.

Wasserstoffbrenner (Mischdüsenbrenner). Abb. 37 zeigt uns einen solchen Brenner der auch heute noch allgemein gebräuchlichen Bauart. Hinter dem rechtssitzenden Absperr- und Regulierhahn werden die Gase noch getrennt weitergeleitet bis zu den V-förmig zueinanderliegenden Kanälen *a* und *b*, an deren gemeinsamer Mündung bei *c* eine Mischdüse mittels Gewinde aufgeschraubt ist. Da der Wasserstoff dem Brenner unter höherem Drucke zugeführt, und die Saugwirkung des Sauerstoffs nicht in Anspruch genommen wird, hat das an den Mischraum *c* links anschließende, meist aus Eisen hergestellte Düsenrohr den Zweck, eine weitere gute Mischung zwischen Wasserstoff und Sauerstoff zu gewährleisten. Auf das linke, untere Ende des Düsenrohrs wird die Schweißspitze aufgeschraubt, an deren Austrittsbohrung das Gasgemisch entzündet wird. Abb. 38 veranschaulicht einen

Wasserstoffbrenner ähnlicher Bauart in der Ansicht. Um Irrtümern vorzubeugen, sei erwähnt, daß der zweite Schlauchanschluß durch den im Bilde sichtbaren verdeckt liegt. Brenner für andere, unter höherem Druck zuströmende Gasarten, z. B. für Dissousgas (Flaschenazetylen) oder Blau- (und Flüssig-) gas sind ähnlich eingerichtet. Um die Schweißflammengröße, je nach den zu bearbeitenden Materialstärken, rasch verändern zu können, genügt neben der Regulierung der Gasdrucke an den Druckminderventilen eine Auswechslung der Schweißspitzen mit verschiedener Durchgangsbohrung. Der in Abb. 38 abgebildete Brenner besitzt sechs Stück auswechselbare Spitzen. Folglich wird man Schweißbrenner dieser Art fast immer mit einem Satz (4÷8 Stück) auswechselbarer Spitzen (für verschiedene Flammengrößen bzw. Blechstärken) ausrüsten und seltener für jede Flammengröße einen besonderen Brenner anschaffen.

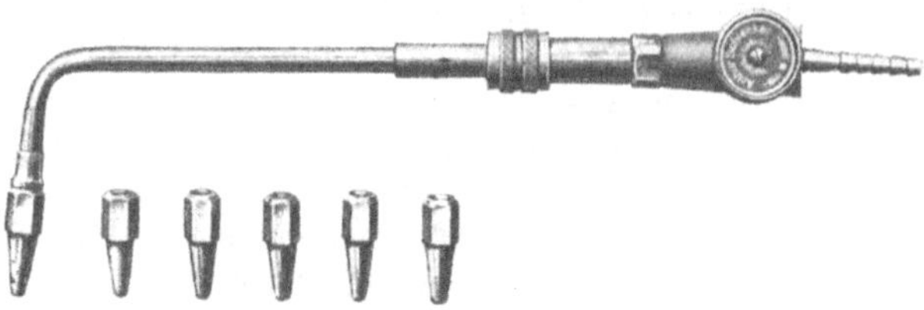

Abb. 38. Wasserstoffschweißbrenner in Ansicht.

Niederdruckazetylenbrenner (Injektorbrenner). Anders als bei den Brenngasarten mit höherem Druck liegen die Verhältnisse beim Niederdruckazetylen- oder beim Leuchtgasbrenner, da man hier die für die Zeiteinheit erforderliche Gasmenge nicht durch Druckveränderung des Brenngases beliebig vermindern oder vergrößern kann, vielmehr die Abmessungs- und vor allem die Bohrungsbeziehungen zwischen Injektor und Mischkammer mit dem Wechsel der Flammengröße sich stark verändern. Man hat deshalb zwei Gruppen von Azetylenschweißbrennern, die sog. Einzelbrenner (Abb. 39 und 40) und die Wechselbrenner, nach den neuen Normungsvorschlägen auch einfach „Schweißbrenner“ und demgegenüber „Wechselschweißbrenner“ genannt.

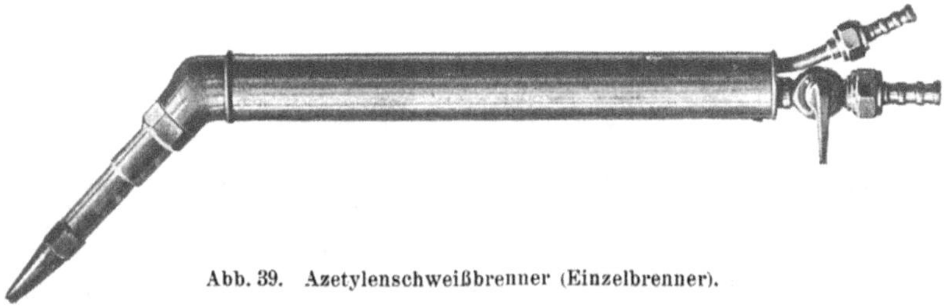

Abb. 39. Azetylenschweißbrenner (Einzelbrenner).

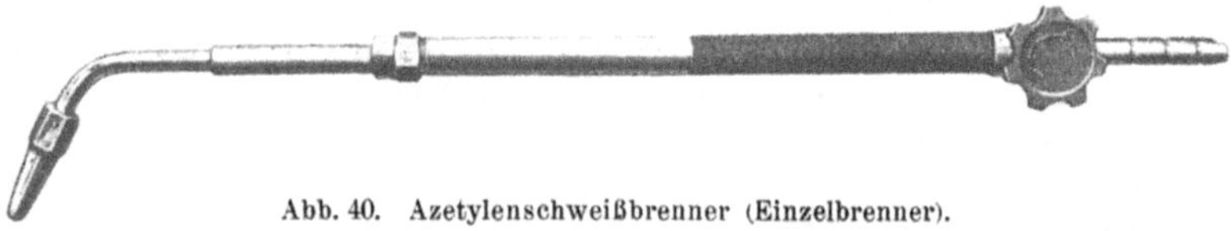

Abb. 40. Azetylenschweißbrenner (Einzelbrenner).

Die Einzelbrenner sind nur für die Bearbeitung einer bestimmten Blechdicke, bzw. für eine kleine, engbegrenzte Gruppe von Materialstärken verwendbar, wie sie den einzelnen Schweißspitzen entspricht. Z. B. soll man mit einem „Schweißbrenner 4÷6“ Bleche von 4÷6 mm schweißen. Die Stufung „4÷6“ soll in die

Brennerspitze eingeprägt sein. Diese Zahlenangaben sind übrigens die Vorschläge des Normenausschusses. Bisher tragen die Brenner Nummern (000 ÷ 8, siehe Zahlentafel 2, S. 115). Spitzen und Injektor sind nicht auswechselbar. Man wird diese Sorte Brenner dann bevorzugen, wenn dauernd ein und dieselbe Materialstärke geschweißt werden soll, z. B. zur Schweißung von Massenartikeln.

Für Montagearbeiten, wo mit Schwankungen in den Materialstärken innerhalb weitester Grenzen gerechnet werden muß, im Reparaturschweißereibetrieb oder überhaupt dort, wo die Schweißung verschiedenster Materialstärken und -arten vorkommt, ist der Wechselbrenner entschieden vorzuziehen. Dieser (Abb. 41) gestattet, wie der Wasserstoffbrenner, die Bearbeitung einer großen Gruppe von Materialdicken, ohne daß der Brenner selbst von den Schläuchen gelöst zu werden braucht. Mischkammer, Injektor und Spitze des Brenners werden hierbei in einem Stück, der sog. Schweißdüse, ausgewechselt.

Einzelteile der Niederdruckazetylenbrenner. Ein Schweißbrenner hat im allgemeinen folgende Hauptbestandteile: 1. Handrohr (Schaft), 2. Absperr- oder Reguliervorrichtung, 3. Schlauchanschlüsse, 4. Mischvorrichtung, 5. Schweißspitzen.

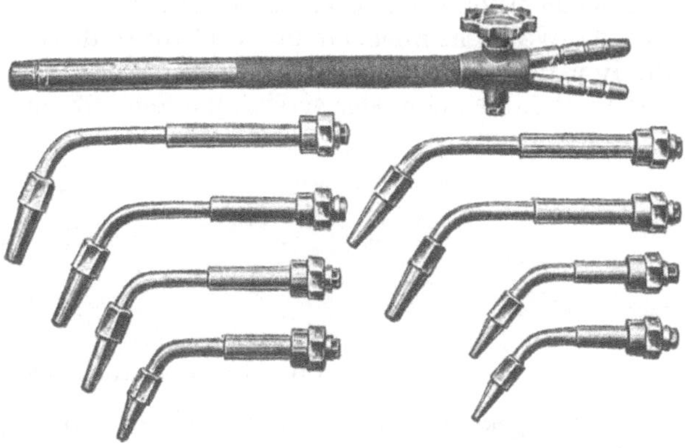
Abb. 41. Wechselschweißbrenner.

Für das Brennergewicht ist vorwaltend das Handrohr, der Schaft, ausschlaggebend (Abb. 41 oben). An ihm sind der Absperrhahn ausnahmslos, die Schlauchanschlüsse zum Teil fest angeordnet. Zweifellos liegt ein möglichst geringes Gewicht des Brenners im Interesse des Schweißers, doch darf die Gewichtsersparnis nicht auf Kosten stabiler Konstruktion und einwandfreier Wirkungsweise des Brenners erfolgen. Trotzdem es für die Arbeitsweise des Brenners belanglos ist, ob die Gasrohre getrennt liegen (Abb. 37) und in dieser Form als Handgriff dienen oder in einem als Handhabe ausgebildeten Rohr ineinandergelagert sind (Abb. 38 bis 41), verdient die letzte Ausführungsart wohl immer den Vorzug, weil sie die stabilste ist und eine Beschädigung des Brenners am besten verhindert. Da ferner das Handrohr für große Brennerflammen möglichst lang sein soll, um die Hand des Schweißers vor übergroßer, lästiger Wärmestrahlung zu schützen, hingegen schwache Brenner recht kurze und leichte Handrohre haben müssen, ist es auch verständlich, weshalb man Wechselbrenner nur bis zu einer gewissen Mindest- und Höchstgrenze ausbauen kann. Gerade die kleinsten und die größten Brenner wird man also am besten als Einzelbrenner bauen, wie das ja praktisch tatsächlich auch geschieht.

Über die Zweckmäßigkeit der Absperrhähne sind die Ansichten in Fachkreisen sehr geteilt und vielfach von Gewohnheit und Erfahrung bestimmt. Brenner ohne Hähne sind jedenfalls unvorteilhaft, um so mehr dann, wenn Azetylenentwickler und Flasche (oder beide Flaschen) in einiger Entfernung von der Schweißstelle Aufstellung finden, wie dies ja vorgeschrieben ist. Der Schweißer ist dann gezwungen, Flammenregulierungen an den Druckminderventilen vorzunehmen. Zudem läßt sich an den Ventilen allein die Flamme nur ungenau einstellen. Ähnliche Mängel ergeben Brenner mit nur einem, alsdann stets für Brenngas vorgesehenen Hahn, Abb. 39. Bei diesen muß der Sauerstoff ebenfalls am Ventil reguliert und abgesperrt werden. Dieser Übelstand macht sich besonders bei Arbeiten in Behältern, Dampfkesseln u. dgl. unliebsam bemerkbar. Beim Aus- und Einschalten des Brenners muß der Arbeiter allemal aus dem Kessel herausklettern, um das Sauerstoffventil zu bedienen. Aus diesen Gründen dürfte ein Brenner mit zwei Hähnen oder einem Doppelhahn (Abb. 37, 38, 40 u. 41) vorzuziehen sein, wobei die Drehvorrichtung des Hahns, ob mit Flügel (Abb. 37) oder mit Handrädchen (Abb. 38, 40, 41), gleichgültig ist. Wesentlich ist vor allem die leichte und genaue Regulierfähigkeit der Flamme. Der Doppelhahn reguliert natürlich Brenngas und Sauerstoff zugleich.

Die Schlauchanschlußnippel (Schlauchtüllen) sind teils fest (Abb. 38, 40, 41), teils als Verschraubung (Abb. 39) ausgebildet; bei letzeren erfolgt die Abdichtung der Überwurfmuttern sowohl durch Fiberringe als durch konische Flächendichtung der Nippel selbst. Mit der Anzahl der Verschraubungen steigert sich die Wahrscheinlichkeit des Undichtwerdens des Brenners, und mehren sich die Reparaturen. Darum sind feste Schlauchnippel besser, besonders dann, wenn mit Wechselbrennern oder vereinigten Schweiß- und Schneidbrennern (siehe unter

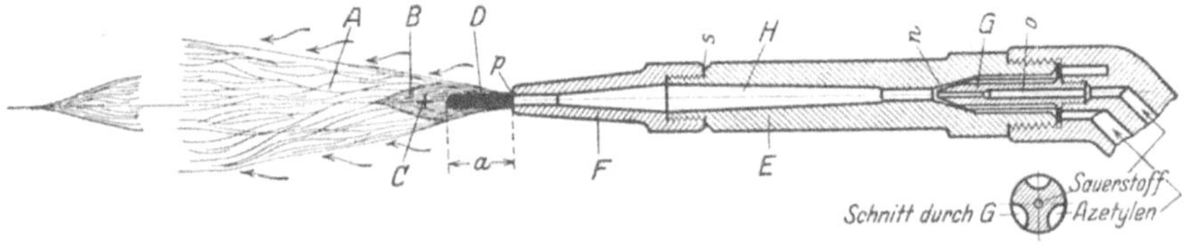

Abb. 42. Vorderteil des Azetylenbrenners und Schweißflamme.

Schneiden) gearbeitet wird, und der Brenner ständig an die Schläuche angeschlossen bleibt. Sind die Anschlußnippel am Brenner nicht besonders bezeichnet, so dient immer der Anschluß mit größerer Bohrung für den Brenngasschlauch, der kleinere für Sauerstoff, wie dies beispielsweise aus Abb. 39 hervorgeht.

Die Hauptaufgabe des Brenners besteht in der richtigen Mischung der beiden Gase der Menge nach, die so erfolgen muß, daß Störungen im Gleichgewichtszustand zwischen Ausfluß- und Zündungsgeschwindigkeit ausgeschlossen sind[1]). Dieser wichtigen Bedingung nachzukommen, ist Gegenstand der Mischdüse im besonderen, weitmehr aber noch des Injektors. Die Injektorkonstruktion beruht darauf, daß die Saugwirkung eines durch eine feine Düse unter höherem Druck ausströmenden Gases (Dampfes) ausgenutzt wird. Abb. 42 zeigt uns dies im Schnitt durch den Vorderteil des Brenners der Abb. 39. Der bei *o* eintretende und aus der Bohrung *n* des Injektors *G* ausströmende Sauerstoff saugt ringsum das unter niedrigem Druck stehende Azetylen an, reißt es mit in den Mischkanal *H* und mischt sich mit ihm auf dem Wege zur Austrittsöffnung der Schweißdüse. Der Sauerstoff verleiht gleichzeitig dem Gasgemisch die erforderliche Strömungsgeschwindigkeit.

Die Misch- oder Injektoreinrichtung ist meist in die Schweißdüse eingebaut, welche in Abb. 42 die Teile *E*, *F* umfaßt. Sehen wir von den für die Konstruk-

[1]) Unter Zündungsgeschwindigkeit versteht man diejenige Geschwindigkeit, mit welcher sich die Zündung im ruhenden Gasgemisch fortpflanzt. Die Ausfluß- oder Strömungsgeschwindigkeit des Gases muß immer größer sein, als die Geschwindigkeit der Zündung, andernfalls schlägt die Flamme ins Brennerinnere zurück. Die Strömungsgeschwindigkeit beträgt etwa 80 ÷ 120 m/s. Diese Erläuterung wird hier auch deshalb gegeben, weil häufig die Frage aufgeworfen wird, warum die Flamme zurückschlage.

tion besonders wichtigen Bohrungsbeziehungen ab, so fällt uns unter den einzelnen abgebildeten Brennern zunächst der Längenunterschied der Düsen mit den zugehörigen Mischrohren auf. Während die Mischdüse des Brenners Abb. 39 ziemlich kurz ist, sind die als Rohre ausgebildeten Mischkammern der übrigen Brenner viel länger. Letzteres ist für innige Mischung der Gase und für gute Flammenbildung von Vorteil; die Flammenkerne (*D* Abb. 42) sind durchschnittlich länger und stabiler. Bei den Brennern Abb. 37 und 38 wird bekanntlich nur die Schweißspitze ausgewechselt; das Mischrohr ist im rechten Winkel zum Handrohr abgebogen, so daß die Flamme das Schweißgut auch im rechten Winkel trifft. Dagegen bildet die Schweißdüse des gewöhnlichen Azetylenbrenners mit dessen Handrohr immer einen stumpfen Winkel von annähernd 135° (Abb. 39 ÷ 41), was später noch als vorteilhaft nachgewiesen wird.

Die Schweißdüsen sind meist aus Messing, die Mischrohre seltener aus Eisen und die Spitzen bei Azetylen immer aus Kupfer, bei Wasserstoff und Leuchtgas immer aus Messing, bei Azetylen-Dissous sowohl aus Messing als aus Kupfer hergestellt. Die Befestigung der Schweißspitzen geschieht mittels Gewinde im Sechskant, desgleichen das Anziehen der Schweißdüsen (Abb. 39, 41), wenn nicht der Sechskant oder die Sechskantüberwurfmutter durch Rundmuttern, die von Hand angezogen werden können (Abb. 38), vertreten wird.

Unter anderen Konstruktionen sind auch Brennerdüsen mit Sauerstoffkühlung auf den Markt gekommen, was den Vorteil der Verhütung von Flammenrückschlägen gewährleisten soll. Die Praxis zeigt zwar eine umständlichere Konstruktion des außerdem noch aus Eisenrohren zusammengeschweißten Brenners, nicht aber den vom Konstrukteur erwarteten Erfolg. Wirksame Kühlung der Düsen ist sehr günstig, aber nur unter Zuhilfenahme von Wasser erreichbar. Brennerdüsen von Schweißmaschinen sind stets wassergekühlt, derart, daß die Mischdüse mit einem Kühlmantel umgeben ist, in welchem fließendes Wasser kreist. Mitunter trifft man diese Vorkehrung auch wohl bei ganz großen, von Hand geführten Brennern für schwere und schwerste Werkstücke an. In wieder anderen Brennern findet man zuweilen Einrichtungen, um von außen eine Verstellung der Injektordüse bewerkstelligen zu können. Auch diese Sonderheit birgt keinerlei praktischen Nutzen. Eine weitere, früher vielfach verworfene Neuerung, wie sie im Augenblick abermals einige Konstrukteure beschäftigt, erstreckt sich auf den Einbau von Rückschlagventilen in die Brenngasleitung des Brenners, zwecks Verhütung von Flammenrückschlägen zum Apparat (als Ersatz für Wasservorlagen). Diese Neuheit — eine Firma bringt solche Brenner wieder auf den Markt — erscheint praktisch viel zu unzureichend, um einen zuverlässigen Ersatz der Vorlage zu gewährleisten.

Außer den bisher erwähnten Einzel-, Wechsel- und Maschinenschweißbrennern, sind noch zu nennen: die vereinigten Schweiß- und Schneidbrenner (siehe Abschnitt Autogenes Schneiden) und der sog. Universal- oder Mischgasbrenner, der für verschiedene Brenngasarten verwendbar sein soll. Da natürlich die auf die physikalischen Eigenschaften eines bestimmten Gasgemisches abgestimmten Brennereinrichtungen nicht ohne weiteres auch für jedes beliebige, andere Gasgemisch brauchbar sein können, ist der Gebrauch solcher Brenner für Schweißzwecke nicht zu empfehlen. Im allgemeinen sind allerdings für gewöhnliches Azetylen gebaute Schweißbrenner auch für Flaschenazetylen verwendbar, nie aber umgekehrt besondere Dissousbrenner für Niederdruckazetylen.

Eine von den bisherigen (Spitzdüsen) Schweißspitzen mit nur einer zentralen, zylindrischen Bohrung stark abweichende Konstruktion zeigt schließlich Abb. 43

in dem Schema einer sog. Siebdüse. Die zylindrische, nicht konische Düse, deren vordere Kreisfläche mit einer größeren Anzahl kleiner, ringförmig angeordneter Löcher versehen ist, ergibt an jedem dieser Löcher eine kleine, selbständige Flamme. Dadurch tritt natürlich eine wesentliche Verbreiterung der Schweißnaht ein.

Benzolschweißbrenner. Abb. 44 zeigt gleich schematisch einen vollständigen Oxy-Benz-Schweißapparat (neuerdings auch nach dem Konstrukteur als „Fernholzapparat" bekannt). Der zum Schweißen erforderliche Sauerstoff wird aus der Sauerstoffflasche *A* nach Öffnen des Verschlußventils *B* durch Druckminder-

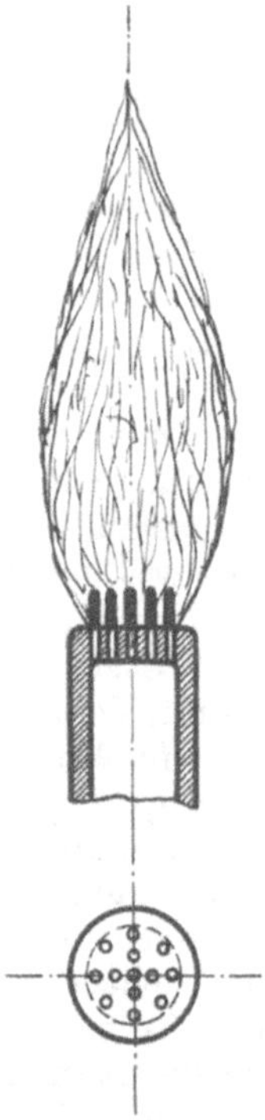

Abb. 43. Siebdüse am Brenner.

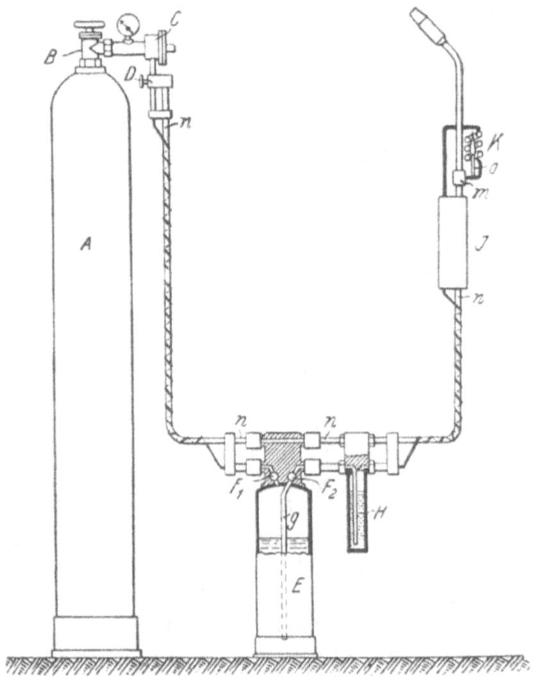

Abb. 44. Oxy-Benz-Schweißapparat.

ventil *C* und Gummischlauch *n* dem Schweißbrenner *J* zugeführt. Außerdem geht eine zweite Sauerstoffleitung, die bei *D* drosselbar und als Metallrohr um den Gummischlauch *n* gewickelt ist, zum Benzolbehälter *E*, der oben einen Verteilungskörper mit den Absperrventilen F_1 und F_2 besitzt. Der Sauerstoff drückt das flüssige Benzol in die Leitung *g* und durch die Benzolvorlage *H* (Sicherung gegen Flammenrückschlag) nach dem Schweißbrenner. An dem Brenner, der die ältere Ausführungsform zeigt, wird bei Inbetriebsetzung die Vergaserschlange *K* auf einer mit Spiritus geheizten Anwärmevorrichtung 5 min lang erhitzt. Darauf entzündet man die Verdampferflamme *o*, die durch das zunächst vergaste Benzol gespeist wird und die weitere Vergasung des Benzols übernimmt. Bei *m* findet die Mischung des vergasten Benzols mit Sauerstoff statt. Der neuere Schweißbrenner ist am vorderen Ende leichter gebaut und daher besser zu bedienen. Das Inbetriebsetzen des Oxy-Benz-Brenners ist umständlicher und das Arbeiten mit ihm schwieriger als das mit dem Azetylenbrenner. Die Zuführung des Benzols mit Hilfe des Sauerstoffs erscheint nicht ungefährlich. Bei Temperaturen unter 4° erstarrt Benzol; das Verfahren ist also dann nicht anwendbar und wird überhaupt wenig benutzt.

Normalisierung der Schweißbrenner. In die vom Normenausschuß der deutschen Industrie in Angriff genommene Normalisierung (Normung) der Autogengeräte sind grundsätzlich nur solche Teile eingeschlossen worden, deren Auswechselbarkeit beim Bezug von verschiedenen Werken Vorbedingung für die Weiterverwendung der Haupteinrichtungen ist, oder deren Normalisierung für die Vereinfachung der Lagerhaltung von besonderem Belang erschien. Die Normalisierung beschränkt sich daher bei den Schweißbrennern auf die Anschlüsse an die Schläuche (Schlauchtüllen) und auf die Stufung und Bezeichnung der Schweißbrenner, worauf bereits hingewiesen war.

b) Die Schweißflammen.

Die Bildung einer Schweißflamme beruht auf einem Verbrennungsvorgang. Unter Verbrennung verstehen wir die Verbindung eines brennbaren Körpers (in unserem Falle: eines brennbaren Gases) mit Sauerstoff und nennen diesen Vorgang Oxydation. Die Verbrennung kann eine unvollständige oder eine vollständige sein, je nachdem ob dem Brenngas nicht genügende oder genügende Mengen Sauerstoff zugeführt werden. Bei unvollständiger Verbrennung sind also in der Schweißflamme noch unverbrannte Gase, die dann das Bestreben haben, sich mit dem Sauerstoff der die Flamme umgebenden Luft zu verbinden; sie entziehen der Luft den Sauerstoff. Eine Entziehung des Sauerstoffs aus einem Körper — der Gegensatz zu dem Hinzuführen von Sauerstoff, der Oxydation — nennen wir eine Reduktion. Wir sprechen also bei einer Flamme, die nicht genügend Sauerstoff erhält und Sauerstoff aus der Luft entzieht, auch von einer „reduzierenden Flamme“. Hat, im Gegensatz dazu, die Flamme mehr als genügend Sauerstoff, d. h. Sauerstoffüberschuß, so ist sie eine „oxydierende Flamme“; sie gibt beim Schweißen Sauerstoff an die Schweißstelle ab, was nur schädlich wirken kann.

Die Azetylensauerstoffflamme. Azetylen (C_2H_2) besteht aus 2 Teilen Kohlenstoff und 2 Teilen Wasserstoff. Es kommt zunächst im Brenner mit unzureichenden Mengen von Sauerstoff zusammen; dann entsteht an der Brennerspitze folgender Verbrennungsvorgang:

$$\underset{\text{Azetylen}}{C_2H_2} + \underset{\text{Sauerstoff}}{2\,O} = \underset{\text{Kohlenoxyd}}{2\,CO} + \underset{\text{Wasserstoff}}{H_2}$$

Azetylen hat sich also mit Sauerstoff verbunden zu Kohlenoxyd und Wasserstoff. Durch Hinzuziehung des die Flamme umgebenden Luftsauerstoffs schreitet diese unvollständige Verbrennung zu einer vollständigen fort nach der Gleichung:

$$\underset{\text{Kohlenoxyd}}{2\,CO} + \underset{\text{Wasserstoff}}{H_2} + \underset{\text{Sauerstoff}}{3\,O} = \underset{\text{Kohlensäure}}{2\,CO_2} + \underset{\substack{\text{Wasser}\\\text{(Wasserdampf).}}}{H_2O}$$

Mit anderen Worten: Teilweise verbrennt der Luftsauerstoff mit dem Kohlenoxydgas zu Kohlensäure (Kohlendioxyd), einem nicht mehr brennbaren Gas; teilweise verbindet er sich mit dem freien Wasserstoff zu Wasser. Wasser und Kohlensäure sind demnach die Erzeugnisse der vollständigen Verbrennung des Azetylens. In Raumprozenten ausgedrückt würde die Azetylenflamme zur vollständigen Verbrennung des Azetylens auf je 2 Teile Azetylen 5 Teile Sauerstoff notwendig haben. Mit Rücksicht auf die eben gekennzeichnete Mitwirkung des Luftsauerstoffs bei der Verbrennung braucht man dem Brenner praktisch jedoch nur auf 3 Teile Azetylen etwa 4 Teile Sauerstoff zuzuführen. Dieses Mischungsverhältnis ist auch für Berechnungen grundlegend, wenn auch im allgemeinen mit etwas mehr Azetylenverbrauch gerechnet wird.

Sehen wir uns nun auf Grund dieser Ausführungen das Flammenbild in Abb. 42 an, so erkennen wir folgendes: Innerhalb des gewöhnlich als Kern bezeichneten Teiles D der Flamme findet sich ein fast nur mechanisches Gemisch zwischen Sauerstoff und unverbranntem Kohlenstoff vor. Der hell und blendend weiß leuchtende Kern D verdankt seine scharfbegrenzte Umrandung dem plötzlichen Zerfall des Azetylens in seine Bestandteile Kohlenstoff und Wasserstoff. Bei kleineren Brennern hat dieser Flammenkern das Aussehen eines schlanken Kegels, der bei steigender Gasmenge, also mit der Brennergröße, in die Form eines stäbchenartigen, annähernd zylindrischen, vorn am Kopf flach abgerundeten Prismas übergeht. Abweichungen von dieser normalen Form des Flammenkerns, z. B. zu kurzer, zackiger, schiefer oder auch langer Kern, sind charakteristische Zeichen entweder schadhafter Brennerbohrungen oder falscher Flammeneinstellung. Die Länge a des Kernes läßt sich nicht ohne weiteres für die verschiedenen Brennergrößen festlegen; sie sollte sich im Mittel ungefähr den in Zahlentafel 2 angegebenen Werten nähern. Überdies ist eine Toleranz in der Länge a zwischen $+ 25\%$ und $- 10\%$ unbedingt zulässig; sie ist abhängig vom jeweiligen Sauerstoffdruck. Der ersten Flammenzone, dem Kegel D, lagert sich die zweite Zone B vor, in welcher sich das Erzeugnis der ersten, der unvollständigen Verbrennung vorfindet, und zwar Kohlenoxyd und Wasserstoff. Diesem im Gesamtbilde des Verbrennungsvorgangs nur als Zwischenerzeugnis anzusprechenden Kohlenoxydgas wird der Sauerstoff der Luft zugeführt (Pfeile in Abb. 42), und es verbrennt dann, innerhalb der dritten Flammenzone oder zweiten Verbrennungsstufe, in der meist Streuflamme genannten Oxydationsflamme A, zum Verbrennungsenderzeugnis: Kohlensäure und Wasser.

Die wirksamste Stelle der Flamme ist in der Reduktionsflamme B, unmittelbar vor dem Kern D, bei C gelegen und in Abb. 42 mit einem $+$ versehen. An dieser Stelle besteht die höchste Temperatur ($3600 \div 4000^0$) innerhalb der Flamme. Beim Schweißen muß streng darauf geachtet werden, daß diese Stelle C das im Flusse befindliche Schmelzgut trifft.

Es wurde schon gesagt, daß der Kern D in gewissem Sinne einen Gleichgewichtszustand kennzeichne, wie er zwischen der Verbrennungs- und Ausflußgeschwindigkeit des Gasgemisches besteht. Die Stabilität der Flamme kann nun durch mannigfache Ursachen aufgehoben werden, worauf die Flamme unter lautem Knall ins Brennerinnere zurückschlägt. Der Anlaß zu solchen weitgehenden Flammenrückschlägen (die durch die Wasservorlage unschädlich gemacht werden sollen) kann sein: Verstopfen der Düsenöffnung p durch beim Schweißen abspritzende Metallkörnchen oder aus dem Brennerinnern kommende Kohlenstoffteilchen[1]), plötzliche Abnahme der Ausflußgeschwindigkeit des Gases durch Verminderung des Sauerstoffdrucks (wie solche beim Einfrieren des Ventils, bei Druckabfall infolge bereits weit fortgeschrittener Flaschenentleerung, bei unabsichtlicher Drosselung des Schlauchquerschnitts infolge Drauftretens usw. eintreten kann), zu starke Erhitzung der Brennermisch- und -schweißdüse u. dgl. Zu diesen Ursachen rein zufälliger Art kommt noch eine Reihe am Brenner selbst auftretender Mängel, z. B. Undichtigkeit bei s, Gratbildung an der Düsenbohrung und ähnliches mehr (s. „Behandlung der Brenner").

[1]) Alle kohlenstoffhaltigen Gase, also auch das Azetylen, haben das Bestreben, ihren Kohlenstoff an heißen, metallischen Körpern in Form von Ruß abzuscheiden. Infolgedessen setzt sich ein Teil des Kohlenstoffs des Azetylens an den Wandungen der Bohrungen von EF ab, weshalb auch zeitweise eine gründliche Reinigung des Schweißdüseninneren angebracht ist.

Schließlich sei ein mit Entmischung bezeichneter Vorgang erwähnt, der wegen seiner äußerst schädlichen Einwirkung auf das Schweißstück besonderes Interesse verdient. Nach Verlauf eines gewissen Betriebsabschnitts in der Brennertätigkeit, tritt, weniger infolge Wärmeableitung von der Flamme her als infolge vom Schweißstück zurückgeworfener Wärmestrahlen, eine erhebliche Erwärmung des Mischkanals *H* ein, so daß eine Änderung im Mischungsverhältnis der Gase stattfindet, der man den Namen „Entmischung“ gibt. Es handelt sich bei dieser Erscheinung in erster Linie um eine Abnahme der ursprünglichen, an der Schweißspitze ausströmenden Azetylenmenge, was von der mit wachsender Wärme zunehmenden Dichte des Gases herrührt. Die Dichte ändert sich bei Azetylen ungleich mehr als bei dem infolge seiner Entspannung kälteren Sauerstoff. Letzerer ändert seine Dichte innerhalb des erhitzten Brenners praktisch kaum merklich. Abgesehen von seiner ungünstigen Einwirkung auf das Schweißstück infolge nun oxydierend wirkender Flamme kann auch dieser Vorgang die Ursache von Flammenrückschlägen sein. Die Flamme brennt dann im Brennerinnern weiter, da ja der zur Verbrennung des Gases notwendige Sauerstoff zugegen ist. Zur Vermeidung von An- und Ausschmelzungen metallischer Teile ist es dann von großer Wichtigkeit, den Brennerhahn, insbesondere jenen für Brenngas, sofort abzusperren, um ein Weiterbrennen der Flamme im Innern des Brenners auszuschließen.

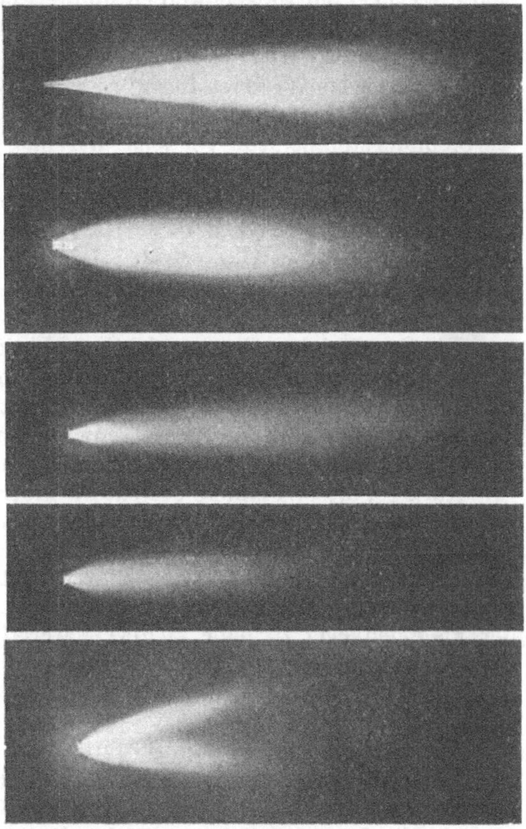

a

b

c

d

e

Abb. 45. Die Azetylenflamme.

Zum Schlusse mögen einige, von einem der Verfasser aufgenommene Lichtbilder das Aussehen der Flamme noch näher kennzeichnen. Abb. 45*a* zeigt die Flamme des ohne Sauerstoffzufuhr verbrennenden Flaschenazetylens; Abb. 45*b* die richtig eingestellte Normalflamme mit Sauerstoffzufuhr. Der stäbchenartige scharfe Kern geht verloren und macht einem flackernden, helleuchtenden Mantel Platz, sobald ein Überschuß an Azetylen besteht (Abb. 45*c*). Der Kern wird verkürzt, schwach violett gefärbt, und die Gesamtgröße der Flamme stark veringert, wenn ein Überschuß an Sauerstoff besteht (Abb. 45*d*). Endlich veranschaulicht Abb. 45*e* die Flammenbildung, wie sie Brennern mit verstopften oder beschädigten Düsenbohrungen eigentümlich ist.

Die Wasserstoff-Sauerstoffflamme (Knallgasflamme). Ihr fehlt der scharfkonturierte Kern völlig, und obwohl der Verbrennungsvorgang bei dieser Flammenart bedeutend einfacher ist, ist dennoch die genaue Regulierung der Flamme schwieriger. Die Verbrennung der Wasserstoffflamme geht vor sich nach der Gleichung:

$$\underset{\text{Wasserstoff}}{2H} + \underset{\text{Sauerstoff}}{O} = \underset{\text{Wasser (Wasserdampf)}}{H_2O}$$

Das Verbrennungserzeugnis ist die Verbindung zwischen den beiden Elementen, demnach Wasser, bzw. Wasserdampf.

Theoretisch wird zunächst eine vollständige Verbrennung von 2 Raumteilen Wasserstoff mit 1 Raumteil Sauerstoff erreicht, wobei eine Flammentemperatur von etwa 3500° entwickelt werden müßte. Leider liegen die praktischen Verhältnisse weit ungünstiger, weil das Verbrennungsprodukt, der Wasserdampf, bei so hohen Temperaturen in der Flamme nicht beständig ist, sondern in seine Bestandteile, d. h. wieder Wasserstoff und selbständigen Sauerstoff, zerfällt (der Vorgang des chemischen Zerfalls heißt „Dissoziation"). Dieser Zerfall geht auf Kosten der Verbrennungstemperatur vor sich und hat ferner eine Oxydationswirkung des freien Sauerstoffs auf das Schweißgut im Gefolge. Zur Abschwächung dieses üblen Mißstandes, zugleich auch zur Minderung der außerordentlich hohen Zündungsgeschwindigkeit, gibt man der Flamme einen erheblichen Überschuß an ausgleichend wirkendem Wasserstoff. Das praktische Mischungsverhältnis beträgt 4 Raumteile Wasserstoff zu 1 Raumteil Sauerstoff, die erzielte Flammentemperatur etwa 2000°.

Die Schwierigkeit in der richtigen Einstellung der Wasserstoffflamme liegt in der überaus mangelhaften Sichtbarkeit des Flammenkegels (entsprechend *D* in Abb. 42) begründet, der sich kaum feststellbar, blau bis hellviolett gefärbt, von der übrigen Flammenmasse schwach abhebt. Nur ein erfahrener, geübter Schweißer vermag die Wasserstoffflamme zuverlässig einzustellen.

Auch bei dieser Flamme besteht im Innern des Kegels freier Sauerstoff neben freiem Wasserstoff, so daß, ähnlich der Azetylenflamme, eine bestimmte, allein wirksame Stelle des Flammenkörpers zur Schweißung verwendet werden muß. Diese liegt einige Millimeter vor der Kegelspitze; ein auf der Schweißfläche in der Flammenmitte erscheinender, dunkler Punkt ist das einzige Merkmal dafür, daß der Flammenkegel zu nahe an das Material gekommen ist. Die dunkle Stelle beruht auf der Kühlwirkung des im Kegel vorhandenen, unverbrannten Gasgemisches auf die sonst ringsum durch die übrige Flamme vorgewärmte Metallfläche.

Andere Flammen, wie die Benzol- und Leuchtgas-Sauerstoffflamme, sind untergeordneter Natur. Erstere erreicht eine Temperatur von etwa 2700°, letztere von etwa 1800°. Die Benzolflamme ist der Azetylenflamme äußerlich ähnlich; die Leuchtgasflamme gleicht eher der Wasserstoffflamme, unterscheidet sich von dieser aber durch ihren schärferen, deutlich sichtbaren Kegel.

c) Behandlung und Handhabung der Brenner.

Behandlung der Brenner. Der Schweißbrenner ist stets sachgemäß zu behandeln, so wie es einem empfindlichen Instrument, von dem man einwandfreies Arbeiten verlangt, zukommt. Der Brenner ist kein Hammer; er darf nicht zum Schlagen, Ausrichten und ähnlichen Handgriffen herangezogen werden; er darf nicht geworfen, und besonders die Düse darf keinerlei Beschädigung ausgesetzt werden. Auf Montagen oder während mehrtägiger Arbeitsunterbrechung im Betrieb ist es ratsam, die Brenner mit den übrigen Schweißgeräten in eigens hierzu vorgesehenen Geräte- (Werkzeug-) kasten unterzubringen, um sie vor Beschädigungen aller Art zu schützen (Abb 46).

Hat man sich von der Dichtheit der Schlauchanschlüsse am Brenner überzeugt, die zur Ausführung der Schweißarbeiten jeweils notwendige Düsen- oder Brennergröße gewählt und die übrigen Apparate vorschriftsmäßig in Ordnung gebracht, dann kann die Flamme des möglichst rechtshändig geführten Brenners entzündet werden. Das Anzünden der Flamme erfolgt bei Wasserstoff, Leuchtgas und flüssigen Brennstoffen, indem man zuerst das Brenngas allein entzündet und darauf Sauerstoff zugibt. Umgekehrt verfährt man beim Abstellen des Brenners, wobei also zuerst der Sauerstoff und darauf das Brenngas abgestellt wird. Infolge seines hohen Kohlenstoffgehalts verbrennt Azetylen an der Luft mit stark rußender, qualmender Flamme, weshalb man beim Anzünden der Azetylenflamme (auch bei Flaschenazetylen) nie das Gas allein, sondern immer gleich mit der schätzungsweise (oder am Brenner angegebenen) notwendigen Sauerstoffmenge gemischt entzündet. Der dabei entstehende, mit der Brennergröße zunehmende Knall, welcher auf der großen Zündungsgeschwindigkeit dieses Gasgemisches beruht und durchaus ungefährlich ist, flößt Anfängern häufig Angst ein. Dieser Knall ist vermeidbar, wenn man aus dem Brenner zuerst Sauerstoff allein ausströmen läßt, die Brennermündung über eine Zündflamme hält und dann erst den Azetylenhahn allmählich öffnet, worauf sich die Flamme mit zischendem Geräusch entzündet. Damit die Zündflamme durch den hohen Sauerstoffdruck nicht ausgelöscht wird, muß der Brenner beim Anzünden so gehalten werden, daß seine Düse mit der Flammenspitze nach oben einen spitzen Winkel bildet. Auf Funkenzündung (mittels Cereisenfeuerzeugs) findet diese Maßnahme keine Anwendung. Umgekehrt wie beim Anzünden hat das Abstellen des Brenners zu geschehen. Ist am Brenner ein Doppelhahn angebracht, so werden beide Gase ja gemeinsam abgesperrt; andernfalls schließt man zuerst den Azetylenhahn, darauf das Sauerstoffventil. Geschieht das An- und Abstellen des Brenners gegen diese Regeln, so ist fast immer Flammenrückschlag zu erwarten.

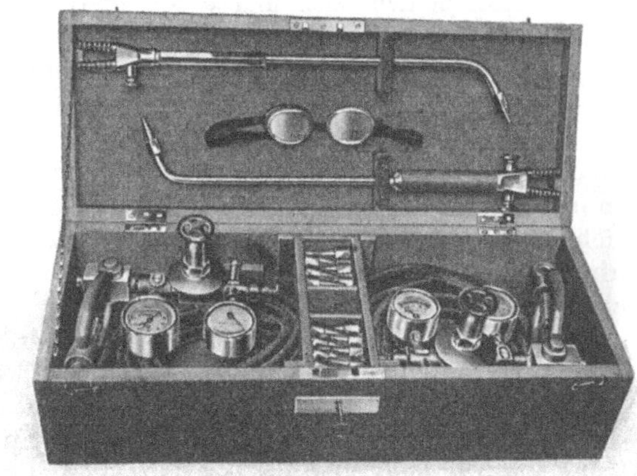

Abb. 46. Gerätekasten.

Da infolge des flackernden Mantels ein Gasüberschuß (Abb. 45c) um ein Vielfaches leichter erkennbar ist, als ein Sauerstoffüberschuß, so erfolgt die Regulierung des Brenners ausnahmslos derart, daß man vom Gasüberschuß auf den normalen, scharfbegrenzten Flammenkern herunterdrosselt (am Gashahn), d. h. man gibt der Flamme zunächst zuviel Brenngas und regelt so lange am Gashahn, bis sich der vorschriftsmäßige Flammenkern bildet. Die Regulierungen für die Feineinstellung der Flamme werden also stets am Brennerhahn, niemals am Druckminderventil oder an der Vorlage vorgenommen.

Tritt aus irgendeiner Ursache Flammenrückschlag ein, ganz gleich bei welcher Gasart und Brennerkonstruktion, darf nie, wie man dies bei Neulingen öfter sieht, der Brenner aus unbegründeter Furcht fortgeworfen, vielmehr muß er abgesperrt werden, indem der Hahn für Brenngas, am besten auch der für Sauerstoff, geschlossen wird. Geschieht dies nicht, so brennt die zurückgeschlagene Flamme heftig zischend im Brennerinnern weiter (der Brenner „hustet", wie der Schweißer sagt). Nach einer Arbeitspause von etwa 10 s wird sich in den meisten Fällen die normale Flamme wieder einstellen lassen. Geöffnet werden dürfen die Brennerhähne jedenfalls erst, nachdem das Zischen im Innern aufgehört hat und die Flamme erstickt ist. Die vielen Schweißern eigentümliche Unsitte, die zurückschlagende Flamme durch Aufstoßen der Schweißspitzenbohrung auf Holz oder gar Eisenplatten zu ersticken, ist unter allen Umständen zu vermeiden, insbesondere bei geöffneten Brennerhähnen; denn diese widersinnige Handlung leitet die Flamme, bzw. das Gasgemisch gewaltsam zur Brenngasleitung zurück und hat fast immer eine Beschädigung der Spitzenbohrung und schlechte Flammenbildung (Abb. 45*e*) zur Folge.

Die Reinigung verstopfter Düsenbohrungen muß ebenfalls, zur Verhinderung von Ausweitungen der Düsenbohrung, recht sorgfältig durchgeführt werden. Man bedient sich hierzu am besten eines Stückchen konischen, harten Rundholzes oder einer Messingnadel, damit die Spitze nicht aufgerieben wird. Stark verstopfte Düsen sind unter Anwendung konischer Reibahlen zu reinigen, und zwar stets bei abgeschraubter Spitze von innen nach außen. An der Austrittsöffnung der Düse sitzender Grat ist durch leichten, behutsamen Feilstrich mit einer feinen Schlichtfeile zu entfernen. Schwach aufgeweitete Austrittsöffnungen können durch sanften Schlag mit einem Niethämmerchen auf die Fläche des abgestumpften Düsenkegels gestaucht werden; darauf folgt leichtes Aufreiben und Runden mit der Reibahle. Durch häufiges Reinigen stark aufgeweitete Spitzen sind durch neue zu ersetzen.

Handelt es sich um die Schweißung größerer Werkstücke oder um Schweißarbeiten in Hohlkörpern, in Ecken, oder sonst beengten Stellen, wo umfangreiche Wärmestrahlung des Schweißguts schnelle und starke Erhitzung der Düse zur Folge hat, dann ist zeitweises Kühlen der Brennerdüse unerläßlich; die Düsen werden sonst zu heiß, und aus bereits früher erörterten Gründen treten Flammenrückschläge ein. Wie oft die Kühlung zu erfolgen hat, dafür läßt sich eine bindende Regel nicht aufstellen; das beste Kennzeichen ist die außergewöhnliche, schlechte Flammenkernbildung. Die Kühlung des Brenners aus Gründen zu starker Erwärmung oder daraus folgenden Knallens (Flammenrückschlag) ist am wirksamsten, wenn man ihn in ein immer bereitstehendes, mit kaltem Wasser gefülltes Gefäß einige Sekunden eintaucht; hierbei ist die Brenngaszufuhr (am Brennerhahn) auszuschalten, da sonst die Flamme im Brenner bei Rückschlag trotzdem weiterbrennen kann. Außerdem kann das unter Wasser angesammelte Gas, durch Funkenflug oder sonstwelche Ursache zur Zündung gebracht, heftige Explosionen und eine Zersprengung des Kühlwassergefäßes herbeiführen. Nichtbeachtung dieser Vorsichtsmaßregel hat vielerorts Unglücksfälle heraufbeschworen.

Zur Verhütung des Abschmelzens der Brennerspitze ist auf richtige Haltung des Brenners zu achten (s. später). Metallteilchen, winzig kleine Körnchen, welche vom Schweißgut abspritzen und sich mit der Zeit schichtenförmig an der Spitze ablagern, entfernt man zweckmäßig mittels feiner Schmirgelleinwand.

Bei dieser Gelegenheit sei auf stets vorsichtigen Umgang mit der Schweißflamme hingewiesen. Unbesonnenes, auch protzenhaft theatralisches Hantieren und Herumfuchteln mit der Flamme hat nicht selten dem Schweißer selbst, wie seinen Mitarbeitern bedeutende Brandwunden eingetragen. Wird ein größeres Schweißgut mit zwei oder mehr Brennern zu gleicher Zeit bearbeitet, so ist erhöhte Vorsicht im Umgange mit der Flamme geboten. Die im Leben so oft wiederkehrende Tatsache, daß Menschen, einmal an bekannte Gefahren gewöhnt, leichtsinnigerweise mit ihnen spielen, wiederholt sich leider auch hier. Es erscheint angebracht, den Anfänger vor Nachahmung so ungehöriger Eigenarten zu warnen. Von der, man könnte sagen sprichwörtlich gewordenen, z. T. maßlosen Selbstüberhebung vieler Schweißer, besonders der Elektroschweißer, bis zu einer gewissen Art von Größenwahnsinn ist mitunter nur ein kleiner Sprung. Gutes Schweißen ist aber nur von den Kenntnissen, dem Geschick und der überlegenen Ruhe eines gewissenhaften, tüchtigen Schweißers abhängig, nie von Fertigkeit und wertloser Überanstrengung vorlauten Mundwerks.

Während kurzer Arbeitsunterbrechung abgelegte, noch angezündete Brenner müssen so gelegt werden, daß sie sich weder überschlagen, noch ihre Lage selbsttätig verändern können. Zu diesem Zweck ist die Benutzung von Brennergestellen oder auch sog. Gassparapparaten (siehe nächsten Unterabschnitt) empfehlenswert.

Bezüglich der Behandlung von Spezialbrennern und solchen für flüssige Brennstoffe halte man sich an die jeweils besonderen Bedienungsvorschriften.

Zusammenfassung der Behandlung der Schweißbrenner.

1. Der Brenner ist vorsichtig zu behandeln, er darf weder gestoßen noch geworfen, noch als Hammer benutzt werden.

2. Auf Montage und während längerer Arbeitsunterbrechung ist der Brenner in zweckmäßigen Werkzeugkasten aufzubewahren.

3. Vor Entzündung der Flamme sind die Schlauchanschlüsse am Brenner auf Dichtheit zu prüfen.

4. Die Zündung kann an offener Flamme, an glühenden Körpern oder mittels Gasanzünder erfolgen.

5. Bei Brennern für Wasserstoff, Leuchtgas und flüssige Brennstoffe wird stets zuerst das Brenngas allein entzündet, darauf wird Sauerstoff zugegeben.

6. Beim Absperren dieser Brenner wird umgekehrt zunächst der Sauerstoff und dann das Brenngas abgestellt (bei Doppelhähnen natürlich beide Gase gleichzeitig).

7. Die Azetylenflamme wird gleich mit Sauerstoffzufuhr entzündet.

8. Ist kein Doppelhahn vorhanden, so ist beim Azetylenbrenner zuerst der Azetylenhahn und darauf der Hahn für Sauerstoff zu schließen.

9. Tritt Flammenrückschlag ins Brennerinnere ein, ist die Brenngaszufuhr sofort abzusperren, bis die Flamme erloschen ist.

10. Die Brenner sind während des Betriebes zeitweise in bereitstehenden Wassergefäßen durch Eintauchen zu kühlen, wobei jedesmal der Hahn für Brenngas abzusperren ist.

11. Angezündete Brenner müssen vorsichtig aus der Hand gelegt werden, und zwar so, daß sie nicht selbständig ihre Lage verändern können.

12. Mit der Schweißflamme muß vorsichtig hantiert werden; Herumfuchteln ist streng zu unterlassen.

13. Undichtigkeiten am Brenner sind sofort zu beseitigen. Undichte Hähne sind nachzuschleifen, mit Hahnfett zu versehen, erforderlichenfalls gegen neue auszutauschen.

14. Verstopfte Düsenbohrungen werden von außen mittels konischen Rundholzes oder Messingnadeln, von innen mittels eiserner Reinigungsnadeln (nach Abschrauben der Spitze) gereinigt.

15. Durch öfteres Reinigen aufgeriebene Düsenbohrungen können durch vorsichtiges Stauchen und nachheriges, sorgfältiges Aufreiben repariert werden. Stark ausgeweitete Schweißspitzen sind durch neue zu ersetzen.

16. Anhaftende Metallteilchen werden durch leichtes Feilen (Schlichtfeile) oder mittels Schmirgelleinen von der Schweißspitze entfernt.

Handhabung der Brenner. Die Handhabung des Brenners im Einzelfalle, beim Schweißen dünnen und starken Materials und beim Arbeiten mit den verschiedenen Metallen, soll im Abschnitt III an entsprechenden Stellen eingehend berücksichtigt werden. Hier sind daher nur zusammenfassende, allgemeine Erläuterungen zu geben.

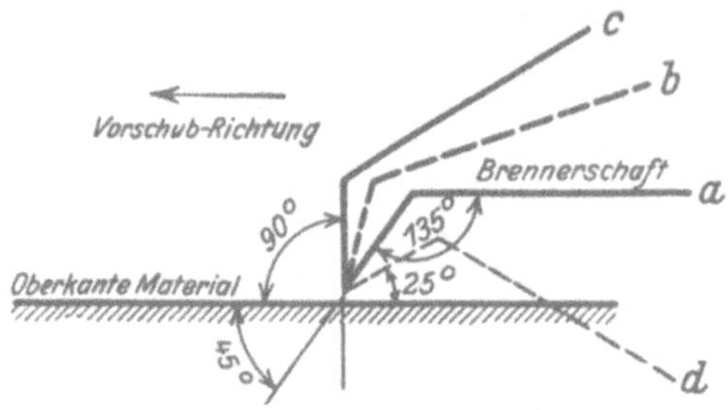

Abb. 47. Anstellwinkel des Schweißbrenners.

Es ist uns bekannt, daß die Mischdüse mit dem Schaft des Brenners meist einen Winkel von etwa 135° bildet. Daraus ergibt sich bei Parallelführung des Schaftes (Handrohrs) mit der Schweißfläche ein Anstellungswinkel von etwa 45° (Abb. 47), wie er für die Schweißung der am häufigsten vorkommenden Blechstärken von 1÷5 mm gerade passend ist. Zur Schweißung schwächerer Bleche (unter 1 mm) ist ein so großer Anstellungswinkel des Brenners weniger günstig, da durch die starke Wirkung der das Material scharf treffenden Flamme im Zuge der Schweißrichtung leicht Löcher ins Blech eingeschmolzen werden. Man wird daher bei schwachen Blechen aus Zweckmäßigkeitsgründen dem Brenner einen geringeren Anstellwinkel geben, etwa 25° (*d* Abb. 47). Zur Verhütung des Fortblasens geschmolzenen Metalles aus der Schweißfuge auf noch kalte, nicht im Flusse befindliche Metallstellen erhöht man bei Verwendung stärkerer Brenner (bei Blechen über 4 mm) den Anstellungswinkel über 45 hinaus, bis dieser bei Blechen von mehr als 8 mm Dicke schließlich 90° erreicht. Dadurch ist auch eine bessere Durchschweißung der gesamten Blechstärke gewährleistet. Wir erkennen also, daß sich die Haltung des Brenners in erster Linie nach der Blechstärke richtet, und daß der Schweißwinkel mit zunehmender Blechstärke von mindestens 25° bis auf höchstens 90° anwächst.

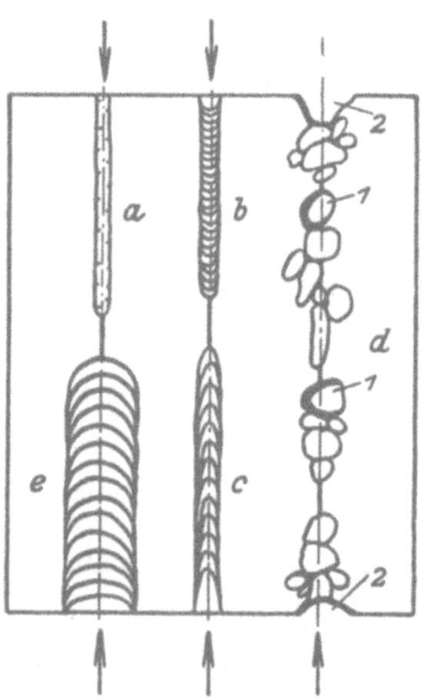

Abb. 48. Aussehen der Schweißnaht.

Das Aussehen der beim Schweißen sich bildenden, schuppenförmigen Naht hängt vom Anstellwinkel ab. Die in Abb. 48 bei *e* gezeigte Naht deutet auf steile Brennerhaltung, also auf großen Schweißwinkel hin, es handelt sich um stärkeres Blech. Ähnlich wurde der Brenner beim Ziehen (Schweißen) der Naht *b* gehalten. Dagegen läßt die Naht *c* einen kleinen Anstellwinkel, also sehr schräge Brennerhaltung erkennen.

In allen diesen Fällen erfolgt der Vorschub des Brenners, d. h. dessen Bewegung, in Richtung der Pfeile in Abb. 48. In ganz seltenen Ausnahmefällen wird die Vorschubrichtung der Flamme entgegengesetzt gewünscht, und auch nur dann, wenn auf eine möglichst langsame und gleichmäßige Abkühlung der geschweißten Naht Rücksicht genommen werden muß. Die Schweißarbeit dauert dann viel länger (s. später).

Eine von den vorhin angegebenen Winkeln abweichende Brennerhaltung ist allerdings meist zu Beginn und am Ende der Schweißnaht notwendig, und zwar aus dem einfachen Grunde, weil anfänglich der größte Teil der Flammenwärme durch Ableitung an das noch kalte Blech verloren geht und am Ende der Naht die Wärmeableitung an das bereits hocherhitzte Material so gering ist, daß weit größere Flächen flüssig würden, als zur Einhaltung der normalen Schweißnahtbreite nötig ist. Demnach wird man bei Beginn der Arbeit ein kurzes Stück Naht mit steil gehaltenem Brenner (*c* Abb. 47) und bei Schluß der Naht mit schräger geführtem Brenner (*d* Abb. 47) schweißen.

Bei unseren bisherigen Betrachtungen wurde angenommen, daß der Brennerschaft in Richtung der Schweißnaht geführt wird. Das läßt sich aber nicht immer durchführen. Beim Schweißen dünner Bleche deshalb nicht, weil das Schaftende des Brenners auf der Blechoberfläche schleifen und das Schlauchmaterial beschädigt würde, oder bei noch geringerem Schweißwinkel (von ca. 25°, Abb. 47 *d*) der Schaft des Brenners in das zu schweißende Material hineinragen müßte, was natürlich unmöglich ist. Beim Schweißen starker Bleche aber ist die ausstrahlende und zurückgestrahlte Wärme so heftig, daß die den Brenner führende Hand des Schweißers Brandwunden erleiden würde, es sei denn, sie wäre durch einen wassergetränkten Asbesthandschuh geschützt, was wieder aus technischen Rücksichten — die behandschuhte Hand verliert an Sicherheit und Bewegungsfreiheit — meistenteils unzweckmäßig ist. Kurz, in solchen Fällen wird der Brennerschaft nicht in Richtung der Schweißnaht geführt, sondern in rechtem Winkel zu dieser, wodurch die Bewegung des Brenners nicht beeinträchtigt wird und andererseits die führende Hand nicht über, sondern neben der Naht entlanggeht. Im übrigen richtet sich die Brennerführung in der Hauptsache nach der Form des Schweißguts und der Stellung, welche der Schweißer zu diesem einnehmen muß.

Grundbedingung bei jeder Brennerhaltung ist: die Spitze des Flammenkerns — vor allem beim Azetylenbrenner, von welchem nunmehr ausschließlich die Rede ist, sofern nichts anderes gesagt ist — muß, je nach Flammengröße, 3 ÷ 6 mm von der Oberfläche des im Flusse befindlichen Materials entfernt bleiben. Hiergegen verstoßen die Schweißer sehr häufig. Wir wissen, daß die Stelle der Flamme, die das Material treffen soll, dem in Abb. 42 mit einem + gekennzeichneten Punkte entspricht. Außerdem hat das Eintauchen des Flammenkerns in das Schmelzbad eine starke Erhitzung der Schweißdüse und demzufolge heftiges Knallen des Brenners, schlimmstenfalls sogar Abschmelzen der Kupferspitze zur Folge. Durch eine Verkürzung der Entfernung zwischen Brennerdüse und Materialoberkante wird ferner die lebendige Kraft der zu nahe gebrachten Flamme erhebliche Mengen geschmolzenen Metalles aus dem Bett des Schmelzbades herausschleudern und unsaubere, schlecht verbundene Schweißstellen erzeugen.

Die einfachste Brennerbewegung ist natürlich die, bei welcher der Vorschub des Brenners gleichmäßig und geradlinig entlang der Stoßfuge erfolgt, wie dies allen maschinell geführten Brennern (Schweißmaschinen) eigentümlich ist. Von Hand ist die geradlinige Brennerbewegung nur beim Schweißen schwacher oder hochkantig nebeneinandergelegter, gebördelter Bleche angängig, wobei lediglich ein Zusammenschmelzen des Materials ohne Materialzugabe (also ohne Schweißdraht) angestrebt wird. Auf diese Weise entsteht eine sehr schmale, flache und meist gewölbte (konvexe), dabei gleichmäßig saubere Naht von einem der Lötnaht ähnlichen Aussehen, Abb. 48*a*. In der Mehrzahl der Fälle ist es aber Bedingung, daß in die Schweißfuge Ergänzungsmaterial mit eingeschmolzen werden muß. Dann kann ein gleichmäßiges Gefüge in der Naht nur entstehen, wenn die beiden Blechkanten abwechselnd mit der Flamme bestrichen und in die Schweißfuge mit eingeschmolzen werden.

In Abb. 49 ist die Verschiedenartigkeit der Brennerbewegung schematisch dargestellt. Man hat sich die Kurven durch Beobachtung der Bewegung der Brennerspitze von oben entstanden zu denken. Die Kurve *a* können wir damit abtun, daß sie eine nur selten anzutreffende wellenförmige Bewegung des Brenners voraussetzt. Die meisten Schweißer bewegen den Brenner in der bei *b* wiedergegebenen Weise, wobei eine Kette kreissegmentartiger Pendelbewegungen entsteht. Die Flamme wird während des Vorschubs von der Mitte der Naht (wo die Blechkanten stumpf zusammenstoßen; die Stellen sind in Abb. 48 und 49 strichpunktiert gezeichnet) nach links und rechts in gleichen Abständen hin- und herbewegt. Diese Brennerführung ist für Bleche von 1 mm Stärke an aufwärts bis zu den größten Dimensionen anzutreffen. Starke Bleche (über 5 mm) schweißt man vorteilhafter unter Ausübung einer der Kurve *c* ähnlichen, spiralförmigen Kreisbewegung, wobei, wie bekannt, der Brenner auch etwas steiler zu halten ist. Beide Bewegungen ergeben schuppenförmige Schweißnähte, und die Gleichmäßigkeit der Schuppenkette ist vom Grade ruhiger, ruckloser Führung des Brenners abhängig.

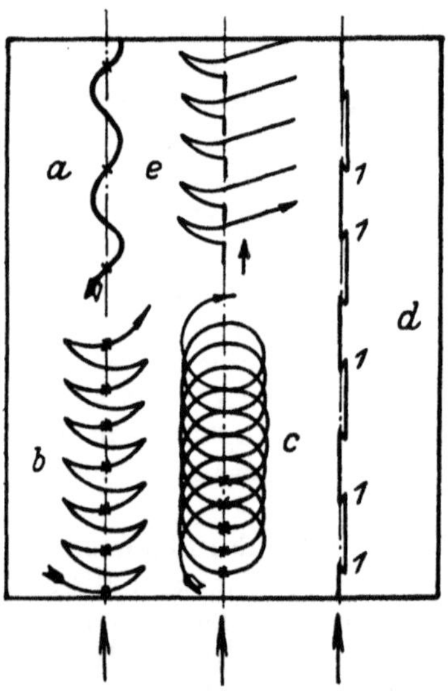

Abb. 49. Brennerbewegung beim Schweißen.

Neben den aus erfinderischer Tätigkeit selbstbewußter Schweißer hervorgegangenen, minderwertigen Brennerbewegungen mancherlei Art hat sich, wenn auch selten, eine ebenso schlechte als widersinnige Flammenführung eingebürgert entsprechend dem Bewegungsschema Abb. 49*e*. Die Flamme wird ein kurzes Stück auf der Mitte der Stoßfuge gerade geführt, nach links oder rechts, jedoch nur nach einer Seite, segmentbogenartig bewegt; dann läßt man sie bei jedesmaligem Vorschub seitlich abgleiten. Das ist schon aus dem Grunde falsch, weil beim Abgleiten der Flamme die hocherhitzte Schweißstelle jedesmal der oxydierenden Einwirkung des Luftsauerstoffs ausgesetzt wird. Diese und alle ähnlichen Brennerbewegungsarten sind entschieden zu meiden. Während der ganzen Dauer der Schweißung darf die Flamme nicht von der Naht abgehoben werden.

Das tropfenweise Einschmelzen des Endes des (linkshändig geführten) Schweißstabes in die Schweißfuge erfolgt an den mit × in Abb. 49 gekennzeichneten Stellen, demnach immer nur dann, wenn die Flamme die Mitte der Stoßfuge trifft.

Endlich sei noch eine häufiger anzutreffende, richtige Art der Brennerbewegung erwähnt. Zwar ist ihre zeichnerische Darstellung, *d* Abb. 49, nicht ganz richtig, weil die Bewegung von allen Seiten gesehen im Zuge einer geraden Linie (also ohne Auf- und Abwärtsheben und ohne seitliche Ablenkung) verläuft, doch dürfte das Schema *d* im Zusammenhang mit der folgenden Erklärung gut verständlich sein. Die Arbeitsweise ist nämlich die, daß bei jedesmaligem Vorschub der Flamme Zusatzmaterial eingeschmolzen und darauf die Flamme um eine kurze Strecke (bei 1) in der Wagerechten zurückgezogen wird, bis das Material völlig planiert ist. Darauf wird die Flamme ein längeres Stück vorgeschoben, Material aufgetragen, Flamme zurückgezogen usw. Die Flamme streicht demnach nur vor- und rückwärts und diese Bewegungsart ist bis zu 5 mm Blechstärke sehr vorteilhaft anwendbar, da sie ein gutes Verschmelzen des neu aufgetropften Metalls mit dem Grundmaterial verbürgt.

Beim Zusammenschweißen ungleich starker Bleche ist selbstredend die Flamme immer mehr auf den die größere Masse ausmachenden Teil, bei Blechen also auf das stärkere zu halten, damit beide Teile an der Schweißstelle möglichst gleichzeitig flüssig werden. Künftighin ist die Richtung, in welcher die Flamme das Schweißgut treffen soll, in allen Abbildungen durch kleine Pfeile angedeutet.

Der von ungeübten, lernenden Schweißern ausgeführten Naht fehlt jede Gleichmäßigkeit. Das aufgeschweißte Zulegematerial ist ganz wahllos, meist auf noch nicht im Flusse befindliche Stellen aufgetragen; die Enden des Blechstoßes (2, Abb. 48*d*) sind ausgeschmolzen, und die angeklebten „Patzen" liegen häufig zu zweit und zu dritt nebeneinander, ohne daß sie miteinander verbunden sind. Mitunter ist die Flamme vorgeeilt, ohne die Blechkanten überhaupt geschmolzen zu haben, mitunter bilden sich auch Löcher (1, Abb. 48*d*). die, beim Versuch sie zuzuschweißen, mangels Übung im Verfahren, statt kleiner immer größer werden. Solche Nähte sind naturgemäß vollkommen unbrauchbar.

C. Das Schweißzubehör.

1. Schläuche.

Die Verbindung zwischen Schweiß-, Löt- und Schneidbrenner einerseits und den Gasquellen Sauerstoff (Druckminderventil) und Brenngas (Druckminderventil oder Wasservorlage) anderseits wird ausschließlich durch Gummischläuche hergestellt. Mit Rücksicht auf wohl immer erforderliche Bewegungsfreiheit sollte weniger als 3 m Schlauchlänge nicht in Frage kommen; natürlich richtet sich die Länge nach den örtlichen Verhältnissen und dem Zweck, dem die Schweißanlage zu dienen hat. Der Schlauch muß aus bestem Gummi hergestellt und mit ein oder zwei Hanfeinlagen versehen sein. Gewöhnlicher Gasschlauch kann nicht verwendet werden. Wandstärke und Bohrung des Schlauchs sind vom durchgeleiteten Gasdruck und von der Größe des Brenneranschlusses abhängig; für Brenngas ist allgemein eine Wandstärke von 3 mm, für Sauerstoff eine solche von 4 mm ausreichend. Die den Ventil- und Brenneranschlüssen angepaßten, lichten Schlauchdurchmesser betragen für Sauerstoff meist 7÷9 mm, für Brenngas 8÷10 mm. Die Industrienormen sehen als Mindestwandstärke 2,5 mm, als lichte Schlauchweite für Sauerstoff 6 mm, für Brenngas 9 und 11 mm (letzteren Wert bei hohem Verbrauch) vor. Um Verwechslungen vorzubeugen, ist es gut, Schläuche mit bestimmten Farben (Brenngas rot, Sauerstoff schwarz oder grau) zu wählen.

Von der Behandlung der Gummischläuche hängt zum großen Teil die Betriebssicherheit und Wirtschaftlichkeit einer Schweißanlage ab. Dauernder Dichtheit der Schläuche, besonders der Anschlüsse, ist besondere Aufmerksamkeit zuzuwenden, wenn Gasverluste und Gefahren verhütet werden sollen. Die Befestigung der Schläuche an den jeweiligen Anschlußstücken hat ausnahmslos durch geeignete Schlauchklemmen zu erfolgen. Häufiges Umwickeln mit Draht und wieder Lösen des Drahts führt rasch zur Zerstörung der Schlauchenden, die nach und nach abgeschnitten werden müssen, bis schließlich der ganze Schlauch verschnitten ist. Beim Schweißen, noch mehr beim Schneiden, ist für richtige Lage der Schläuche zu sorgen, am besten erhöht vom Fußboden, damit man nicht darauf herumtritt, und sie von abfliegenden und abtropfenden, glühenden oder geschmolzenen Eisenteilchen nicht verbrannt werden. Tritt eine Undichtigkeit im Schlauche auf (Riß, Loch, durchlässige Stelle), die durch einfaches Umwickeln mit Isolierband nicht zu beheben ist, so schneidet man die Schlauchlänge an dieser Querschnittsstelle durch und verfährt nach Abb. 50, indem man die beiden Schlauchenden auf ein in ihre Bohrung passendes Metallröhrchen aufschiebt und durch 1,5÷2 mm starken Messing- oder Kupferdraht in genügend langer Umwicklung befestigt. Hier wird Draht verwendet, weil die Verbindung ständig bestehen bleibt.

Wenngleich diese Schläuche Arbeitsdrucke von 10 at, wie sie auch für normale Schneidarbeiten immer ausreichend sind, ohne weiteres aushalten, erfordert das Schneiden sehr starker Werkstücke höhere Sauerstoffdrucke und entsprechend widerstandsfähigeren Sauerstoffschlauch. Man verwendet dann sog. Hochdruck- oder Panzerschlauch, dessen innerer, vielfach mit Hanfeinlagen versehener Kern aus Gummi, entweder mit einem engmaschigen Stahldrahtgewebe oder mit biegsamem Stahlschlauchmantel umgeben ist. Wo nicht unbedingt erforderlich, sollte man von Verwendung solcher empfindlicher und schwer zu reparierender Schläuche besser Abstand nehmen. Mitunter genügt schon ein mit Stahldraht umwickelter Gummischlauch mit guter Hanfeinlage.

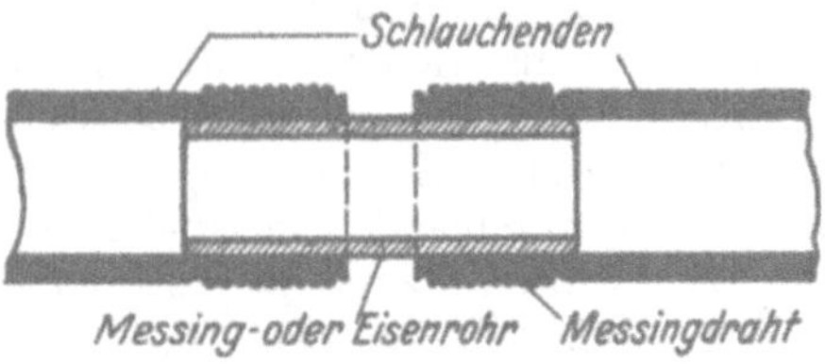

Abb. 50. Verbindung von Schlauchenden.

Das Einknicken des Schlauches (an den Übergangsstellen zu den Schlauchanschlußnippeln am Brenner und an der Vorlage) kann durch Überziehen dieser Schlauchenden mit einer versteifenden Drahtspirale verhindert werden.

2. Brillen.

Zur Ausrüstung des Schweißers gehört eine mit dunklen Gläsern versehene Schutzbrille. Man trifft zuweilen Gehäuse-, zuweilen Muschel- und auch klappbare Brillen mit blauen, grünen und grauen Gläsern an, wovon die letztgenannten für das Schmelzschweißen am geeignetsten sind. Wahl der Form, Ausführung und Beschaffenheit der Brillen kann dem Geschmack und der Gewohnheit des Arbeiters überlassen bleiben. Die Brille soll nur nicht aus einer wärmeleitenden Masse (z. B. Horn oder erst recht nicht Zelluloid) bestehen. Seitenschutz an der Brille ist vorteilhaft.

Auch beim Schneiden ist das Tragen einer, weniger gegen die große Lichtfülle als gegen sprühende, glühende Eisen- und Oxydteilchen schützenden Brille sehr zu empfehlen. Es genügt hier unter Umständen schon eine engmaschige Drahtgeflechtbrille mit Ledereinfassung (ohne Glas).

3. Verschiedenes Zubehör.

Zur Reinigung der Düsenbohrungen in Schweißbrennern bedient man sich kleiner Reinigungsnadeln aus Messing oder nach Abschrauben der Spitze konischer Reibahlen, welche zweckmäßig in geeigneten Haltern mit Spannfuttern festgeklemmt werden. Mit einem Satz von 4÷5 Nadeln verschiedener Größe wird man wohl immer zurecht kommen.

Wenn für die Schweißung von Massenartikeln besondere Vorrichtungen nicht getroffen sind, wird für diese, wie für alle Schweißarbeiten ein aus Schmiedeeisen (Winkeleisen oder Rohr) hergestellter, in seiner Arbeitsfläche mit Schamottesteinen ausgelegter Schweißtisch die beste Unterlage für Schweißstücke sein.

Ziegelsteine dürfen, da sie nicht feuerbeständig sind, nicht als Schweißunterlage dienen; sie zerplatzen unter Fortschleudern großer Steinstücke.

Neuerdings hat sich ein als Gassparapparat bezeichnetes Gerät eingeführt, das dazu dient, bei jeder Arbeitsunterbrechung den Schweißbrenner durch Drosselung der Gaszufuhr selbsttätig auszuschalten. Der Brenner wird auf einen Bügel gelegt oder gehängt, der seinerseits 2 mit der Gas- und Sauerstoffzuleitung in Verbindung stehende Ventile absperrt. Beim Abheben des Brenners öffnen sich die Ventile wiederum selbsttätig, und der Brenner kann an einer stetig brennenden Zündflamme des Apparates entzündet werden. Da dieser Apparat nur dann seinem Namen Sparapparat Ehre macht, wenn seine 4 Schlauchanschlüsse und die Ventile peinlich dicht halten, ist hierauf besonderes Gewicht zu legen. Bei hohen Gaspreisen dürfte sich ein solcher Apparat dort, wo er gut anwendbar ist, sehr bald bezahlt machen.

Zur Sonderausrüstung des Schmelzschweißers gehört unter anderem der Respirator (Atmungsmaske), ein für Zink-, Blei-, Bronze- und Messingschweißer sehr dienliches Instrument. Die beim Schweißen dieser Metalle sich bildenden, zum Teil giftigen Dämpfe werden dadurch unschädlich gemacht. Andernfalls müssen am Schweißtisch geeignete Absaugevorrichtungen angebracht werden.

Zum Schutz gegen übergroße Hitzewirkungen (im Feuer liegender oder darin vorgewärmter schwerer Werkstücke) auf die Haut des Arbeiters ist die Benutzung zeitweise in Wasser abzukühlender Asbesthandschuhe erforderlich. Wenn notwendig, kann die Schutzbekleidung noch durch Asbestmasken (mit Glimmerfenstern in Augenhöhe), Asbestschürzen oder durch ganze Asbestanzüge vervollständigt werden.

Endlich mag noch der Muffelofen als Teil der Schweißereiausrüstung genannt sein. In ihm sollen vor allem mit Spannungen behaftete Gußkörper vor dem Schweißen vorgewärmt und nach dem Schweißen gleichmäßig abgekühlt werden (s. Abschnitt III).

4. Zulegematerial (Schweißdraht).

Zur Ausfüllung und Verstärkung der Schweißfugen, sowie zum Ausgleich der beim Zusammenschmelzen der Materialkanten auftretenden Materialverluste benötigt man sog. Zulegematerial, das in Form von runden, verschieden starken Stangen in das Schmelzbad eingeschmolzen wird. Die Schweißstäbe sind normal 500÷1000 mm lang.

Für die Schweißung von Schmiedeeisen, Stahlguß und gewöhnlichem Stahl verwendet man Stäbe aus gezogenem, kohlenstoffarmen, weichen Eisen, am besten schwedisches Holzkohlen- oder Nageleisen in Durchmessern von ½ bis 6 mm, je nach Stärke des zu schweißenden Schweißgutes. Dort, wo es auf große Festigkeit nicht ankommt, genügt auch geglühter Eisendraht, den man in Ringen beziehen und sich selbst zu Stäben schneiden kann.

Für die Schweißung von Gußeisen werden nur Gußeisenstäbe verwendet mit einem möglichst hohen Gehalt an Kohlenstoff und Silizium, weil diese Bestandteile bei der hohen Temperatur der Schmelzflamme teilweise verdampfen. Die Stäbe haben einen runden, manchmal auch eckigen Querschnitt von 3÷20 mm Durchmesser.

Temperguß wird vorzugsweise mit Tempergußstäben von 3÷5 mm Durchmesser geschweißt. Stehen solche nicht zur Verfügung, so kann auch mit Gußeisen- oder Schmiedeeisenstäben geschweißt werden. Die Art des Zulegematerials ist von der Glühdauer und Güte des getemperten Eisens abhängig und muß von Fall zu Fall praktischen Versuchen überlassen bleiben. Dasselbe gilt für das Zusammenschweißen von Gußeisen mit Schmiedeeisen oder Temperguß mit Schmiedeeisen, wobei sowohl Schmiedeeisen- als auch Guß-, bzw. Temperguß-stäbe eingeschmolzen werden können.

Legierte, vor allem hochwertige Werkzeugstähle sind infolge ihrer Empfindlichkeit gegen hohe Temperatur nur in sehr beschränkten Grenzen schweißbar. Soweit dies möglich, sind Zulegestäbe zu benutzen, die einen etwas höheren als den in der jeweiligen Stahlsorte enthaltenen Gehalt an Legierungsbestandteilen besitzen.

Zur Schweißung des Kupfers genügt bei kleineren Schweißstücken die Verwendung von Draht aus Elektrolytkupfer ($\frac{1}{2} \div 5$ mm Durchmesser), während bei starkem Kupfermaterial (Lokomotivfeuerbüchsen) Kanzlerdraht (Elektrolytkupfer von $1 \div 8$ mm Durchmesser mit Phosphor und Silber legiert) trotz seines hohen Preises vorzuziehen ist.

Die Schweißung der Legierungen des Kupfers mit Zink und Zinn: Messing, Bronze, Rotguß geschieht am besten mit gleichem Zusatzmaterial, d. h. Messing wird mit Messingdraht, Bronze mit Bronzestäben und Rotguß mit Rotgußstäben geschweißt. Im übrigen lassen sich alle diese Kupferlegierungen ohne weiteres auch mit Messingdraht schweißen, wenn es auf Farbenunterschiede an der Schweißstelle nicht ankommt. (Messingdraht $\frac{1}{2} \div 5$ mm, Bronze und Rotguß $3 \div 15$ mm Durchmesser.)

Beim Schweißen von Aluminium und dessen Legierungen wird nur reiner Aluminiumdraht ($\frac{1}{2} \div 10$ mm Durchmesser) als Zusatzmaterial verwendet.

Den Edelmetallen Gold, Platin und Silber wird dasselbe Material in Stangenform zugesetzt.

Desgleichen werden bei Blei als Schweißdraht Bleidrähte oder aus Bleiblech ausgeschnittene Streifen verwendet, wie ja auch bei allen übrigen Metallen (insbesondere bei Kupfer, Messing, Aluminium, Eisen) Abfallstreifen desselben Materials als Zusatzmaterial Verwendung finden können.

Nickel wird mit Nickeldraht oder Nickelblechstreifen mit hohem Mangangehalt geschweißt.

Im Abschnitt III A werden die Eigenschaften der im vorigen erwähnten Metalle und Legierungen noch näher behandelt.

5. Schweißpulver (Flußmittel).

Wir wiederholen hier zunächst das bereits in Abschnitt I A über Schweißpulver Gesagte: Das Schweißpulver soll vor allem das an der Schweißoberfläche sich bildende Metalloxyd unschädlich machen, indem es mit diesem Oxyd eine glasige, leicht schmelzbare Schlacke bildet. Diese Schlacke schützt die Schweißstelle gegen die Einwirkung weiteren Luftsauerstoffs und läßt sich nach dem Schweißen leicht durch Hammerschläge entfernen. Außerdem soll das Schweißpulver noch den leichten Fluß des Metalls fördern.

Ohne Schweißpulver sind schweißbar: Schmiedeeisen, (Stahl), Stahlguß, (Weichkupfer), Nickel, Gold, Platin, Silber.

Mit Schweißpulver schweißt man: Gußeisen, Temperguß, Qualitätsstahl, Kupfer, Messing, Bronze, Rotguß, Aluminium, Blei. Aluminium läßt sich ohne Schweißpulver so gut wie gar nicht schweißen.

Die Schweißpulver werden überwiegend in Form von Pulver, bei Aluminium auch in Form streichfertiger Pasta, die man auch selbst anrühren kann, geliefert. Da in vielen Fällen weitreichende Patente die Selbstherstellung der in Abschnitt III noch genauer angeführten Schweißpulver ausschließen, ist man in der Hauptsache auf deren Bezug von den Patentinhabern, bzw. den mit der Herstellung betrauten Firmen angewiesen.

Das einfachste Schweißmittel ist gutgebrannter, von Kristallwasser völlig freier Borax. Seine Verwendung ist aber bei Gußeisen und Temperguß außerordentlich nachteilig, bei Messing und Kupfer nur im Notfalle zulässig.

Für Kupfer und dessen Legierungen bestimmte Flußmittel bestehen vornehmlich aus einem Gemisch von Natrium-, Phosphor- und Borverbindungen, für Eisen aus Silikaten und Boraten (Silizium- und Borverbindungen) und für Aluminium aus Alkalichloriden und -fluoriden (Chlor- und Fluorverbindungen).

III. Die Technik des autogenen Schweißens.

A. Allgemeines über die Eigenschaften der schweißbaren Metalle.

Die Elemente oder Grundstoffe — Stoffe, welche mit unseren jetzigen Hilfsmitteln nicht weiter zerlegbar sind — werden eingeteilt in Metalle und Nichtmetalle (Metalloide). Metalle sind z. B. Eisen, Kupfer, Aluminium, Blei, Zink, Zinn usw.; sie zeigen im allgemeinen einen Metallglanz und sind gute Leiter der Wärme und Elektrizität. Nichtmetalle sind z. B. Wasserstoff, Sauerstoff, Stickstoff, Silizium, Phosphor, Schwefel; sie haben im allgemeinen keinen Metallglanz und sind schlechte Leiter der Wärme und Elektrizität. Eine scharfe Grenze zwischen Metallen und Nichtmetallen gibt es nicht. Manche Nichtmetalle, z. B. Silizium, Phosphor, Schwefel, finden wir oft als Beimengungen in den Metallen; sie verändern dann die Eigenschaften der Metalle unter Umständen wesentlich. Mischungen von Metallen untereinander und auch von Metallen und Nichtmetallen nennen wir „Legierungen". So ist z. B. Messing eine Mischung (Legierung) von Kupfer und Zink, Bronze eine solche von Kupfer und Zinn. Der Ausdruck „legierte Stähle" besagt auch, daß dem normalen Stahl noch besondere Metalle, z. B. Chrom, Wolfram, Nickel usw., beigemischt sind. Ein Metall, z. B. Eisen oder Kupfer, müßte streng genommen nur aus Eisen, bzw. Kupfer, ohne jede Beimengung bestehen. Praktisch wären aber dann manche Metalle, insbesondere das Eisen, kaum oder gar nicht verwendbar. Demnach ist also für uns eigentlich jedes Metall eine Legierung, deren Eigenschaften durch Zusetzen einer kleinen Menge anderer Metalle oder Nichtmetalle verbessert werden.

Die schweißbaren Metalle. Das weitaus wichtigste Metall ist das Eisen, das unterteilt wird in Roheisen (mit praktisch 3÷4% Kohlenstoff) und in schmiedbares Eisen (mit praktisch 0,05÷1,6% Kohlenstoff). Beim Roheisen kennt man zwei Untergruppen, und zwar das weiße Roheisen — bei dem der Kohlenstoff sich fast restlos in gebundener Form (als sog. Eisenkarbid) vorfindet — und das graue Roheisen — bei dem der größte Teil des Kohlenstoffs in reiner Form auskristallisiert ist (als Graphit). Das schmiedbare Eisen wird wieder eingeteilt in Stahl (Schweißstahl oder Flußstahl, je nachdem ob im teigigen oder im flüssigen Zustand hergestellt) und in Schmiedeeisen (Schweiß- oder Flußeisen, vom Praktiker oft kurzweg „Eisen" genannt). Stahl ist härtbar und hat etwa 0,3÷1,6% Kohlenstoff; Schmiedeeisen ist nicht härtbar und hat etwa 0,05÷0,3% Kohlenstoff. In Zukunft soll übrigens, nach den Vorschlägen des Normenausschusses der deutschen Industrie, alles schmiedbare Eisen als Stahl bezeichnet werden, so daß wir dann nur noch Roheisen und Stahl kennen. Roheisen kommt für Schweißungen nicht in Frage, dagegen wohl Gußeisen, das wir aus dem Roheisen durch einfaches Umschmelzen im Kupolofen der Gießerei erhalten. Die weiteren Untergruppen der Eisensorten werden in den betreffenden Einzelkapiteln erwähnt; ebenso wird an diesen Stellen auf die sonstigen Nebenbeimengungen der Eisensorten, wie z. B. Silizium, Mangan, Phosphor und Schwefel, hingewiesen.

Wegen der besonderen Wichtigkeit des Eisens bezeichnet man die übrigen Metalle heute als „Nichteisenmetalle“. Von ihnen sind schweißbar: Kupfer, Aluminium, Nickel, Blei, Silber, Gold, Platin. Ihre besonderen Eigenschaften sind in den Kapiteln über die Schweißung dieser Metalle behandelt.

Von Legierungen kommen bisher praktisch für Schweißungen in Betracht: Messing (Kupfer mit Zink gemischt), Bronze (Kupfer und Zinn), Rotguß (Kupfer, Zink und Zinn) und die Aluminiumlegierungen (Aluminium mit Kupfer, Magnesium, Silizium usw.). Näheres siehe in den betreffenden Schweißkapiteln.

Farbe. Jedes Metall hat zwar eine ihm eigentümliche Farbe, jedoch sehen die meisten Metalle weiß, grauweiß oder grau aus. Nur Kupfer hat eine charakteristische rote (Kupferlegierungen rötlich oder gelb) und Gold eine gelbe Farbe. In Pulverform sind die meisten Metalle glanzlos, in festen und besonders in polierten Stücken zeigen sie aber den sog. metallischen Glanz, der auf einer eigenartigen Lichtspiegelung beruht. Mit steigender Erwärmung geht die normale Farbe des Metalls allmählich verloren. Es entstehen oft Anlauffarben infolge der Verbindung der Oberflächenschichten des Metalls mit dem Sauerstoff der Luft. Weiter sprechen wir z. B. von „Rotglut“ (bei $600^0 \div 900^0$) und Weißglut (bei $1200^0 \div 1400^0$) des Schmiedeeisens, weil das Material bei den angegebenen Temperaturen rot, bzw. weiß aussieht.

Dichte, Gewicht. Die Dichte oder das spezifische Gewicht (Eigengewicht, Einheitsgewicht, d. h. diejenige Zahl, die angibt, um wievielmal schwerer das betreffende Metall ist als der gleiche Rauminhalt Wasser) der Metalle ändert sich mit der Temperatur und ist außerdem von der Art der Bearbeitung — ob nur gegossen oder gewalzt oder gezogen — abhängig. Zahlentafel 1 enthält daher nur Mittelwerte.

Geschmeidigkeit, Festigkeit. Unter der Geschmeidigkeit eines Metalls versteht man seine Dehnbarkeit, Ziehbarkeit und Zähigkeit und unter Festigkeit seine Widerstandsfähigkeit gegen Zug, Druck, Biegung, Verdrehung usw. Ein Metall ist dehnbar, wenn es sich hämmern, walzen, pressen läßt; andernfalls nennt man es spröde. Die Dehnbarkeit ist oft an gewisse Temperaturgrenzen gebunden — z. B. ist Zink nur bei $100^0 \div 160^0$ walzbar — und nimmt oft auch bei fortgesetzter Formveränderung ab, z. B. beim Kupfer. Ein Metall ist zähe, wenn es sich oft hin- und herbiegen läßt, ohne zu brechen. Die Festigkeit läßt sich mit Hilfe von Prüfmaschinen sehr genau messen. Sie ist bei den einzelnen Metallen sehr verschieden und läßt sich durch Wärmebehandlung wesentlich verändern, ebenso wie die Härte (Härten des Stahls). Nähere Angaben erscheinen hier nicht notwendig; die für das Schweißen wichtigen Zahlen werden im Abschnitt „Güte der Schweißnaht“ erwähnt.

Verhalten in der Wärme. Beim Erhitzen werden manche Metalle allmählich weich und dann erst flüssig, andere gehen fast plötzlich in den flüssigen Zustand über (Schmelzpunkt). Alle Metalle haben einen bestimmten, ihnen eigentümlichen Schmelzpunkt (s. Zahlentafel 1) und Siedepunkt; bei letzterem werden sie gasförmig. Der Siedepunkt liegt wesentlich höher als der Schmelzpunkt, bei Zink aber z. B. schon bei 925^0. Der Schmelzpunkt und der Erstarrungspunkt (beim Wiedererkalten) fallen praktisch zusammen.

Fast alle Metalle dehnen sich beim Erwärmen aus, nehmen also dann einen größeren Raum ein, und ziehen sich beim Erstarren zusammen. Letzteres, das

„Schwinden", ist bei der autogenen Schweißung von besonderer Bedeutung, da die Spannungserscheinungen im Metall hierauf zurückzuführen sind (s. die späteren Abschnitte).

Auch das Wärmeleitungsvermögen des Metalls ist für den Schweißvorgang insofern wesentlich, als die Stärke der Schweißflamme, bzw. die Brennergröße entsprechend zu wählen ist. Alle Metalle sind zwar gute Wärmeleiter, immerhin aber mit deutlichen Unterschieden. Der beste Wärmeleiter ist Silber. Ihm folgen in absteigender Linie: Kupfer, Gold, Aluminium, Zink, Platin, Zinn, Eisen, Nickel und Blei, so daß also von diesen Metallen Blei das schlechteste Wärmeleitungsvermögen hat. Platin, Zinn, Eisen und Nickel haben nahezu dieselbe Wärmeleitfähigkeit, die des Aluminiums ist etwa 3½mal, die des Kupfers etwa 6mal so groß. Verschiedene Metalle haben die Eigenschaft, in flüssigem Zustand stark Gase aufzusaugen, zunächst gelöst bei sich zu behalten und bei der Abkühlung wieder abzustoßen. Das Gaslösungsvermögen ist z. B. bei Schmiedeeisen, Stahl, Stahlguß und Kupfer besonders groß für Wasserstoff, bei den genannten Eisensorten, ferner bei Nickel und Platin auch groß für Kohlenoxyd (s. auch die späteren Abschnitte).

Zahlentafel 1.

Metall	spezifisches Gewicht	Schmelzpunkt	Metall	spezifisches Gewicht	Schmelzpunkt
Reines Eisen	7,86	1530°	Nickel	8,8	1452°
Schmiedeeisen	7,85	1500°	Kupfer	8,9	1083°
Stahl	7,8	1400°	Aluminium	2,65	657°
Gußeisen	7,25	1200°	Zink	7,1	419°
Platin	21,4	1755°	Blei	11,3	327°
Gold	19,3	1063°	Zinn	7,3	232°
Silber	10,5	960°	(Messing)	8,5	900°

B. Allgemeines über die Technik des Schweißens.

Anwendungsgebiete. Die ungeheuer vielseitige Anwendungsmöglichkeit der Schmelzschweißung schließt eine erschöpfende Aufzählung aller für sie bestimmten Arbeitsgebiete vollkommen aus. In der Hauptsache ist das Schmelzschweißverfahren für folgende Arbeiten geeignet:

1. Als Ersatz des Falzens, Hartlötens und Nietens im Gesamtgebiet der Blechbearbeitungsindustrie.

2. In Konstruktionswerkstätten zur Anfertigung der verschiedensten Konstruktionsteile aus Stab- und Walzeisenprofilen.

3. Beim Rohrverlegen, überhaupt in der Installationstechnik, zur Anfertigung von Formstücken und Verbindung der Rohrenden, an Stelle von Muffen und Flanschen.

4. Als Reparaturverfahren zur Beseitigung von Guß- und Preßfehlern, zur Ausbesserung von Brüchen, Rissen u. dgl. an Metallen aller Art und an Dampfkesseln usw.

Damit soll jedoch nicht etwa gesagt sein, daß andere Verbindungsarten, vor allem das Nieten und Falzen, gänzlich entbehrlich geworden seien. Im Gegenteil, es gibt Fälle, wo die alten Arbeitsverfahren durch ihre jüngere Gefährtin, die Schweißung, nicht zu ersetzen sind. So lassen sich mit metallischen Überzügen fremder Art versehene Bleche (verbleites, verzinktes, verkupfertes oder vermessingtes Eisenblech usw.) nicht schweißen, wenigstens dann nicht, wenn der Überzug auch längs der Naht bestehenbleiben soll. Andere Körper sind infolge ihrer Form für Schweißzwecke ungeeignet. Im Laufe der nun folgenden Ausführungen werden wir uns bald ein genaueres Urteil bilden können, was schweißbar ist und was nicht.

Allgemeines über die Schweißnaht. Unter dem Einfluß der bei der Schmelzschweißung angewandten, außerordentlich hohen Flammentemperaturen erleiden die Metalle Veränderungen, deren Umfang vor allem durch die Dauer der Schweißarbeit, durch die Materialgüte des Schweißstücks und des Schweißdrahts, durch die Reinheit des Schweißgases und nicht zuletzt durch das Geschick des Schweißers bedingt ist. Aus diesem Grunde sind Maßnahmen zu treffen, um Veränderungen im Metallgefüge, die immer auf Kosten seiner Güte vor sich gehen, auf das geringste Maß zu beschränken. Insbesondere ist auf Dichtheit, ausreichende Festigkeit, möglichst auch auf sauberes Aussehen der Schweißstelle Wert zu legen.

Je kürzer die Zeitdauer ist, während welcher das Schweißgut im örtlich flüssigen Zustande gehalten wird, um so geringer werden die Veränderungen des Metallgefüges sein. Da nun andererseits die Schweißdauer von der Flammengröße abhängig ist, erklärt es sich, warum geübte, mit großen Flammen rasch arbeitende Schweißer die Metallstruktur viel weniger verändern als ungeübte, mit kleinen Brennern arbeitende. Die Schweißarbeit soll möglichst rasch durchgeführt werden; oft ist es daher zweckmäßig, das Schweißgut zur Arbeitsbeschleunigung vor dem Schweißen im Feuer bis auf Rotglut vorzuwärmen.

Verbesserungen geschweißter (oft überhitzter) Nähte an gewalzten und gezogenen Metallen sind erreichbar durch wärmetechnische und mechanische Nachbehandlungen, wie Ausglühen, Abschrecken, Hämmern (Verdichten) u. a.m. Verbrannte Schweißnähte dagegen können durch kein Mittel wieder brauchbar gemacht werden. Das Metall dieser Nähte ist durch viel zu hohe Erhitzung chemisch verändert, es ist teilweise in schlackenartige Stoffe verwandelt worden, wogegen bei überhitztem Material nur eine physikalische Veränderung, ein Aufquellen der Kristalle, eingetreten ist, das sich durch Ausglühen beseitigen läßt.

Grundbedingung für eine haltbare und gute Naht ist das Durchschweißen, d. h. das Material muß auf seine ganze Dicke durch und durch geschmolzen und nicht nur oberflächlich verklebt werden. Eine Ausnahme besteht nur bei der Verschweißung von Porositäten und Ausfressungen, bzw. dort, wo zur Verstärkung Material neu aufgetragen werden soll. Risse, Brüche, Löcher und die Stoßfugen von Blechkanten aber sind stets bis zum Grunde des Materials durchzuschweißen, ganz gleich um welches Metall es sich handelt.

C. Die Schweißung von Schmiedeeisen und Stahl.

1. Eigenschaften und Schweißbarkeit von Schmiedeeisen und Stahl.

Einteilung und Eigenschaften. Die schmiedbaren Eisensorten werden, wie bereits früher erwähnt, zur Zeit eingeteilt in Schmiedeeisen und Stahl, sollen aber in Zukunft nur als Stahl bezeichnet werden. Sie sind entweder im Puddelofen in teigigem Zustand hergestellt und werden dann Schweißeisen (0,05÷0,3% Kohlenstoffgehalt) oder Schweißstahl (0,3÷1,6% Kohlenstoffgehalt) genannt, oder sie werden nach den neueren Verfahren flüssig erzeugt und in eiserne Blockformen (Kokillen) gegossen; sie heißen dann Flußeisen (Kohlenstoffgehalt gleich dem des Schweißeisens) oder Flußstahl. Im einzelnen unterscheidet man bei den letztgenannten Sorten noch nach dem Herstellungsverfahren: Bessemer-, Thomas-, Siemens-Martin-Stahl. Das im Tiegelofen verfeinerte Material ist als Tiegelstahl oder Tiegelgußstahl zu bezeichnen (nicht mehr als „Gußstahl", da jeder Flußstahl auch ein Gußstahl ist) und das im Elektroofen gereinigte, besonders gute Material als Elektrostahl. Aus den letzteren beiden Sorten erhält man durch Zusatz von Chrom, Wolfram, Nickel usw. die Sonderstähle oder legierten Stähle. Letztere und Tiegelstahl und Elektrostahl werden auch als Edelstähle bezeichnet.

Neben dem wichtigsten Nebenbestandteil, dem Kohlenstoff, enthalten Schmiedeeisen und Stahl noch wechselnde Mengen von Mangan (unter 1 %), Silizium (unter 0,5 %), Phosphor (unter 0,1 %) und Schwefel (unter 0,1 %). Ein größerer Gehalt an Silizium als etwa 0,5 % wirkt auf Faulbruch, d. h. das Material neigt, bei Bearbeitung mit dem Hammer, bei jeder Temperatur (ob kalt oder warm) zum Reißen. Material mit mehr als 0,1 % Phosphor ist stark kaltbrüchig — leichtes Reißen beim Bearbeiten in kaltem Zustande —, solches mit mehr als 0,1 % Schwefel ist stark warmbrüchig — leichtes Reißen beim Bearbeiten in rotwarmem Zustande. Je geringer der Prozentsatz aller genannten Beimengungen im Schmiedeeisen und im Stahl ist, desto besser sind auch diese Eisensorten schweißbar.

Einwirkung der Schweißflamme. Falsche Einstellung der Schweißflamme — insbesondere der Azetylen-Sauerstoffflamme — kann die Materialeigenschaften wesentlich beeinflussen. Ein Überschuß an Azetylen ergibt in der Flamme freien Kohlenstoff. Die Schweißnaht nimmt diesen Kohlenstoff auf und wird bei Schmiedeeisen stahlähnlich; bei schneller Abkühlung wird sie dann mehr oder weniger hart und spröde und reißt schon bei geringer Beanspruchung. Wird übrigens der Flammenkern (Abb. 42) dem Schmelzbad zu weit genähert, so tritt auch eine Anreicherung des Eisens an Kohlenstoff ein, da ja innerhalb des Flammenkerns noch unverbrannter Kohlenstoff vorhanden ist. Ein Sauerstoffüberschuß in der Azetylen- oder Wasserstoffflamme hat eine genau gegenteilige Wirkung. Der Sauerstoff der Flamme verbindet sich mit dem Kohlenstoff des Materials und mit dem Eisen selbst; das Material wird kohlenstoffärmer (weicher), und es bilden sich Eisensauerstoffverbindungen (Eisenoxyde), schließlich kann es beim Schweißen sogar dazu kommen, daß das Material verbrannt wird.

Schweißbarkeit. Schmiedeeisen ist im allgemeinen gut schweißbar. Fast ebensogut lassen sich auch noch die weicheren Stahlsorten (mit etwa 0,3 bis 0,7 % Kohlenstoff) schweißen, die als Konstruktions- und Baustähle vielseitige Verwendung finden. Mit weitersteigendem Kohlenstoffgehalt nimmt die Schweißbarkeit beträchtlich ab. Außerdem ist der Stahl, insbesondere der kohlenstoffreichere, wesentlich empfindlicher gegen falsche Wärmebehandlung und auch gegen die Wirkung einer falsch eingestellten Schweißflamme als Schmiedeeisen; er kann viel leichter überhitzt und verbrannt werden. Vorteilhaft ist daher bei kohlenstoffreicheren (härteren) Stählen die Verwendung einer schwächeren Schweißflamme als bei Schmiedeeisen. Alsdann ist aber Vorwärmung des Stahls im Schmiedefeuer auf Rotglut notwendig, damit die Schweißarbeit genügend schnell erledigt werden kann. Scharfe Kanten, Schneiden und Spitzen sind bei Stahl wegen der leicht eintretenden Überhitzung schlecht oder gar nicht schweißbar. Gehärteter Stahl wird natürlich durch das Schweißen ausgeglüht und weich. Ein gutgeschweißter Stahl läßt sich aber nachher wieder in befriedigender Weise härten.

Für hochwertige Schweißkörper, die also starken Beanspruchungen ausgesetzt werden sollen, empfiehlt Diegel auf Grund zahlreicher Versuche folgende Zusammensetzung des Materials: 0,06÷0,12 % Kohlenstoff, unter 0,1 % Silizium, 0,45÷0,8 % Mangan, unter 0,05 % Phosphor, unter 0,05 % Schwefel. Ein derartiges weiches Flußeisen, bei dem vor allem der geringe Siliziumgehalt auffällt, hat sich als besonders gut autogen schweißbar erwiesen.

Als Zusatzmaterial soll bei Schmiedeeisen und Stahl möglichst immer gleichartiges Material genommen werden, doch kann man beim Schweißen weicheren Stahls und beim Verschweißen von gewöhnlichem Werkzeugstahl mit Weichstahl oder Schmiedeeisen (z. B. Anschweißen gewöhnlicher Drehstähle) auch Schmiedeeisendraht als Schweißdraht verwenden.

2. Vorbereitungsarbeiten bei Blechschweißungen.

Zur Erzielung einer guten Durchschweißung bei geringster Schweißdauer ist eine dem jeweiligen Werkstück angepaßte Vorbereitung notwendig, wie: Auskreuzen, Bördeln, Abschrägen, Abdrehen usw. Die folgenden Ausführungen über solche Vorbereitungsarbeiten beziehen sich zunächst auf das Eisenblech als das weitaus am häufigsten geschweißte Material. Sie gelten jedoch sinngemäß für andere Materialarten und andere Schweißgegenstände.

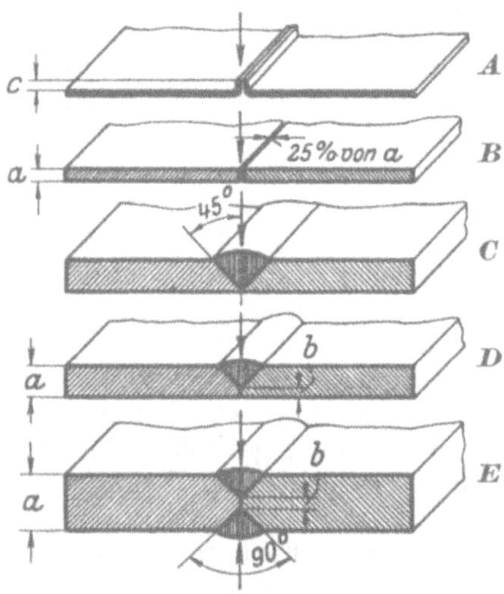

Abb. 51. Vorbereitungsarbeiten bei normalen Blechschweißungen.

Gleich starke Bleche. Am leichtesten schweißbar sind Bleche zwischen 1 und 3 mm Stärke; ober- und unterhalb dieser Abmessungen stellt die Schweißarbeit besonders große Anforderung an Geschick und Übung des Schweißers. Bleche von 1÷3 mm Dicke schweißt man immer so, wie es Abb. 51 *B* verbildlicht. Die beiden Blechstöße werden stumpf zusammengestoßen, besser noch mit einem Zwischenraum von $^1/_4$ der Blechdicke (des gründlicheren Durchschweißens halber). Auch Bleche unter 1 mm lassen sich auf diese Weise schweißen, doch ist es empfehlenswert, wenn angängig, solch schwache Bleche an ihren zu schweißenden Enden abzubördeln (Abb. 51 *A*) und in der Pfeilrichtung zu verschweißen. Man schmilzt hier den Bord bis zur Blechoberfläche nieder, ohne Zusatzmaterial einzuschmelzen, da das Bordmaterial den Schweißdraht ersetzt. Die Bordschweißung hat den großen Vorteil, daß sich das unter der Einwirkung der Flamme stark sich verziehende, dünne Blech viel weniger wirft, und eine ungleich schönere, ebenmäßigere Schweißnaht entsteht, als dies bei Stumpfschweißung (Abb. 51 *B*) so schwacher Bleche zutrifft. Aus diesem Grunde verfährt man ebenso bei der Fabrikation der aus zwei Hälften bestehenden, gestanzten und gepreßten Blechhohlkörper. Zotten, Henkeln, Stockgriffen, Türdrückern, Radiatoren und ähnlichen aus zwei Teilen zusammengesetzten Blechkörperteilen gibt man stets einen entsprechenden Schweißbord von etwa 1÷1,5 mm Höhe (*c*, Abb. 51 *A*). Die hin und wieder anzutreffende Ansicht, sehr dünne Bleche zu falzen und dann zu schweißen, ist unrichtig, da solche Nähte ganz selten dicht zu bringen sind, sehr unsauber aussehen und ein meist starkes Werfen des Blechkörpers im Gefolge haben.

Über 3 mm starke Bleche werden vorteilhaft nach Art der Abb. 51 *D* geschweißt, d. h. die zu verbindenden Blechkanten werden um je 45° abgeschrägt, so daß eine V-förmige Schweißfuge (sog. Schweißhaltung) von etwa 90° Bodenwinkel entsteht. Die Schweißmulde wird beim Schweißen durch Schweißdraht ausgefüllt, wie dies auch schon im allgemeinen bei nach Abb. 51 *B* vorbereiteten Blechen geschieht. In der Literatur befindliche Angaben über die Schweißfuge erstrecken sich fast ausnahmslos auf die Ausführungsform Abb. 51 *C*, obwohl diese entschieden als falsch zu bezeichnen ist. Infolge unzureichender Wärmeableitung werden beim Schmelzen die unteren scharfen Blechkanten erfahrungsgemäß durch Wärmestauung stark überhitzt oder verbrannt. Um diesem Nachteil auf einfache Weise abzuhelfen, werden die Blechkanten nicht auf ihre ganze Höhe, sondern beiderseits nur auf $^3/_4$ der Blechdicke abgeschrägt, während das übrige Viertel ungebrochen bestehen bleibt (Abb. 51 *D* und *E*). Es ist selbstverständlich, daß eine Flamme, die die volle Blechstärke durchschmelzen kann, um so mehr $^1/_4$ dieser Dicke durchschmilzt, demnach wird ein gutes Durchschweißen durch das Stehenlassen des Viertels *b* nicht behindert. Bei Blechstärken über 15 mm verfährt man am besten nach Abb. 51 *E*. Die Bleche werden, sofern dies technisch durchführbar ist, doppelseitig ausgevaut, so daß sich eine x-förmige Doppelschweißmulde bildet, die vorteilhaft — senkrecht oder wagerecht stehende Naht vorausgesetzt — von beiden Seiten (mit 2 Brennern) gleichzeitig geschweißt wird.

Es ist ausdrücklich darauf hinzuweisen, daß es eine überlappte Schweißung beim Gasschmelzschweißverfahren nicht gibt. Alle Verbindungsstellen sind stumpf zu schweißen. Überlappte Schweißung gibt es nur beim Feuer-, Wassergas- und stellenweise auch beim Elektroschweißverfahren. Würden überlappte Bleche mit der Azetylenflamme geschweißt, so träten in der Nähe der Naht derart erhebliche Spannungen im Material ein, daß Riß- und Bruchbildung, mindestens aber starkes Werfen des Schweißstücks zu erwarten wären. Abb. 52 veranschaulicht, wie schon beim Schweißen der einen Blechkante sich die Überlappung abzieht.

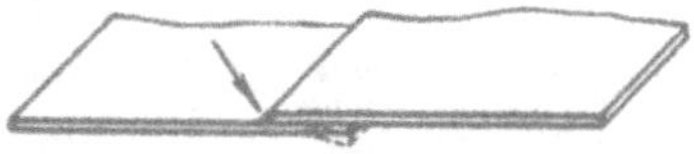

Abb. 52. Unausführbarkeit der überlappten Schweißung.

Ungleich starke Bleche. Besonders im Apparatebau sind häufig schwache Bleche an stärkere oder Bleche an stärkere Profileisen (Winkeleisen u. dgl.) anzuschweißen. Abb. 53 *A* (linker, oberer Pfeil) zeigt uns, wie dann die Brennerflamme gehalten werden muß, nämlich immer auf die stärkere Materialkante, da sonst das dünnere Blech fortfließen würde, bevor das stärkere auf Schmelzwärme gebracht werden könnte. Die Entfernung *a*, in der die Flamme seitlich neben der Schweißfuge auf dem stärkeren Material entlang zu führen ist, wächst mit dem Unterschied der zusammenzuschweißenden Blechstärken.

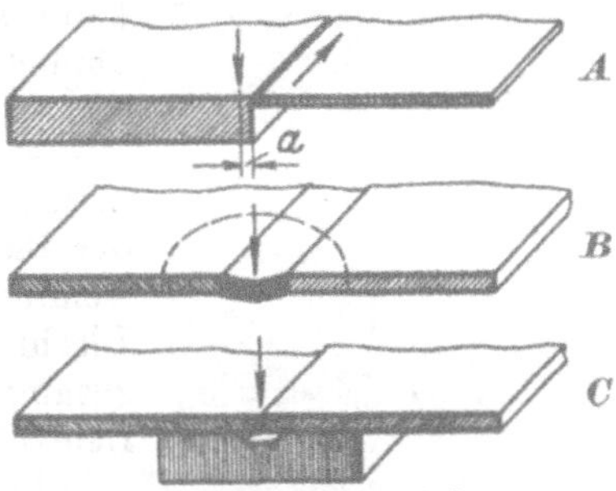

Abb. 53. Vorbereitungsarbeiten bei besonderen Schweißungen.

Sonderfall bei Nichteisenmetallen. Bei einigen Metallen, wie Blei und Zink, in schwächeren Abmessungen auch bei Kupfer, Messing und Aluminium, tritt das Flüssigwerden der erhitzten Schweißfläche plötzlich ein und die der Schmelzstelle benachbarten, hocherhitzten Partien haben so geringe Festigkeit, daß sie schon durch die Last ihres Eigengewichts einbrechen, wodurch große Löcher oder Senkungen (Abb. 53 *B*) eintreten können. Man kann diesem Übelstand entgegentreten, indem man, im Gegensatz zur bisher freiliegenden Schweißfuge, unterhalb und entlang der Fuge eine Flacheisenschiene (Abb. 53 *C*) lagert, in welche eine kleine Nute eingehobelt ist. Das erhitzte Material wird dann links und rechts der Naht von der Unterlage getragen, während das geschmolzene Material nur den Raum der Nute einzunehmen, nicht aber fortzulaufen vermag.

Dehnungs- und Spannungserscheinungen. Alle bisherigen Vorkehrungen bezogen sich auf die Gewähr guter Durchschweißung. Sie reichen aber, ausgenommen die Bördelnaht, nicht im entferntesten dazu aus, die infolge Wärmeleitung auftretenden Dehnungs- und Spannungserscheinungen unschädlich zu machen. Würde man die Blechkanten auf ihre ganze Länge zusammenstoßen, wie dies in Abb. 54 geschehen ist, und ohne weiteres zur Schweißung übergehen, dann würden sich nach kurzer Zeit die beiden Bleche infolge Wärmedehnung übereinanderziehen (punktierte Lage in Abb. 54) und nicht allein die Fortsetzung der Schweißarbeit ausschließen, sondern auch das Schweißgut gänzlich unbrauchbar machen, da sich die übereinandergezogenen Bleche mit keinem Mittel wieder in ihre alte Lage bringen lassen. Man steuert diesem Übelstand, indem man die Bleche nicht zusammenstößt, sondern, wie Abb. 55 zeigt, an dem dem Ausgangspunkt der Schweißnaht gegenüberliegenden Ende um etwa 5% der Nahtlänge klaffen läßt. Beträgt das Maß l beispielsweise 1000 mm, dann muß $a = 50$ mm ($= 5\%$) sein. Diese Maßnahme erübrigt sich bei gebördelten Blechen, die man stets der ganzen Länge nach zusammenstößt und engabständig, etwa alle 50 mm heftet. Erst nach Durchführung der Heftarbeit über die ganze Nahtlänge kann mit der eigentlichen Schweißung begonnen werden. Auch stumpf zusammengestoßene Bleche bis zu 5 mm Dicke können auf diese Weise in größeren Zwischenräumen (bis 150 mm) geheftet werden; es fällt dann die in Abb. 55 veranschaulichte Vorbereitung fort.

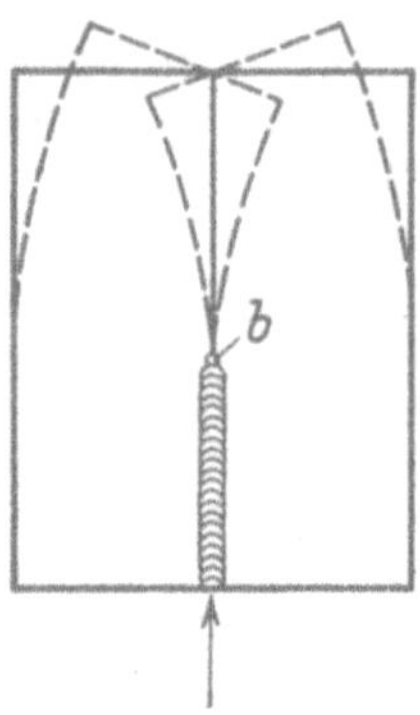

Abb. 54. Wirkung der Wärmedehnung bei Blechen.

Beginnt man in der Pfeilrichtung bei c, Abb. 55 zu schweißen, so bedient man sich zum Offenhalten des Schlitzes eines Keils (Dornes) d, der mit fortschreitender Schweißung, in immer gleichmäßigem Abstande x von der Flamme entfernt, allmählich im Sinne der Brennerbewegung vorwärtsgeschoben wird. An Stelle des Dorns d kann bei Blechen bis 5 mm Stärke auch eine scherenähnliche Einrichtung e, Abb. 55 getroffen werden, die aus zwei voneinander unabhängigen Flach- oder Rundeisenstäben besteht und außerdem den Vorzug hat, daß man mit ihr Änderungen in der gegenseitigen Höhenlage der Blechränder leichter beheben kann. Sowohl bei Verwendung des Keils als der Schere ziehen sich die beiden Blechränder mit dem Vorschub der Flamme selbsttätig zusammen, so daß nach Erkalten eine ziemlich spannungsfreie Naht entsteht.

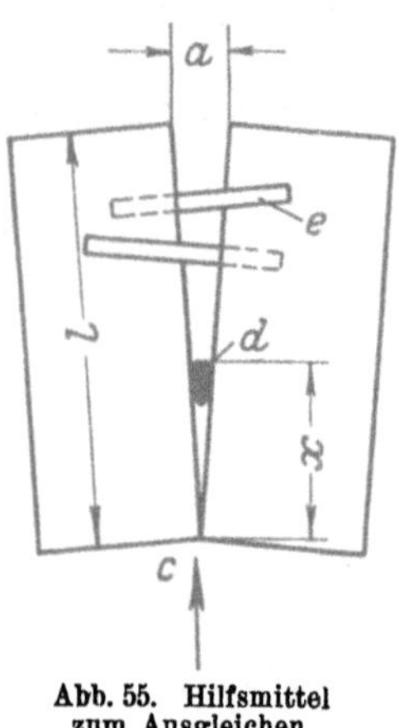

Abb. 55. Hilfsmittel zum Ausgleichen der Wärmedehnungen.

Lange Nähte an starken Blechen (über 8 mm) werden vorteilhaft so geschweißt, daß man sie zusammenstößt und, in der Mitte der Länge beginnend, erst in der Richtung zum einen Ende schweißt und dann (nach Vollendung der einen Hälfte) wieder von der Längenmitte aus in entgegengesetzter Richtung dem anderen Ende zu.

Das keilförmige Sperrenlassen der Blechkanten ist auch beim Schweißen von Zylinderschüssen, Mänteln usw. von derselben Bedeutung wie bei glatten Blechen. Längsnähte an sehr dünnen, gebördelten Blechmänteln werden engabständig geheftet und darauf geschweißt, am besten auf einer als Unterlage dienenden, an der Wand oder Werkbank befestigten Eisenbahnschiene, in deren Kopfmitte eine Längsnut von etwa 8 mm Breite und 4 mm Tiefe eingehobelt ist (Abb. 56). Die beiden Blechränder werden über dieser Nute zusammengestoßen und geschweißt. Durch die Nute wird erreicht, daß die Arbeitsgeschwindigkeit durch starke Wärmeableitung der metallischen Masse des Schienenmaterials keine zu große Beeinträchtigung erfährt.

Rundnähte. Ähnlich wie im vorigen verhält man sich beim Schweißen von Rundnähten, doch stößt man die Blechschüsse hier immer parallel zusammen, bei dünnen Blechen ohne, bei starken (über 5 mm) mit 3÷5 mm Spielraum. Rundnähte an Blechen bis zu 5 mm Dicke werden zweckmäßig an verschiedenen Stellen geheftet, und zwar derart, daß man zuerst vier, auf dem Kreisumfange gleichmäßig verteilte Heftpunkte macht und dann die entstandenen 4 Kreisabschnitte

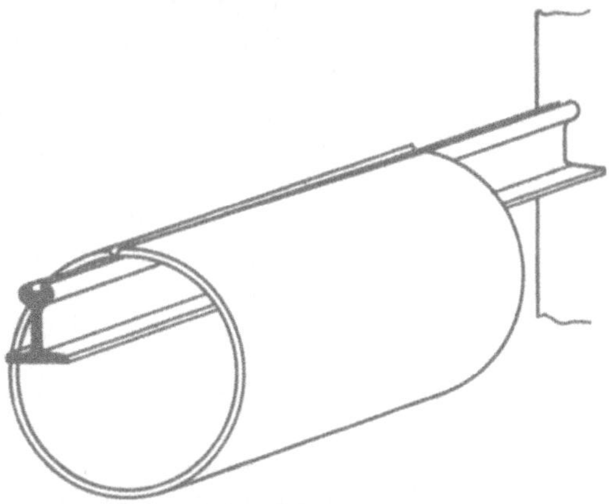

Abb. 56. Schienenauflage für Zylinderschüsse.

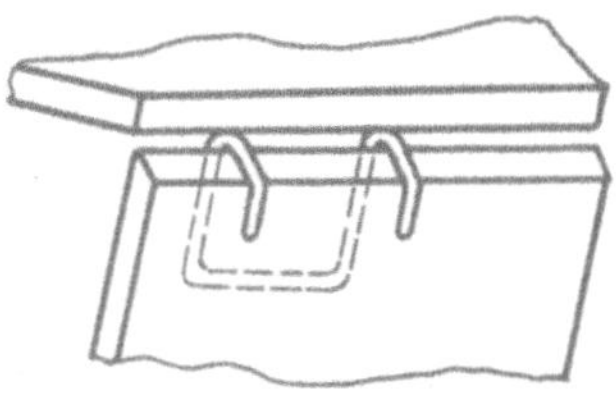

Abb. 57. Drahtbügel zum Fixieren einer Deckelnaht.

gleichmäßig mit Schweißpunkten weiter unterteilt. Wichtig ist, daß man der genauen, nicht verwundenen Lage der Blechränder schon beim Heften gebührende Aufmerksamkeit schenkt, da eine gut geheftete Naht die Arbeit erleichtert und um so sauberer geschweißt werden kann. Bei starkwandigen Blechschüssen (über 8 mm) ist das Heften weniger am Platze. Man gibt hier den bereits erwähnten Spielraum und fixiert diese Entfernung durch Spannschrauben oder durch einen im Zylinderinnern angeordneten U-eisenförmigen Ring mit Spannschraube. Vielfach genügen zur Fixierung Drahtbügel, die beim Heften mit in die Naht eingeschmolzen werden können, wie dies in Abb. 57 beim Einschweißen eines Deckels geschehen ist. Auf diese Weise wird auch die Sicherung der infolge geringer Auflagefläche beim Heften Schwierigkeiten bereitenden Deckellage erleichtert. Die Zweckmäßigkeit der einen oder anderen Spann- und Fixiervorrichtung ist von Fall zu Fall zu entscheiden.

Wir haben uns im vorigen mit den praktisch am meisten vorkommenden Beispielen begnügt. Bei der Einzelbesprechung von Schweißarbeiten wird sich noch Gelegenheit finden, auf weitere Vorbereitungsarbeiten hinzuweisen.

3. Schweißung von Blechgefäßen.

Vorteile des Schweißens. Boiler, Reservoire, Fässer, Luft- und Wasserdruckkessel, Heizkessel und manch andere Blechkonstruktionen haben durch die Schmelzschweißung eine erhebliche Vereinfachung ihrer Konstruk-

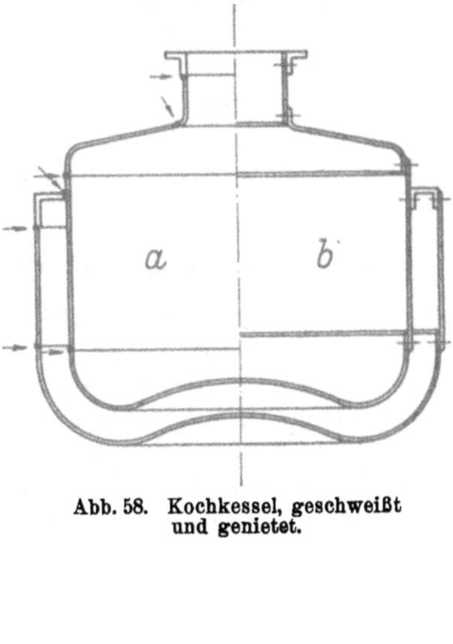

Abb. 58. Kochkessel, geschweißt und genietet.

tion erfahren, wie dies beispielsweise in Abb. 58 zum Ausdruck gelangt. Ein im Schnitt dargestellter, doppelwandiger Kochkessel zeigt uns links bei *a* den Kessel in geschweißtem, rechts bei *b* in genietetem Zustande (5 mm Blech). Die Überlegenheit der Schweißnaht gegenüber der Nietnaht beruht in diesen Fällen auch noch darauf, daß die Blechgefäße länger als beim Nieten gut dicht halten, und auf wesentlicher Gewichtsersparnis. Erforderlich ist, aus sicherheitstechnischen Gründen, zweckmäßige Wahl der Lage der Schweißnaht, die man möglichst immer außerhalb der Beanspruchungslinien des jeweiligen Körpers zu verlegen suchen muß. Eine Anzahl Skizzen (Abb. 59 und 60) sollen die wichtigsten konstruktiven Fälle kurz klarlegen.

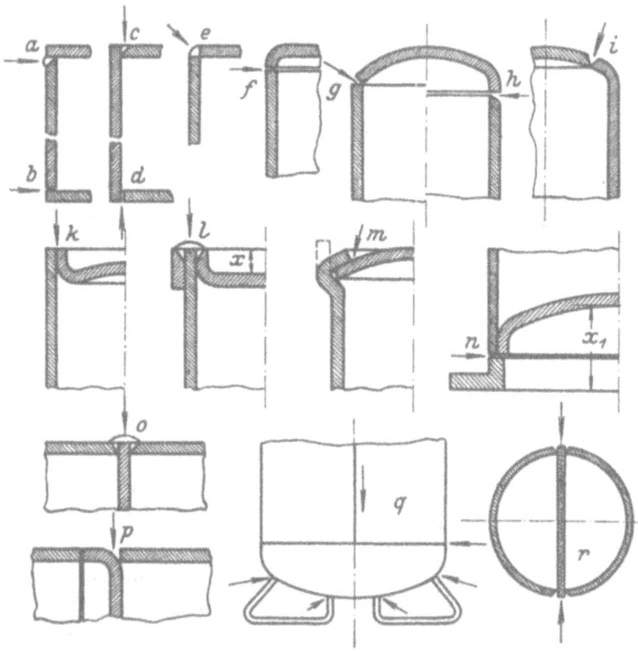

Abb. 59. Schweißung von Blechböden und Zwischenwänden.

Böden von Blechgefäßen. Böden, gleich welcher Form (ob eckig, rund, elliptisch usw.), schweißt man, solange die Gefäße keinem Innendruck unterworfen sind, wie in Abb. 59 bei *a*, *c* und *e* angedeutet ist, in die Mäntel ein. *c* ist für alle Blechstärken gültig; *a* und *c* für stärkere Bleche, während bei schwächeren Blechen die Abschrägung fortfällt und einfach stumpf geschweißt wird (*b* und *d*). Sobald der Blechkörper jedoch Innendrucken unterworfen ist, ist die Verbindungsart *a*, *b*, *c*, *d* und *e* unzulässig, weil diese Nähte, Drucken ausgesetzt, aufreißen und unter Umständen Fortfliegen der Deckel zur Folge haben würden. Dasselbe gilt auch vom Kalottendeckel *g*. Man wird demnach nur wenig beanspruchte Gefäße auf diese Weise schweißen dürfen. Im allgemeinen ist bei Druckgefäßen die Anordnung der Schweißnaht nach Art der Abb. *f*, *h* und *i* richtig. Da für höheren Druck bestimmte Körper meist zylindrisch gehalten sind, erhalten die Böden runde Form und sind dann entweder nach Skizze *f*, besser nach *h* oder *i* einzuschweißen. An Stelle gekümpelter (mit Umbiegung versehener) Kalottendeckel *f*, ist, wenn auch bedeutend seltener, die Konstruktion *i* anzutreffen, wobei der Mantel ringsum eingezogen und ein entsprechend kleiner, gewölbter Deckel eingepaßt und stumpf eingeschweißt wird. Beim Einschweißen der Böden ist darauf zu achten, daß die Durchmesser der Böden mit denen der Mäntel genau übereinstimmen. Falsch ist natürlich eine gegenseitige Versetzung der Stoßkanten zueinander, sowohl nach innen als nach außen (Abb. 60*a*, *b* und *c*). Zuweilen wird auch die Ausführung

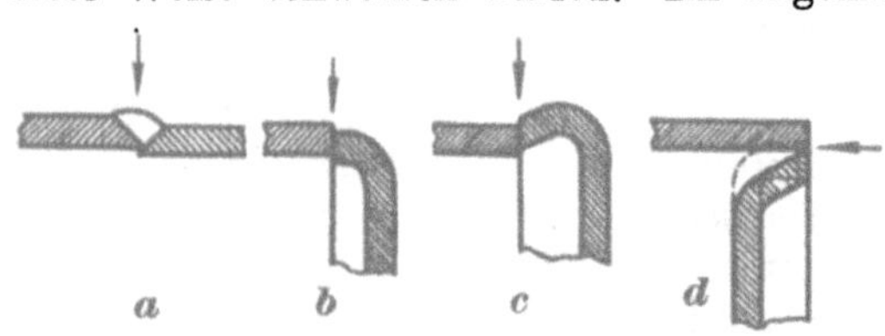

Abb. 60. Falsche Schweißungen bei Blechböden.

Abb. 59 *m* bevorzugt. In eine gesickte (gekröpfte) Zarge wird ein im Verhältnis zu dieser im Durchmesser etwas reichlicher gehaltener, gewölbter Deckel eingelegt, der Mantelrand über diesem umgelegt und verschweißt.

Neben dem Auf- und Einschweißen von Kalottendeckeln, wie wir es eben besprochen haben, ist, vielleicht weniger bei Deckeln als bei Böden, das Einziehen nach Abb. 59 *k*, *l* und *n* üblich. Der stärkergehalteneBoden wird in den Innendurchmesser des in der Wandstärke schwächerbemessenen Zylinders eingepaßt und darauf mit dessen Rande verschweißt (Abb. 59 *k*), was bei kleineren Blechabmessungen (bis 3 mm) ohne Schweißdrahtzusatz geschehen kann. Die Bördelhöhe x (Abb. 59 *l*) der Bodenbleche soll die dreifache Blechstärke nicht überschreiten. Kann dieses Maß aus irgendwelchen konstruktiven Ursachen nicht eingehalten werden, dann zieht man zur Erhöhung der Sicherheit einen Flach-, Halbrund-, T-, L- oder U-Eisenring um den Mantel (wie bei *l*) und verschweißt alle drei Bleche in einem Zuge hochkantig miteinander, wobei die Abschrägung der Blechkanten bei stärkerem Material nicht außer acht gelassen werden darf. Ferner sei ausdrücklich darauf hingewiesen, daß der Boden in den Zylindermantel gut hineinpassen muß; falsch ist ein zu kleiner Boden (Abb. 60 *d*), da er bei hohem Gefäßinnendruck leicht herausgedrückt wird. Ergibt sich die Notwendigkeit besonders großer Stichhöhe x_1, oder soll das Gefäß senkrecht stehen oder festgeschraubt werden, so schweißt man entweder drei Flacheisenfüße oder einen Winkelfußring (Abb. 59 *n* und *q*) an.

Zwischenwände. Schwierigkeiten bereitet das Einsetzen von Zwischenböden in zylindrische Behälter, und zwar besonders dann, wenn geringe lichte Durchmesser die Schweißung eines abgebördelten Bodens im Zylinderinnern verbieten. Man kommt hier fast immer am besten zuwege, indem man im Sinne der Abb. 59 *o* verfährt, die Wand also unterteilt und den Boden mit dieser an entsprechender Stelle und in bekannter Weise verschweißt. Eine umständlichere Ausführung, die zwei Rundnähte bedingt, zeigt Abb. 59 *p*. Sodann veranschaulicht Abb. 59 *r* den Einbau von Längstrennungswänden in zylindrische Gefäße. Hierbei ist mit Rücksicht auf eine Verwindung des Gefäßes die Anordnung von äußeren Spannringen unerläßlich.

Anschweißen von Walzeisenprofilen an Eisenbleche. Man merke sich hierzu: Bei der Schmelzschweißung kann nur stumpf und nicht überlappt geschweißt

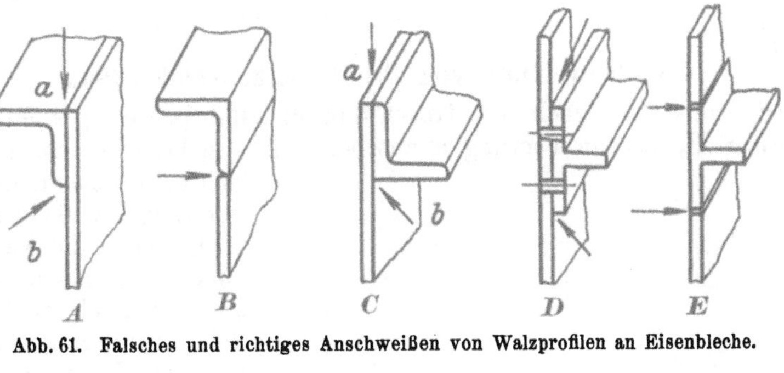

Abb. 61. Falsches und richtiges Anschweißen von Walzprofilen an Eisenbleche.

werden; es entstehen also wesentlich andere Konstruktionselemente, als sie beim elektrischen Flammbogenschweißen gangbar sind. So ist die Schweißarbeit nach Abb. 61 *A* bei *b*, 61 *C* bei *b* und 61 *D* falsch und darf in keinem Falle autogen so ausgeführt werden, da sie außer zweifelhafter Haltbarkeit außerordentlich starkes Verziehen des Gefäßes mit sich bringen würde. Richtig ist es allein, das Winkelprofil an einem Schenkelrande stumpf anzuschweißen (Abb. 61 *B* und *E*) oder, wie bei *a* in Abb. 61 *A* und in Abb. 61 *C* gezeigt, mit der Blechkante zu verbinden. Gewiß ist auch hier auf Spannungs- und Wärmedehnungserscheinungen gebührend Rücksicht zu nehmen.

Ein im ununterbrochenen Zuge aufgeschweißter Rahmen würde sich nach kurzer Zeit verwinden und vom Blechrand abheben. Um dies zu verhüten, setzt man, wie früher schon erwähnt, Heftpunkte, unabhängig von Form, Größe und Materialstärke des Behälters.

Im übrigen hüte man sich, auf den Gedanken zu kommen, ein Blech winklig auf die Fläche eines anderen Blechs schweißen zu wollen (Abb. 62 *A*). Desgleichen ist das Aufschweißen von Profileisen auf Blechflächen (Abb. 61 *D*) ausgeschlossen. Sind die dargestellten Verbindungsformen aus praktischen Gründen nicht angängig, so ist bei Abb. 61 *A*, *C* und *D* Nietung zu bevorzugen, während beim winkligen Zusammenfügen zweier Bleche entweder das eine abgekantet und auf das andere aufgenietet wird (Abb. 62 *B*), oder ein Winkeleisen als Verbindungszwischenträger anzunieten ist (Abb. 62 *C*). Aus dem vorigen folgt: Alle auf voller Blechfläche zur Versteifung angebrachten Profileisenkonstruktionen werden angenietet; von einer Schweißung ist im allgemeinen abzusehen.

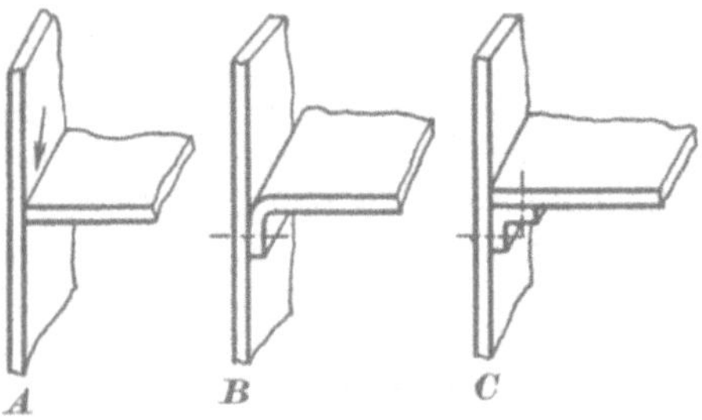

Abb. 62. Winklige Blechverbindungen.

Feinblechgefäße. Im Grunde genommen gehört zur Fabrikation von Blechgefäßen auch die Herstellung von Feinblechgefäßen roher, verzinnter, verzinkter oder emaillierter Ausführung, wie Eimer, Kannen, Töpfe, Tassen, Fässer, Radiatoren, Bottiche, Milchtransportkannen und Geschirr aller Art. Soweit auf diesem Gebiete die Gasschweißung nicht von der elektrischen Punkt- und Nahtschweißung (nach dem Widerstandsschweißverfahren) verdrängt worden ist, setzt hier fast überall maschinelle Schweißung ein. Die einzelnen Gefäßlängs- und Bodennähte werden auf besonderen Schweißmaschinen selbsttätig geschweißt, meist mit gebördelten Blechen. Die Bördelränder werden ohne Zusatzmaterial niedergeschmolzen. Gerade in der ausgedehnten Massenfabrikation der Emaillewarenindustrie hat der Schweißbrenner ein bedeutendes Arbeitsgebiet einzunehmen vermocht.

4. Schweißung von Profileisenkonstruktionen.

Weder die Gas- noch Elektroschweißung sind heute in allen Fällen als vollwertiger Ersatz der Nietung anzusehen. Aus sicherheitstechnischen Rücksichten ist beim größten Teil, vor allem der Schwerprofilkonstruktionen, die Nietung allein zulässig, und es wird aller Voraussicht nach auch noch viel Zeit darüber vergehen, bis hierin ein grundlegender Wandel zu erwarten ist.

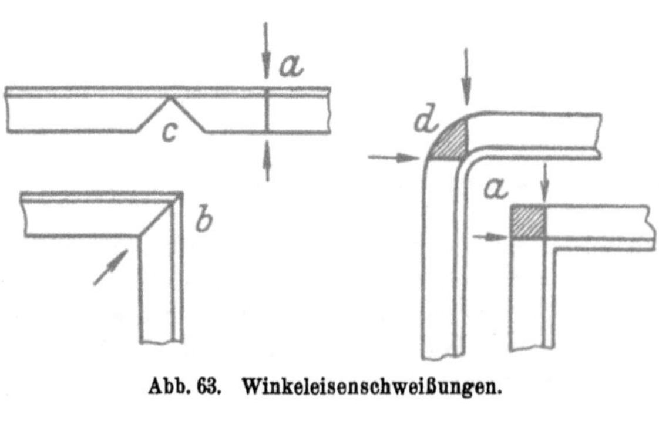

Abb. 63. Winkeleisenschweißungen.

Aus der Gruppe der Leichtprofilkonstruktionen mögen einige Anwendungsbeispiele der Schmelzschweißung Erwähnung finden. Die Walzprofile, ob L-, U-, T-, I-, Z oder sonstiges Eisen, werden stumpf zusammengestoßen (Abb. 63*a* und 64*a*) und stets unter Verwendung von Zusatzdraht geschweißt. Auf Gehrung (winklig) geformte Winkelrahmen schweißt man nach Art der Abb. 63*b*, indem man den senkrechten Schenkel stehenläßt und um einen gewünschten Winkel kalt oder warm — je nach Materialstärke — abbiegt, nachdem man vorher ein entsprechendes Stück aus dem wagerechten Schenkel (s. oben bei *c*) ausgeschnitten hat. Es braucht dann nur immer ein Schenkel geschweißt zu werden. Kommt das L-Profil nicht nach innen (Abb. 63*b*), sondern nach außen zu liegen (Abb. 63*d*), so ist nur

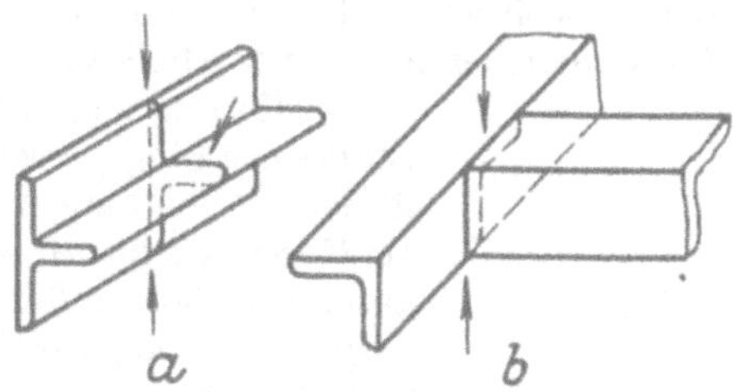

Abb. 64. Profileisenstoßverbindungen.

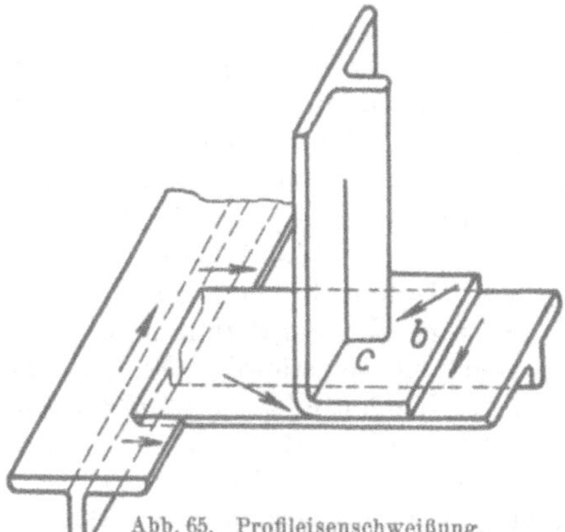

Abb. 65. Profileisenschweißung.

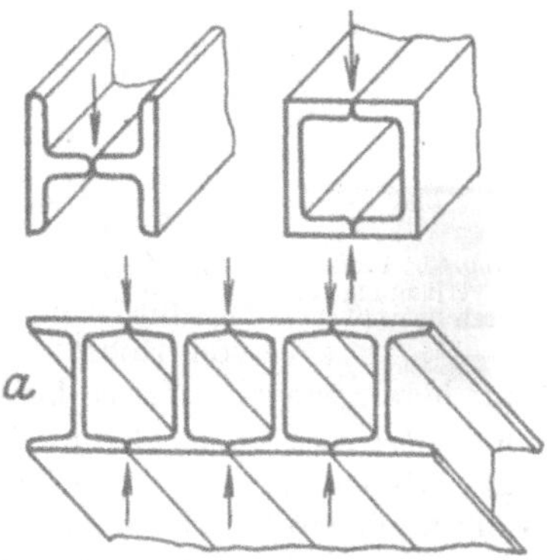

Abb. 66. Profileisenschweißungen.

ein rechtwinkliger Einschnitt im wagerechten Schenkel erforderlich, wodurch nach Abbiegen der Profilstange ein rechteckiges Stück Material fehlt. Dies wird durch ein gleich großes, eingeschweißtes Eisenblech ergänzt (schraffierte Fläche Abb. 63*d*). Auf ähnliche Weise biegt man T-, [- und I-Eisen; beim T-Eisen wird der Steg, beim [-Eisen werden die Schenkel und beim I-Eisen die entsprechenden Flanschenseiten auf Gehrung geschnitten, während der Steg stehenbleibt. Abb. 64*b* und 65 veranschaulichen einige Profilstoßverbindungen, die mitunter durch stellenweises Ausklinken und Aussparen verbessert werden. Bei *b* in Abb. 65 ist z. B. vom lotrecht aufsitzenden T-Eisen ein Stück Steg abgeschnitten und der dadurch frei liegende Teil des Flansches im rechten Winkel abgebogen worden. Dieser Flanschenwinkel dient sozusagen als Fußplatte, die ihrerseits ringsum auf dem Flansch des darunterliegenden Profileisens angeschweißt wird, nachdem auch der Steg bei *c* mit dem Flansch verschweißt wurde. An Abb. 66 ist gezeigt, wie man auf einfachste Weise durch Zusammenschweißen von Profileisen mannigfache Körper herzustellen vermag, deren Fabrikation (z. B. Abb. 66*a*) in Gußeisen kaum möglich ist.

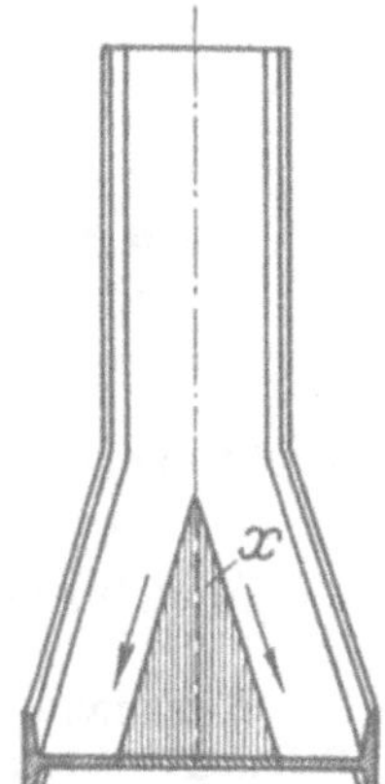

Abb. 67. Profileisen mit eingeschweißtem Blech.

Schließlich verbildlichen die Abb. 67 und 68 verschiedene Sonderfälle, bei denen man aus konstruktiven Ursachen genötigt ist, ein oder beide Enden normaler Profilträger zu erweitern, bzw. einzuziehen. In dem I-Träger Abb. 67 wurde das Ende des Stegs ein Stück der Länge nach aufgeschnitten (mit dem Schneidbrenner) und auseinandergebogen; das nun fehlende, in der Abbildung schraffiert gezeichnete Material ist durch ein keilförmig zugeschnittenes, eingeschweißtes Stück Blech (in Stärke des Stegs) ersetzt worden. Die Pfeile deuten, wie in allen übrigen Abbildungen, die Richtung der Brennerbewegung an. Im Gegensatz hierzu wurde aus dem [-Träger Abb. 68 ein Stück *a* ausgeschnitten, und der stehengebliebene Teil *b* wurde zur Profilverjüngung eingezogen. Die beiden Stoßstellen wurden darauf verschweißt. Solche und ähnliche Arbeiten lassen sich in größter Vielfältigkeit ausführen.

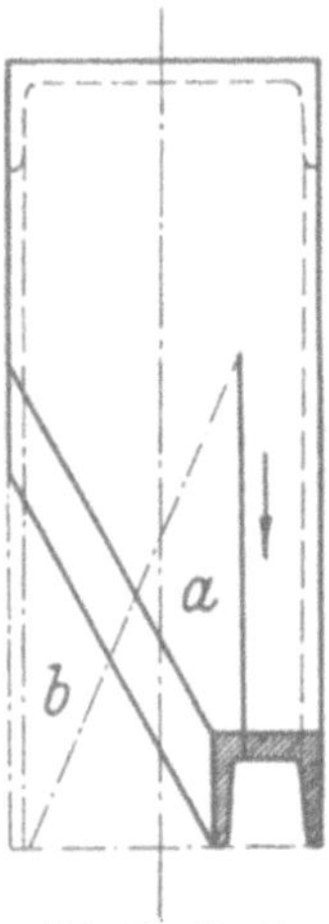

Abb. 68. Profilverjüngung durch Schweißen.

5. Schweißung von Rohren und Rohrkonstruktionen.

Die gesamte, Rohre verarbeitende Industrie bedient sich der längst erkannten, großen Vorzüge, die der Schweißtechnik für diesen Arbeitsbereich besonders eigentümlich sind. Vom kleinsten Rohr beliebigen Profils bis zum dickwandigsten Rohr größten Durchmessers, für die Fabrikation von Konstruktionsrohren des Fahrzeug-, Flugzeug- und Eisenmöbelbaues, für die Herstellung von Rohrformstücken für die gesamte Gas-, Wasser- und Heiztechnik, zur Anfertigung von Isolierrohr und zur Verlegung von Rohrleitungen aller Art wird die Schweißflamme vorteilhaft herangezogen. Ja, es hat sich hieraus sogar ein selbständiger Fabrikationszweig, die Autogenrohrindustrie, entwickelt. Blechstreifen in einer dem jeweiligen Rohrumfang entsprechenden Breite (Rohrstreifen, Rohrstrips) werden zu Röhren eingerollt oder über Dorne und durch Matrizen auf Ziehbänken zu Rohren gezogen und deren Längsfugen auf den Schweißstraßen besonders konstruierter Rohrschweißmaschinen[1]) selbsttätig geschweißt. Auf diese Weise werden Rohre bis zu 4″ Durchmesser und 4 mm Wandstärke hergestellt. Über diese Abmessungen hinausgehende Rohrlängsnähte (z. B. an Wind- und Saugrohrleitungen) werden von Hand geschweißt, so daß für die Schweißung von Rundnähten an so großkalibrigen Rohren im allgemeinen das für die Verbindung von Zylinderschüssen Gesagte zu gelten hat. Dickwandige, große Rohre werden auch auf Wassergasschweißstraßen (s. Abschnitt IB), kleinere Rohre bis 12″ lichte Weite auf Walzenstraßen überlappt geschweißt (sog. patentgeschweißte oder Siederohre). Einige der üblichsten Schweißungen von Rohren und Rohrkonstruktionen mögen hier an Hand von Skizzen als Beispiel für viele beschrieben sein[2]).

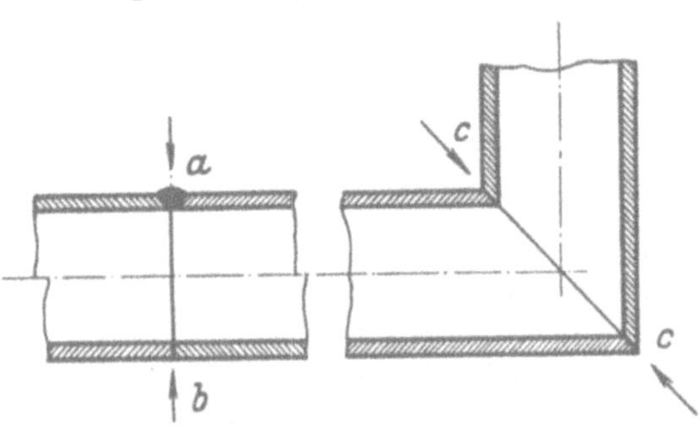

Abb. 69. Nahtschweißungen an Gasrohren.

Rundnähte und Rohrstutzen an Gasrohren. Nach der Art des verwendeten Schneidwerkzeugs richtet sich natürlich das Aussehen des Rohrstoßes. Durch Rohrschneider entstandene Schnitte (*a* Abb. 69) sind insofern für die Schweiß-

[1]) S. Horn: Maschinelles Schweißen in „Eisenwelt“, 1919, Heft 19.
[2]) S. Horn: Moderne Rohrverbindungen in „Die Röhrenindustrie“, 1913, Heft 10.

arbeit günstiger, als sie zugleich die erwünschte, ausgevaute Schweißmulde herstellen, während der Sägeschnitt Flächenstöße (*b* Abb. 69) hinterläßt. Für Gehrungsschnitte, Abb. 69*c*, kommt als Trennwerkzeug nur die Metallsäge in Frage, und es ist hierbei für den Schweißvorgang ziemlich belanglos, unter welchem Winkel die Rohrstücke zur Verbindung kommen. Das T- und +-Stück sind im Grunde genommen nur Erweiterungen des L-Stücks; die Schweißung dieser Rohrverbindungen kommt mit am häufigsten vor.

In Abb. 70 sind vier verschiedene Möglichkeiten des Einschweißens von Rohrstutzen veranschaulicht. Bei *a* haben lichte Weite des Stutzens und das ihn aufnehmende Loch im Rohr denselben Durchmesser. Bei *b* ist gezeigt, wie der Außendurchmesser des Stutzens in ein größer gehaltenes (unter Umständen mit dem Schweißbrenner ausgebranntes und nachgefeiltes) Loch hineinpaßt. Die Ausführungsform des Beispiels *b* ist im allgemeinen vorzuziehen. Es bedarf wohl keines besonderen Hinweises, daß das einzuschweißende Rohrende des Stutzens bogenförmig ausgearbeitet sein muß, damit es nicht im Innern des Grundrohres vorsteht und den Durchfluß der Flüssigkeit oder des Gases hindert. Aus demselben Grunde sind derartige Schweißarbeiten immer mit besonderer Sorgfalt durchzuführen, damit nicht größere Eisentropfen den Durchgangs- (lichten) Querschnitt des Rohres verringern, was Reibungsverluste und Wirbelbildung, daher auch eine Abnahme der Durchflußgeschwindigkeit des Wassers oder Gases ergeben müßte. Der Herstellung von Konstruktionsröhren für Fahrzeuge, Möbel und ähnliches braucht in dieser Hinsicht nicht so viel Aufmerksamkeit geschenkt zu werden, weil hier eine Änderung des nicht benutzten Rohrdurchgangs keine nachteilige Wirkung haben kann.

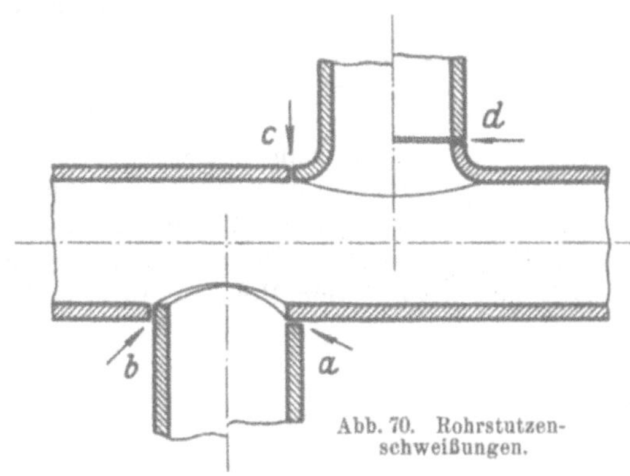

Abb. 70. Rohrstutzenschweißungen.

Im übrigen kann die Abzweigung an jeder beliebigen Stelle und unter jedem beliebigen Winkel angeschweißt werden. Wenngleich die in *a* und *b*, Abb. 70 gezeigten Rohrverbindungen im großen und ganzen ausreichend sind, ist dort, wo es auf möglichst reibungs- und stoßfreien Durchgang ankommt, eine zwar kostspieligere, aber in jeder Hinsicht bessere Verbindungsart *c* und *d*, Abb. 70, zu wählen. Diese hat außerdem den Vorzug, daß die Schweißnaht außerhalb der stark auf Biegung beanspruchten Stoßkante (*a* und *b*, Pfeilrichtung) zu liegen kommt. Bei Ausführungsart *c* ist das Anschlußloch im Hauptrohr größer gehalten als der Durchmesser des Abzweigstutzens, das Schweißende des letzteren herumgeholt (ausgeweitet) und die Umbiegung in das Rohrloch eingesetzt. Die Mehrarbeit liegt hier, wie beim Beispiel *d*, im sauberen Einpassen und der Formgabe des Rohrendes, bzw. Rohrlochs. Umgekehrt zeigt Skizze *d* ein im Verhältnis zum Stutzendurchmesser kleiner gehaltenes Anschlußloch, dessen Kante eingezogen und dem Durchmesser der Abzweigung angepaßt wird.

Rohrformstücke. Im engsten Zusammenhang mit der Herstellung von Abzweigungen aller Art stehen die sog. Rohrformstücke. Hier hat die Schmelzschweißung vollkommen neue Wege gezeigt und der Rohrindustrie in bezug auf Formgabe nahezu unbeschränkte Vielgestaltigkeit ermöglicht. Selbst die schwierigsten Rohrformstücke, die aus technischen oder fabrikatorischen Rücksichten mit gießereitechnischen Mitteln nicht erzeugbar sind, werden durch Zusammenschweißen zweckmäßig geformter Einzelteile (Normalstücke) völlig einwandfrei hergestellt. Als Beispiel einfachster Art mag Abb. 71 gelten, ein aus sieben Teilen zusammengeschweißtes, großkalibriges Kompensationsrohr mit Ansatzflanschen (Rohrbogenwerk-Hamburg). Zwei gerade Zwischenstücke *d* werden mit Normalbogenstücken (*a* und *b*) und zwei Flanschen *c* zusammengeschweißt. Daß ein auf diese Weise hergestelltes, großkalibriges Bogenrohr viel billiger sein muß als ein aus einer Rohrstange (aus einem Stück) gebogenes, dürfte wohl keinem Zweifel unterliegen. Im allgemeinen wächst dabei der Vorteil des Schweißens mit der Größe des Formstücks.

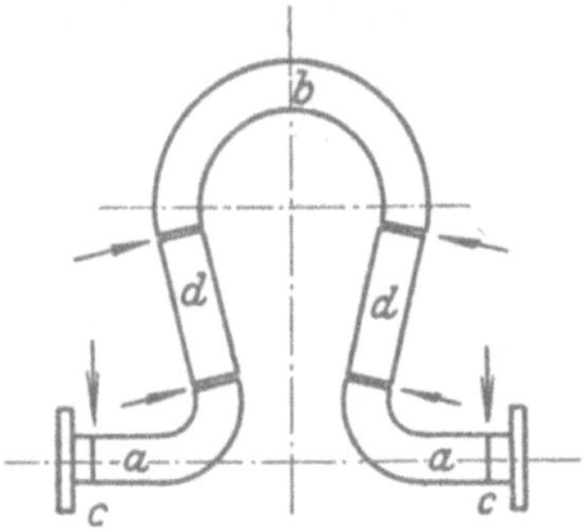

Abb. 71. Geschweißtes Kompensationsrohr.

Längere Rohrleitungen. Nach vorstehendem nimmt es nicht wunder, wenn überall in der Rohrindustrie die Schweißung mehr und mehr in Aufnahme kommt, vor allem im Heizungswesen. Wo nur eben tunlich und wo Anspruch auf lösbare Verbindungen nicht erhoben wird, tritt die Stumpfschweißung der Rohrstränge von oft recht ansehnlicher Länge (Fernheizleitungen) in den Vordergrund. Hier bildet die Schweißung, auch wegen ihrer dauernden Dichtheit, überlegenen Ersatz für aufgeschraubte Muffen, Winkel, Bogen und andere Fittings. Und noch ein anderer Umstand darf beim Rohrverlegen nicht außer acht gelassen werden: das Gewindeschneiden, das überall dort nicht zu umgehen ist, wo Fittings als Verbindungsmittel dienen. Das auf Kosten der Rohrwandfestigkeit eingeschnittene Gewinde bedingt bedeutend stärkere Rohrwandungen, als diese für die Beanspruchung des Rohres an sich erforderlich wären, demnach einen Mehraufwand an Material. Beim Schweißen fällt diese Schwächung der Rohrwand fort; im Gegenteil, man hat es in der Hand, die Wandstärke an der Verbindungsstelle gewünschtenfalls beliebig zu verdicken.

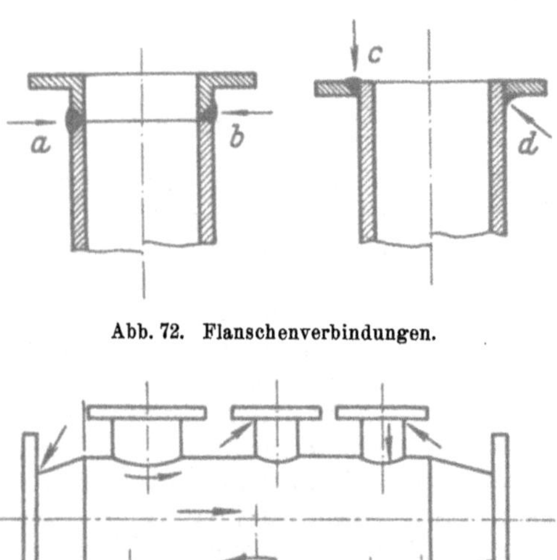

Abb. 72. Flanschenverbindungen.

Flanschenverbindungen. Um lösbare Verbindungen zu erhalten, verwendet man Flanschen, die früher mit Gewinde aufgeschraubt oder als Losflanschen auf gebördelten Rohrenden angeordnet wurden. Mit der zeitgemäßen Schweißverbindung erreicht man dies einfacher, indem man entweder Ansatzflanschen (Abb. 72*a* und *b*) oder Scheibenflanschen (Abb. 72*c* oder *d*) an das Rohrende anschweißt. Einen Dampfverteiler mit zehn angeschweißten Anschlußflanschen zeigt Abb. 73. Auch die Verteilerstutzen sind an den Rohrkörper stumpf angeschweißt.

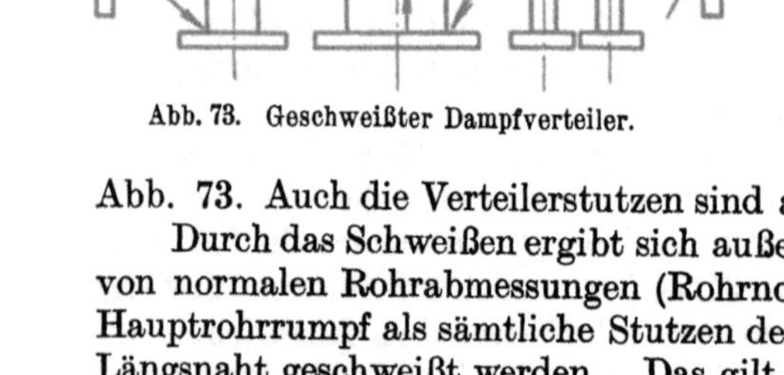
Abb. 73. Geschweißter Dampfverteiler.

Durch das Schweißen ergibt sich außerdem der Vorteil der Unabhängigkeit von normalen Rohrabmessungen (Rohrnormalien). So könnten z. B. sowohl der Hauptrohrrumpf als sämtliche Stutzen des Verteilers Abb. 73 eingerollt und in der Längsnaht geschweißt werden. Das gilt im besonderen auch für sog. Hochdruckrohre, die in den verschiedensten Abmessungen für Heiz-, Kühl-, Gegenstrom- und Kondensationsschlangen Verwendung finden. Umfangreiche Heizrohrregister, Überhitzer, ganze Rohrbatterien und sonstige Rohranlagen werden, wo eben angängig, geschweißt.

Dünnwandige Rohre und Formstücke. Unsere bisherigen Betrachtungen bezogen sich vorwiegend auf die Verarbeitung mittelstarken Rohrmaterials unter sinngemäßer Anwendung auf dickwandige und große Rohre. Bei den nun noch zu besprechenden, dünnwandigen Rohren und Rohrformstücken handelt es sich in der Hauptsache um Staubsaug- und Windrohrleitungen, um Ventilations- und Rauchabzugrohre, um Elevatorenanlagen und anderes aus Blechmaterial von 1 ÷ 2 mm Stärke. Die Querschnittsform der Rohre ist dabei nebensächlich, doch ist das runde Rohr für die Schweißarbeit das günstigste. Bei Blechen unter 1 mm Stärke ist Form und Größe des Rohrkörpers allerdings für die Art des Verbindungsverfahrens maßgebend, und man wird in Anbetracht des beim autogenen Schweißen zu erwartenden Verziehens der Rohre mitunter auf dieses Arbeitsverfahren zugunsten des elektrischen Punkt- oder Nahtschweißens, oder des Nietens oder Falzens verzichten müssen. Eine allgemeine Entscheidung läßt sich hierüber nicht fällen, das ist Sache der praktischen Erfahrung, vor allem auch vom Aussehen des Schweißstücks abhängig.

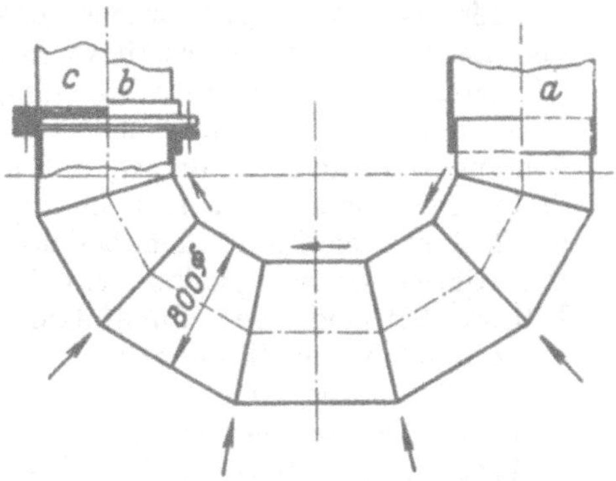

Abb. 74. Geschweißter großer Rohrbogen.

Abb. 74 stellt einen aus 1,5 mm Eisenblech hergestellten Rohrbogen von 800 mm Durchmesser dar. Die Anzahl der Segmente, aus welcher der Bogen zusammengesetzt ist, richtet sich neben der Mittenentfernung nach dem angestrebten Grad der Rundung; in Abb. 74 sind sieben Segmente vorgesehen, deren Rundnähte unter sich durch Stumpfschweißung verbunden sind. Die Längsnähte der einzelnen Bogenstücke verlegt man auf die kürzeste Linie, also an die Innenseite des Bogens.

An Stelle des Flansches tritt zur Abstimmung der Baulänge bei Montage bei einfachster Ausführung die Steck- oder Schiebenaht (wie bei Ofenrohren) Abb. 74 bei *a*. Ist auf Dichtheit größerer Wert zu legen, dann muß auch für ausreichende Rohrstoßverbindung Sorge getragen werden. Man bördelt in solchem Falle meist die beiden Rohrenden in einer von deren Durchmesser abhängigen Breite rechtwinklig ab, legt zwischen die entstandene Borde einen Flacheisenverstärkungsring und verschraubt diesen mit den Borden (Abb. 74 bei *c*). Bei schwereren Rohrkonstruktionen zieht man um die Rohrenden Winkelrahmen, schweißt oder nietet diese an und verschraubt die so entstandenen Flanschen (Abb. 74 bei *b*).

6. Reparaturschweißungen.

In Betrieben, in denen die Schweißung lediglich als Arbeitsverfahren für Neufabrikation herangezogen wird, wird dem großenteils nur auf eine bestimmte Arbeit, wenn nicht gar auf einen bestimmten Massenartikel eingestellten Schweißer die Ausübung des Schweißens verhältnismäßig leicht gemacht. Demgegenüber stellt die Arbeit der vielseitigen Reparaturschweißungen, noch dazu an den verschiedensten Metallen, ungleich größere Anforderungen an Geschick und Erfahrung eines schon geübten Schweißers. Der Wert einer Reparaturschweißung wird in erster Linie durch billige, saubere, rasche und vor allem zweckentsprechende Arbeit gesteigert. Der Schweißer muß sich vor Inangriffnahme der Arbeit klar darüber sein, welches die Ursache des entstandenen Risses oder Bruches ist, wie er die Schweißung am besten auszuführen und ihren Erfolg durch Verhütung von Spannungs- und Verbiegungserscheinungen sicherzustellen hat. Er hat in allen Fällen daran zu denken, daß die aus Gründen zu schwach bemessenen Baustoffs hervorgerufenen Brüche und Risse zwar geschweißt werden können, nicht aber eine Haltbarkeit der Schweiße verbürgen, da das eingeschmolzene Material im allgemeinen nicht die Widerstandsfähigkeit des Grundmaterials erreicht. Anders ist es allerdings, wenn die Bruchstelle durch Aufschweißen größerer Materialmengen genügend Verstärkung erhält. Geradezu unübersehbar groß ist die Mannigfaltigkeit der Anwendung des Schweißens auf dem Gesamtgebiete der Reparaturverfahren, weshalb hier nur die grundlegendsten, praktisch wichtigsten Winke und Anleitungen gegeben werden können.

Einfache Risse. Alle bisher genannten Regeln über Vorbereitungsarbeiten und Behandlung des Werkstücks haben selbstverständlich auch bei Reparaturschweißungen sachgemäße Anwendung zu finden. Risse und Anrisse an schmiedeeisernen Werkstücken untersucht man vor dem Schweißen vorteilhaft auf ihren Umfang und ihre Tiefe, derart, daß man den Riß auskreuzt, aushobelt oder ausdreht, meistens aber ausfräst, und zwar so lange, als sich der Riß noch deutlich durch doppelten Span erkennbar macht. Bereitet die Feststellung von Rißende und Rißtiefe Schwierigkeiten, so hilft man sich zweckmäßig damit, daß man den Riß mit Petroleum oder dünnflüssigem Öl gut einpinselt und die angefeuchtete Stelle mit feinstem Schmirgelstaub bestreut. Dieses Gemisch dringt in den Riß ein und läßt dessen Grenzen deutlich erkennen. Vorzüglich eignet sich dieses Hilfsmittel bei Feststellung von Anrissen an Gesenkschmiede- und Preßstücken, z. B. an Lasthaken, Wagen- und Autoachsen, Waggonpuffern, an Pleuel-, Kuppel- und Kurbelstangen usw., alles Gegenstände, deren Neuanfertigung ganz erhebliche Kosten bedingt. Die ausgearbeiteten, muldenförmigen, als Schweißfuge dienenden Stellen werden nach der Vorbereitung unter zeitweise sorgfältigem Hämmern (in Rotglut) sauber mit Zusatzmaterial ausgefüllt. Hierbei ist nicht zu vergessen, daß neuaufgefülltes Zusatzmaterial nur auf gut vorgewärmtes, bereits im Flusse befindliches Eisen aufgebracht werden soll. Die Haltbarkeit und Gleichmäßigkeit (Homogenität) der Schweiße wird hiervon unmittelbar und einschneidend beeinflußt. Das Aufschweißen von Material auf infolge starker Abnutzung geschwächte, ausgelaufene Eisenteile ist einfach und möge hier nur im Zusammenhang erwähnt sein. Wirken beim Auftreten von Brüchen starke Zersplitterungen oder nennenswerte Formabweichungen störend auf die Schweißarbeit, so kann man solche Partien aus dem Werkstück ganz herausarbeiten, gegen neue, in diese Form gebrachte Ersatzstücke austauschen und letztere einschweißen.

Senkrechte Schweißflächen und Überkopfschweißung. Bislang war die Durchführung der Schweißarbeit in der allgemein üblichen, wagerechten Flächenlage stillschweigend vorausgesetzt. Nicht immer werden die Arbeiten des Schweißers durch eine so handgerechte Lage des Schweißstücks begünstigt. Häufig kommen Fälle vor, wo der Schweißer infolge schlechter Zugänglichkeit der Schweißstelle, oder weil das Schweißstück nicht in wagerechte Lage gebracht werden kann, genötigt ist, eine an sich vielleicht schon hohen Anspruch an Geschicklichkeit stellende Arbeit noch dazu bei beliebiger Lage der Schweißstelle auszuführen. So muß die Forderung, schräge oder stehende Nähte zu schweißen, zu den Meisterarbeiten des Schweißers gezählt werden. Über die Schweißung an senkrechten Flächen hinaus bildet schließlich die Schweißung über Kopf den denkbar schwierigsten Arbeitsbereich. Das „Überkopfschweißen" kommt oft bei Kessel- und Behälterreparaturen, beim Verlegen von Rohrleitungen u. dgl. vor, wobei der Schweißer mitunter gezwungen ist, aus Platzmangel auf dem Rücken liegend, unmittelbar über dem Gesicht zu schweißen. Eine sachgemäße Arbeitsausführung ist hier mehr als sonst der Fertigkeit und sicheren Brennerführung des Schweißers zu verdanken. Es bedarf gewissermaßen eines Kunstgriffs, um das Abtropfen des im Flusse von unten nach oben aufzutragenden Eisens zu verhindern. Ist der Schweißer hierin sicher, so besitzt er die Fähigkeit, schwere und schwerste Reparaturen an jedweder Stelle von Dampfkesseln durchzuführen. Diese Fähigkeit ist mehr noch als das übrige Schweißen lediglich durch praktisches, unverdrossenes Üben zu erlernen.

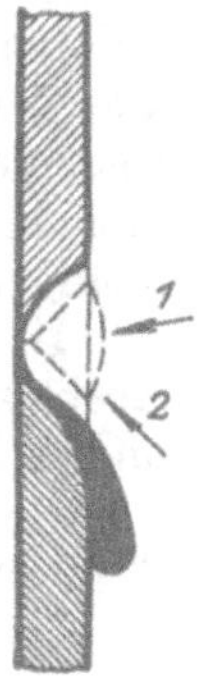

Abb. 75. Schweißung einer stehenden Naht.

Soll z. B. ein wagerechter Riß an einer stehenden Wand geschweißt werden, wie dies Abb. 75 darstellt, so würde durch unrichtige Haltung der Flamme, d. h. falschen Schweißwinkel (1 und ähnlich), zumindest für den Anfänger keine Materialbindung, also Ausfüllung der Schweißfuge erreichbar sein, sondern bestenfalls Abfließen des geschmolzenen Zusatzmaterials, meist jedoch auch des Grundmaterials. Durch Bewegung der Flamme und deren Ausströmungskraft wird das flüssige Eisen gewissermaßen angepreßt (Flammenhaltung 2) und vor dem Abfließen geschützt. Ähnliche Erscheinungen führt uns Abb. 76 oben, eine Überkopfschweißung, vor Augen; ringsum Abtropfen und Abfließen geschmolzenen Eisens. Durch zweckentsprechende Flammenhaltung wird aber einem in solchen Arbeiten bewanderten Schweißer, auch bei mehrstündiger Überkopfschweißung, ungewollt nicht ein Tropfen flüssiges Eisen verlorengehen. Einer Verdichtung und Veredlung des Metalls ist bei Schweißungen dieser Art besonderer Wert beizumessen. Das geschieht durch gutes Verhämmern des in nicht allzu dicken Schichten (*a* Abb. 76) aufgetragenen Schweißmaterials, wodurch ferner das Verschmieden etwa ungebundener Stellen verbürgt wird. Jede aufgetragene Schweißschicht wird also in Rotwärme sorgfältig verhämmert. Am geeignetsten hierfür sind Kugel- oder Ballhämmer.

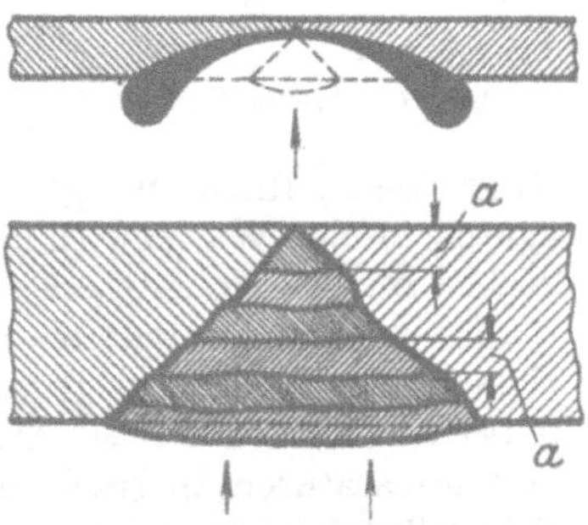

Abb. 76. Überkopfschweißung.

Hin und wieder wird auch mit an Stangen befestigten Spiegeln geschweißt. Die Spiegelschweißung kommt dort in Anwendung, wo die Schweißstelle zwar mit dem Brenner erreichbar, infolge Unzugänglichkeit für den Kopf des Schweißers jedoch von diesem nicht zu sehen ist. Am häufigsten dürfte diese schwierige Schweißung beim Verlegen von Rohrleitungen (Steigeleitungen) in Wandnischen und Kanälen vorkommen.

Dampfkesselschweißungen. Die überaus vielfältigen Reparaturschweißungen an Kesseln an dieser Stelle eingehend zu behandeln, verbietet sich von selbst, weil dies den Stoff zu einem recht umfangreichen Sonderbuche geben würde. Nur außerordentlich fortgeschrittene und tüchtige Schweißer (Spezialkesselschweißer) können zu solch verantwortungsvollen Arbeiten herangezogen werden. Als Schweißarbeiten an Dampfkesseln[1]) sind anzuführen: Risse und Brüche an Nietlöchern

[1]) S. Horn: Interessante Dampfkesselreparaturen in „Die Eisenwelt", 1920, Heft 33 und Horn: Dampfkesselreparaturen unter Zuhilfenahme der Schmelzschweißung in „Die Schmelzschweißung", 1922, Heft 7.

und im gesamten Blechmaterial der Flammrohre, Böden und der Außenhaut (Mäntel), Stegrisse in Rohrwänden, Korrosionen (Ausfressungen, innere und äußere) an allen Kesselteilen, abgezehrte Stemmkanten und Niete, Ausbeulungen der Flammrohre usw. Von der Schweißung altersschwachen Materials ist im allgemeinen abzusehen. Das im folgenden Gesagte bezieht sich nicht allein auf stationäre Landkessel aller Bauarten, ob stehend oder liegend, sondern auch auf Schiffs-, Lokomobil- und Lokomotivkessel, die abgesehen von der Raumfrage, alle ziemlich gut schweißbar sind. Fachmännische Umsicht, vereint mit gewissenhafter Sorgfalt, hat über Art und Ausführung der Schweißung zu entscheiden. Man bedenke die nicht zu unterschätzende Beanspruchung eines nebenbei noch häufigen Temperaturschwankungen unterworfenen Kesselblechmaterials.

Zu den verhältnismäßig leichten Schweißarbeiten an Dampfkesseln zählt die Ausbesserung von Korrosionen, das sind muldenförmige, bisweilen sehr große und tiefe An- und Ausfressungen, ähnlich umfangreichen Rostnarben, die sich entweder auf der Wasserseite des Kesselblechs befinden und von chemischen Bestandteilen verunreinigten Wassers herrühren, oder, wenn auch weniger, an der Feuerseite der Flammrohre anzutreffen sind, wo sie ihren Ursprung dem großen Gehalt der abziehenden Rauchgase an Schwefel verdanken. Die Anfressungen sind vor dem Schweißen gründlich von Rost, Kesselstein und Farbe zu reinigen und auch während und nach erfolgter Schweißung behutsam zu hämmern.

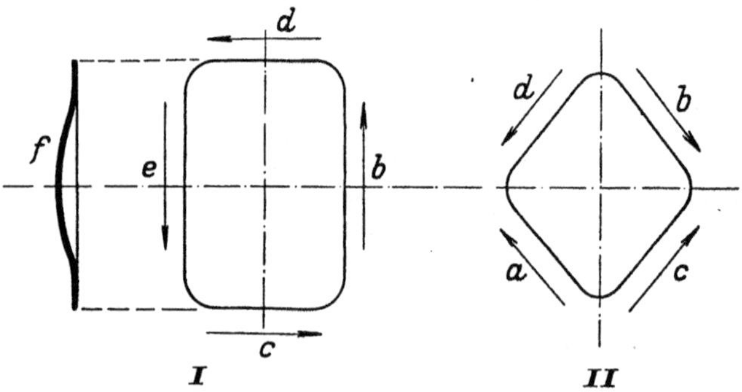

Abb. 77. Einschweißen von Flicken bei Dampfkesseln.

Beim Schweißen von in der Nähe von Nieten und Nietnähten gelegenen Korrosionen, Rissen u. dgl. ist das Leckwerden der Nietstellen und Stemmkanten infolge Wärmewirkung zu berücksichtigen, weshalb in derartigen Fällen vorher oft Nieten entfernt und nach Fertigstellung der Arbeit neu eingezogen werden müssen. Gerade die große Wärmeableitung ist ein Umstand, welcher die Gasschmelzschweißung gegenüber der elektrischen Lichtbogenschweißung teilweise unterliegen läßt. Darum verdient die elektrische Schweißung bei Dampfkesselreparaturen, in beschränktem Umfange mit Recht, den Vorzug, weil sie die Schweißwärme vielmehr örtlich beschränkt.

Wo sicherheitstechnische Bedenken nicht bestehen und andere Reparaturverfahren wenig Erfolg versprechen oder gar nicht anwendbar sind, können Nietköpfe und Nietschäfte, ja ganze Stemmkanten verschweißt werden. Risse werden in bekannter Weise ausgevaut und, wenn sie in ebenem oder nur wenig gebogenem Blech gelegen sind, so geschweißt, daß man zur Verhütung von Spannungsrissen einen Keil in die Rißmitte eintreibt und nach diesem hin von beiden Rißenden aus schweißt; zuletzt verschweißt man das vom Keil hinterlassene Loch. Man merke sich dieses Verfahren auch für die Schweißung von Rissen an anderen starkwandigen Blechgefäßen.

Beachtung verdient des weiteren das Einschweißen von Flicken in Kessel- und Blechgefäßwände. Solche Stücke werden einerseits eingesetzt (nicht etwa aufgesetzt) an Stellen, wo sich eine direkte Verschweißung großflächiger und tiefer Korrosionen nicht mehr verlohnt, andererseits dort, wo Risse oder Anbrüche, durch Einwirkung von Gasen oder Kesselstein entstanden, schlechtes Material kennzeichnen. Den Flicken ist, wenn runde oder elliptische Flächenform nicht durchführbar ist, am besten das Aussehen der Abb. 77*II* zu geben, bei rechteckiger Form sind zum mindesten aber die Ecken abzurunden (Abb. 77*I*). Zur Vermeidung von Spannungsrissen pombiert (wölbt) man zweckmäßig den Flicken, wie *f* Abb. 77*I* zeigt, nach einer Seite etwas durch und setzt ihn scharf

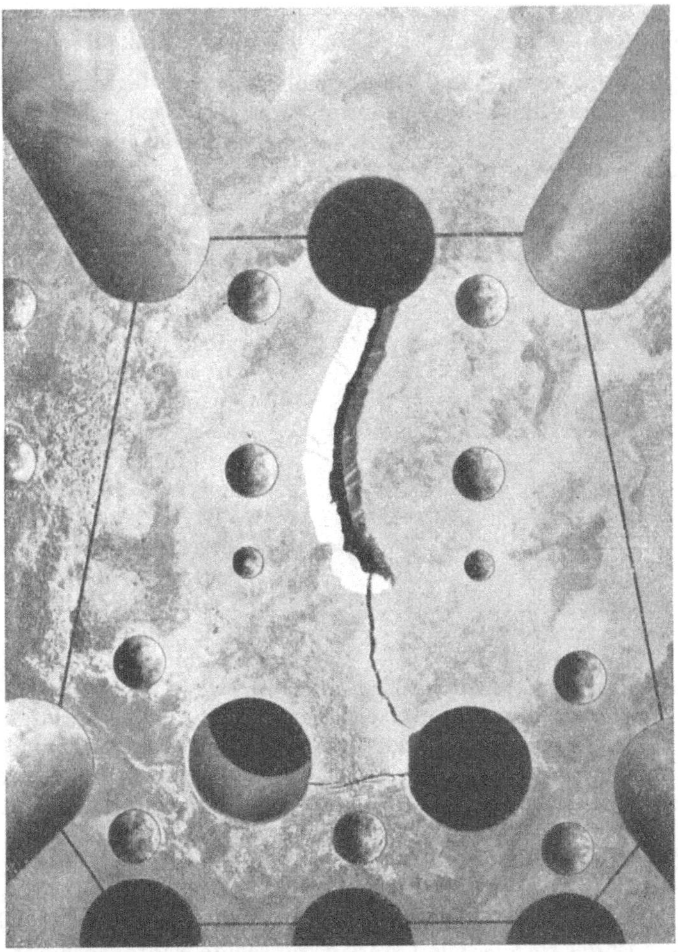

Abb. 78. Risse und Flickenschweißung in der Wasserkammerwand eines Dampfkessels.

passend in die Öffnung ein. Die Ausbauchung geht beim Abkühlen des eingeschweißten Blechstücks durch Schrumpfung verloren und sorgt für die angestrebte Stauchung der Schweißnaht. Die Schweißung als solche geht in der in Abb. 77*I* bezeichneten Reihenfolge vor sich. Bei *b* wird begonnen, dann kommt Strecke *c*, dann *d*, bei *e* wird aufgehört. Im ununterbrochenen Zuge geschweißte Flickennähte ergeben fast immer Spannungsrisse. In Abb. 77*II* schweißt man zweckmäßig in der Reihenfolge *a*, *b*, *c*, *d*. Abb. 78 zeigt sodann noch eine größere Reparaturarbeit an der Wasserkammerwand eines Dampfkessels. Es waren lange Risse zwischen den Wasserrohrlöchern zu schweißen; beim Ausmeißeln merkte man, wie es auch das Bild deutlich erkennen läßt, daß die Risse sich erweiterten. Durch Prüfung des umliegenden Materials — es handelte sich um die feuerberührte Seite der Wasserkammer — stellte man fest, daß eine größere Materialfläche schlecht (verbrannt) war. Darauf wurde, wie es Abb. 78 in den ausgezogenen Umrandungen des Ausschnitts zeigt, ein größeres Stück ausgeschnitten und ein entsprechendes Einsatzstück eingeschweißt.

7. Aussehen, Bearbeitung und äußerliche Prüfung der Schweißnaht.

Aussehen der Schweißnaht. Das schöne, gleichmäßige und deshalb saubere Aussehen der Schweißnaht oder Schweißstelle ist an sich sehr begrüßenswert, da es den Gesamteindruck des Schweißstücks vom Schönheitsstandpunkte aus vervollkommnet. Leider wird diesem Umstand, der für die Güte der Schweiße nur von nebensächlicher Bedeutung ist, sogar auch in Fachkreisen weit mehr Gewicht als notwendig beigelegt. In erster Linie kommt es natürlich auf eine gute, durchweg gebundene und haltbare Schweiße an; alles andere, auch das schöne Aussehen, ist mehr oder weniger nebensächlich. Wiewohl sich z. B. bei dünnen Blechnähten eine gute und saubere Schweißnaht ziehen läßt, ohne daß dem schönen Aussehen einer gleichmäßigen Schuppenkette Abtrag geschieht, hat dieses Bestreben bei starkem Material nicht selten Oberflächenüberhitzung im Gefolge; diese ist darauf zurückzuführen, daß dem Egalisieren und Verschönen der Oberfläche zu viel Zeit geopfert und das Material daher zu lange in hocherhitztem Zustande gehalten wurde. Natürlich soll der Schweißer sich (schon während seiner Lehrzeit) befleißigen, sowohl einwandfreie wie auch schöne Schweißstellen zu liefern, schon allein auch deshalb, weil Nachbearbeitungen des Schweißstücks möglichst zu vermeiden sind.

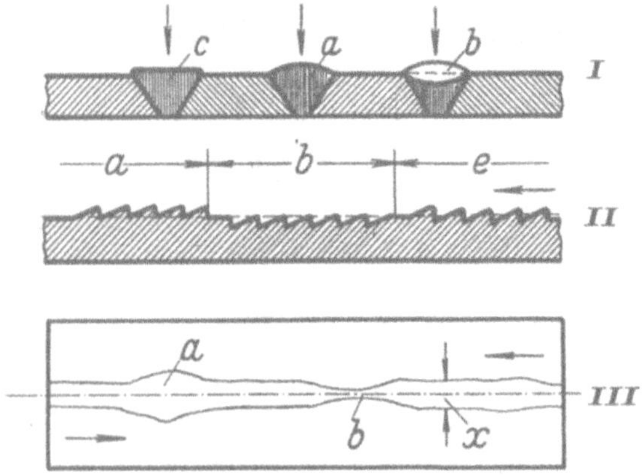

Abb. 79. Aussehen der Schweißnaht.

Im Querschnitt besehen, soll die Schweißnaht bei Nähten an dünneren Blechen bis etwa 3 mm Stärke, dem Profil *a* der Abb. 79*I* nahekommen (Kreissektor, d. h. Kreisausschnitt); wir haben dann eine normale, verstärkte Schweißnaht. Falsch ist der bei *b* gezeigte, stark geschwächte Nahtquerschnitt. Hier wurde zu wenig Zutropfmaterial eingeschmolzen; nicht einmal die alte Blechstärke ist wieder hergestellt worden. Der Querschnitt durch die Schweißnaht eines stärkeren Bleches ist dem bei *c* in Abb. 79*I* dargestellten Profil ähnlich. Der Vorschub der Flamme erfolgt unter größerer seitlicher Flächenbestreichung; die Naht selbst wird demgemäß gleichfalls breiter und flacher. An und für sich hat man es in der Hand, die Nahtdicke beliebig stark zu machen.

Denkt man sich die Schweißnaht der Länge nach durchschnitten, so erhält man, wie die Schuppenkette erwarten läßt, keine gerade, vielmehr eine sägenförmige Oberflächenlinie (Abb. 79*II*). Den Vorzug verdient sicherlich die Nahtstrecke *a*, die in den Zahnhöhen verstärkte Naht. Weniger befriedigend ist die Nahtstrecke *e*, schlecht die Strecke *b*, die geschwächte Naht mit ungenügend zugesetztem Schweißdraht.

Aus dem Vorausgegangenen läßt sich unschwer folgern, daß ganz allgemein bei allen Schweißstücken lieber etwas mehr Material aufgetragen und die Schweißstellen verstärkt werden sollte als umgekehrt.

Bearbeitung der Schweißnaht. Man hat sich an das Bild der Schweißnaht gewöhnt wie an jenes der Nietnaht und wird in den meisten Fällen auf die Bearbeitung sauberer Schweißnähte verzichten. Späteren Oberflächenveredlungsverfahren (wie Lackieren, Verzinken, Emaillieren) unterworfene Gegenstände müssen indessen glatt sein; die Naht wird dann abgeschliffen (abgeschmirgelt, z. B. mit der elektrischen Handschmirgelmaschine), abgefeilt, bzw. gefräst, gehobelt oder abgedreht. Häufig genügt schon ein Strecken der sauber geschweißten Naht durch Hämmern oder Walzen im kalten Zustand, womit außerdem auch eine Veredlung des Materialgefüges erreicht wird. Verzogene, unrund oder wellig gewordene Nähte werden durch Hämmern ausgerichtet. Durch Materialauftrag entstandene Verstärkungen an reparaturgeschweißten Werkstücken läßt man, sofern sie im Betriebe nicht hinderlich sind, vorteilhaft bestehen.

Technisch wichtiger sind jene Bearbeitungsverfahren, die eine Güteverbesserung des Materialgefüges der Schweißstelle zum Ziele haben. Darunter sind alle mechanischen und wärmetechnischen Nachbehandlungen zu verstehen, wie Hämmern (Verdichten), Glühen und Abschrecken. Durch Hämmern in Rotglut wird, außer einer Verdichtung des in der Schweißstelle zunächst Gußstruktur besitzenden Gefüges, eine Austreibung der vom flüssigen Material gelösten Gase (z. B. Kohlenoxyd, Sauerstoff, Wasserstoff) erreicht, und die durch die Gase hervorgerufenen Blasen- und Lunkerräume verschwinden. Das Verdichten der Schweiße durch Hämmern ist bei allen gezogenen und gewalzten Metallen, vornehmlich beim schmiedbaren Eisen und allenthalben, wo technische Hindernisse nicht im Wege stehen, sehr zu empfehlen.

Gleichmäßiges Ausglühen ist außer bei Eisen auch bei anderen Metallen angebracht, wird jedoch vielfach durch umfangreiche Form des geschweißten Gegenstandes erschwert, wenn nicht gar unmöglich gemacht. Ein- bis zweistündiges Ausglühen bei etwa 800° hat eine Abnahme der Eisenhärte und Verbesserung etwa überhitzten Eisens zur Folge. Zudem bewirkt die Wärmebehandlung des Materials eine Umlagerung seiner Gefügebestandteile, die sich in einer Verkleinerung der Eisenkristallkörner äußert; dies trägt wieder wesentlich zur Erhöhung der Festigkeit bei. Schließlich tritt dadurch ein Ausgleich der beim Schweißen durch ungleiche Wärmeaufnahme verursachten Spannungen ein (s. z. B. auch Schweißen des Gußeisens).

Das Abschrecken nach dem Schweißen kommt weniger für Eisen (Härtevorgang) als für verschiedene andere, später zu besprechende Metalle (Kupfer, Messing, Aluminium) zur Weicherhaltung in Betracht.

Äußerliche Prüfung der Schweißnaht. Wenn wir auch in den im Abschnitt V näher berührten Prüfverfahren der Zerreiß-, Biege- und Schlagprobe, der metallographischen Untersuchung eines Schliffstücks usw. wichtige Hilfsmittel zur Feststellung der Güte von Schweißnähten besitzen, so haben diese Verfahren doch leider keine direkte Bedeutung für das fertige Schweißstück, da sie ja eine Zerstörung des zu prüfenden Materials bedingen. Überdies erfordern sie umfangreiche und kostspielige technische Einrichtungen. Erwünscht wäre daher eine möglichst einfache und dabei doch genügend zuverlässige Prüfung nach dem äußeren Aussehen. Vorläufig kennt man nur einen Anhaltspunkt, und zwar die Beobachtung der beiderseits einer Schweißnaht sichtbaren Anlauffarben, die verschieden starken

Oxydationsstufen (Oxydationsfarben, ähnlich wie beim Anlassen des Stahls) ihre Anwesenheit verdanken. Beispielsweise wird ein Eisenblech von bestimmter Dicke und Nahtbreite ein paralleles Farbenband der Breite *x* Abb. 79*III* tragen. Eine Verbreiterung dieses Anlauffarbenstreifens (bei *a*) läßt auf längeres Verharren der Flamme an dieser Stelle schließen, während eine Einschnürung (bei *b*) nicht genügende Durchschmelzung vermuten läßt. Diese Kontrolle wird natürlich dann wesentlich unterstützt, wenn man in die Lage versetzt ist, die Naht auch auf der Rückseite zu betrachten.

D. Die Schweißung der übrigen Eisensorten.

1. Schweißung von Sonderstahl, Stahlformguß, Temperguß.

Während die weicheren Stahlsorten — d. h. die Sorten mit geringerem Kohlenstoffgehalt (etwa 0,3÷0,7 % Kohlenstoff) — gut, fast ebenso gut wie Schmiedeeisen schweißbar sind, sinkt die Schweißbarkeit mit weiter wachsendem Kohlenstoffgehalt beträchtlich. Stahl mit mehr als 1 % Kohlenstoff ist sehr schwer schweißbar. Im übrigen ist das Notwendige über Eigenschaften und Schweißbarkeit normaler Stahlsorten bereits im Abschnitt C 1 gesagt.

Sonderstähle. Wir verstehen unter diesen Stählen bekanntlich Stahlsorten von hervorragender Güte, deren Eigenschaften durch Zusätze von Mangan, Chrom, Nickel, Wolfram, Titan, Vanadium, Molybdän und Kobalt noch verbessert worden sind. Sie werden auch als „legierte Stähle" bezeichnet. Einige von ihnen, vor allem die mit Chrom und Wolfram legierten Stähle, sind unter dem Namen „Schnelldrehstähle" (Schnellstähle, Schnellschneidstähle) als hochwertige Werkzeugstähle besonders bekannt.

Alle dem normalen Stahl zugesetzten (legierten) Stoffe erschweren die Schweißbarkeit, bzw. schließen sie in vielen Fällen gänzlich aus. Im allgemeinen ist also vom Schweißen der Sonderstähle abzuraten. Die Schweißstellen werden meist, trotz aller Vorsicht, schwammig und überhitzt. Wenn man legierte Stähle schweißt, so soll man als Zusatzmaterial Draht gleicher Zusammensetzung nehmen. Besser noch gibt man dem Zusatzdraht größere Mengen an Legierungsbestandteilen, als sie im Schweißstück enthalten sind, zum Ersetzen der beim Schmelzen eintretenden Verluste infolge Verdampfung.

Stahlformguß (Stahlguß). Das Material ist Stahl oder Schmiedeeisen — demnach teils mit geringem, teils mit höherem Kohlenstoffgehalt, meist 0,1÷1,0 % Kohlenstoff — aus dem Tiegel-, Martin- oder Elektroofen in Formen gegossen. Wir haben es also mit einem schmiedbaren Eisen zu tun, das sich, obwohl es schlecht blasen- und lunkerfrei gießbar ist, für Schweißungen recht gut eignet. Stahlguß wird immer mit gewöhnlichem Eisenschweißdraht (ohne Pulver) geschweißt und wie Schmiedeeisen (Flußeisen) behandelt. Die Schweißstellen lassen sich sauber verhämmern. Nunmehr ist zum ersten Male von einer Gußart die Rede, und es darf bei dieser Gelegenheit nicht unerwähnt bleiben, daß beim Schweißen von Guß, je nach Form des Körpers, mit mehr oder weniger großen Spannungen zu rechnen ist, die der gegossene Körper während seiner Abkühlung erhielt. Diese Spannungen sind weit mehr dem spröden Gußeisen gefährlich als dem weichen, geschmeidigen Stahlguß, weshalb sie erst im nächsten Abschnitt ausführlicher behandelt werden. Schmiedeeisen, Stahl und Stahlguß sind für Gasaufnahme sehr empfänglich, vor allem neigen sie zur Aufnahme von Wasserstoff. Es muß deshalb vor allem beim Schweißen mit Wasserstoff auf diese Erscheinung gebührend Rücksicht genommen und für gute Regulierung der Wasserstoffflamme Sorge getragen werden.

Temperguß. Kühlt man Roheisen von bestimmter Zusammensetzung rasch ab, so erhält man weißes Roheisen, das im Bruch weiß und strahlig aussieht, den ganzen Kohlenstoff gelöst, also keinen Graphit enthält und sehr hart ist. Aus diesem Weißeisen wird nun Temperguß gewonnen, indem die aus weißem Roheisen hergestellten Gußstücke tage- oder sogar wochenlang in Temperöfen geglüht werden, und zwar meistens eingebettet in sauerstoffabgebende Stoffe. Solche Stoffe sind Walzsinter, Eisenerze u. a., die bei dem Temperverfahren ihren Sauerstoff an einen Teil des Kohlenstoffs des Weißeisengusses abgeben, mit diesem Kohlenoxyd bildend. Der im Ausgangsmaterial vorhandene, an Eisen gebundene Kohlenstoff wird also größtenteils entfernt, teilweise aber auch durch das Glühen in freien Kohlenstoff, Temperkohle, verwandelt; das entstandene Erzeugnis ist Temperguß mit wesentlich anderen physikalischen Eigenschaften, es ist geschmeidiger und schmiedbar geworden (schmiedbarer Guß). Läßt man beim Glühen die sauerstoffabgebenden Stoffe fort, so wird der Kohlenstoff fast nur in Temperkohle verwandelt. Das Gußstück hat einen schwarzen Kern, der von einer dünnen, entkohlten Randzone umgeben ist. Man spricht dann von „Schwarzherzguß“.

Werkstücke in Temperguß werden nur in kleineren Abmessungen hergestellt. Beim Schweißen kommt es zunächst auf den Kohlenstoffgehalt des Tempergusses an, der nach den vorigen Ausführungen sehr verschieden sein kann. Ist das Werkstück lange getempert, so ist es kohlenstoffarm und infolgedessen verhältnismäßig leicht schweißbar. Als Zusatzmaterial verwendet man dann Schmiedeeisenstäbe. Ist das Stück dagegen nur kurze Zeit getempert, so wird es noch ziemlich kohlenstoffreich und in seinen Eigenschaften, auch hinsichtlich der Spannungen, mehr oder weniger dem Gußeisen ähnlich sein. Man nimmt dann Gußeisenstäbe als Schweißdraht und richtet sich hinsichtlich des Schweißens nach den Vorschriften, die für Gußeisen gelten, wobei als Flußmittel gewöhnliches Gußeisenschweißpulver dient. Ob der Temperguß mehr schmiedeeisenähnlich oder mehr gußeisenähnlich ist, merkt man bei Beginn des Schweißens sehr bald.

2. Schweißung von Gußeisen.

a) Eigenschaften und Schweißbarkeit des Gußeisens.

Gußeisen ist aus grauem Roheisen durch Umschmelzen in Kupol-, Flamm- oder Tiegelöfen erzeugt. Der Kohlenstoff ist, je nach der Geschwindigkeit der Abkühlung und dem Siliziumgehalt des Gußeisens, in mehr oder weniger großen Mengen als reiner, freier Kohlenstoff — Graphit — auskristallisiert. Gußeisen ist ein sprödes, weder schmiedbares, noch im Feuer schweißbares Material. Mit steigendem Kohlenstoffgehalt sinkt sein Schmelzpunkt, der im allgemeinen 1200° bis 1250° beträgt. Dem Gußeisen sind die Eigenschaften gegossenen Materials eigentümlich; es hat die Geschmeidigkeit und Biegsamkeit des schmiedbaren Eisens gänzlich eingebüßt und geht, was für den Schweißer wichtig ist, beim Bearbeiten mit der Flamme gleich in den flüssigen Zustand über, ohne vorher eine teigige Zone, wie Schmiedeeisen, zu durchlaufen. Im übrigen ist Gußeisen unter Beobachtung gewisser, im folgenden näher behandelter Vorsichtsmaßregeln im allgemeinen gut autogen schweißbar. Da der Schmelzpunkt des Eisenoxyds (1350°) höher liegt als der des Gußeisens — im Gegensatz zum schmiedbaren Eisen — so muß für gewöhnlich, um die sich bildende Oxydhaut in eine leichtflüssige Schlacke zu verwandeln, ein Schweißpulver benutzt werden.

Neben 3÷4% Kohlenstoff enthält Gußeisen in wechselnden Mengen Silizium, Mangan, Phosphor und Schwefel. Silizium (meist 1÷3%) fördert die Ausscheidung des Kohlenstoffs als Graphit und macht infolgedessen den Guß weich. Der Siedepunkt des Siliziums liegt verhältnismäßig niedrig, weshalb es sich teilweise unter Einwirkung der Schweißflamme verflüchtigt (verdampft). Sorgt man daher nicht für hinreichenden Ersatz an diesem Element, so wird die Ausscheidung von Graphit beeinträchtigt, das Material wird hart. So erklärt es sich, daß die als Zulegematerial dienenden Schweißstäbe einen hohen Siliziumgehalt haben müssen. Mangan (meist 0,5÷1 % im Guß) behindert die graphitische Ausscheidung des Kohlenstoffs, es macht Gußeisen hart. Seine Anwesenheit in den Schweißstäben ist deshalb nicht erwünscht. Phosphor (0,1÷1,25 % im Guß) macht Gußeisen dünnflüssig, Schwefel hingegen dickflüssig und erhöht die Sprödigkeit. Der Schwefelgehalt der Gußstücke wird daher auch möglichst unter 0,1 % gehalten.

Anschließend hieran sei noch des Hartgusses gedacht. Hartguß entsteht, wenn Gußeisen in eiserne Formen gegossen wird, worin es an seiner Oberfläche rasch abkühlt. Rasche Abkühlung verhindert die Ausscheidung von Graphit und hat also Härte zur Folge. Demnach wird der Guß in seinen äußeren Schichten viel härter (Hartgußwalzen) als in den inneren. Hartguß ist meist mit starken inneren Spannungen (zwischen den Eisenkristallen) behaftet. An der Schweißstelle wird er ausgeglüht, und die Oberflächenhärtung geht verloren. Von der Hartgußschweißung ist im allgemeinen entschieden abzuraten.

b) Vorgänge beim Gußeisenschweißen.

Wir betonten bereits, daß Gußeisen, ebenso wie die meisten anderen Metalle, nicht wie schmiedbares Eisen vor Eintritt der Verflüssigung einen vorübergehend teigigen, plastischen Zustand einnimmt, sondern, genügend erhitzt, plötzlich flüssig wird. Gußeisen kann deshalb nur in wagerechter Lage geschweißt werden; in jeder anderen Lage fließt das flüssige Eisen dem Gesetz der Schwere folgend ab. Dieser nicht abzuwendende Umstand macht ein häufiges Wenden größerer gußeiserner Werkstücke während des Schweißens erforderlich; die wagerechte Lage des Schmelzbades muß während der ganzen Arbeitsdauer, bis nach erfolgtem Erstarren des geschmolzenen Eisens, gewahrt bleiben.

Normaler Schweißvorgang. Mehr noch als bei anderen Metallen ist beim Gußschweißen auf guten Fluß des Grundmaterials und gutes Warmwerden der Schweißstelle benachbarter Partien zu sorgen, bevor neues Material eingeschmolzen wird, sonst wird die Schweiße stark blasig und porös. Dies ist zum Teil dem im Gußgefüge verteilten, schlecht wärmeleitenden Graphit zuzuschreiben. Eifriges, aber ruhiges Rühren mit dem Zusatzstab im Schweißbade (während des Abschmelzens des Stabes) begünstigt eine porenfreie Schweißung. Das einzuschmelzende, erhitzte Ende des Schweißstabs muß öfter ins Schweißpulver eingetaucht werden, damit ein guter, leichter Fluß erzielt wird. Zur Beschleunigung der Schweißung an schweren Werkstücken, die meist von mehreren Schweißern mittels großer Brenner gleichzeitig vorgenommen wird, hat der Schweißer sein Hauptaugenmerk auf guten Fluß und einwandfreie Bindung des Eisens zu richten; das Gußmaterial wird dann in kleinen Brocken durch einen Hilfsarbeiter ins Schmelzbad hineingeworfen und Schweißpulver durch einen an langer Eisenstange angebrachten Löffel zugeführt. Mit einem starken Gußstab wird das Schmelzbad gründlich durchgerührt.

Hartwerden der Schweißstelle. Sehr häufig hört man Klagen über Hartwerden der Schweißstelle und die Unmöglichkeit, sie zu bearbeiten. Zweierlei ist für dieses Übel von einschneidender Bedeutung: Zu schnelles Erkalten der Schweißstelle und wesentliche Abnahme an Kohlenstoff und Silizium infolge Verdampfens.

Bleibt das geschweißte Gußstück unbearbeitet, dann kann — von Spannungserscheinungen, von denen nachher gesprochen wird, abgesehen — jedwede Nachbehandlung unterbleiben, die ein Ausglühen der etwa hart gewordenen Schweißstelle zum Ziele hat. Andernfalls muß man das Schweißgut im Muffelofen- oder Holzkohlenfeuer allmählich erkalten lassen, um es wieder bearbeitbar zu machen. Die Ausglühdauer bewegt sich zwischen 3 Stunden und 3 Tagen, je nach der Masse des geschweißten Körpers. Urheber der in der Schweißstelle entstandenen Härte ist bei rascher Abkühlung derselbe Umstand, der auch die Härte des Weißeisens verursacht: Die Unterbindung ausreichender Graphitbildung. Die Ränder der Bruchfläche eines massigen Gußstücks zeigen dies deutlich; sie sind, weil von außen rascher abgekühlt, stets graphitärmer und lassen, schon mit bloßem Auge betrachtet, ein bedeutend feinkörnigeres Gefüge erkennen. Mit der Feinheit der Korngröße wächst zwar die Bruchfestigkeit des Gußeisens, Hand in Hand damit aber auch dessen Härte. Da die Schweißstelle stets ungleich rascher abkühlt als der Gußkörper nach dem Gießen in seiner Form, demnach immer ein viel feineres Gefüge besitzt, ist es auch erklärlich, daß die Gußschweißstelle höhere Festigkeit besitzt als das Grundmaterial, eine Erfahrung, die mangels Kenntnis der Vorgänge vielfach Erstaunen auslöst. Bricht die Schweißstelle selbst im Betriebe, so ist das meist ein sicherer Beweis für unsachgemäße Arbeit.

Ganz ähnlichen Härtezustand, ein gehärtetem Stahl sehr ähnliches, unbearbeitbares Material, verursacht ein Verlust der Schweiße an Kohlenstoff und Silizium, weshalb beide Stoffe in genügender Menge im Zusatzmaterial enthalten sein müssen. Kohlenstoff und Silizium werden gasförmig (teilweise in Verbindung mit Sauerstoff oder Wasserstoff aus Luft und Flamme) und steigen in Gestalt kleiner Bläschen im Schmelzbade in die Höhe. Erstarrt nun die Schmelze, ohne dem eingeschlossenen Gase Zeit zu lassen, ins Freie abzuziehen, so sind Lunker und Blasenbildung in der Schweiße nicht zu verhüten. Man trachte daher danach, daß die Erstarrung des Schmelzbades nicht plötzlich eintritt, sondern die Flamme längere Zeit auf der geschweißten Stelle verharrt, um diese langsam fest werden zu lassen, was ja nebenbei auch für die Graphitausscheidung vorteilhaft ist.

Einfluß der Zusammensetzung des Schweißguts. Mit Formsand und Schlacke durchsetzte Gußstücke werden während der Schweißung durch Auskratzen mit einem schmiedeeisernen Stab von diesen Fremdkörpereinschlüssen befreit. Ganz allgemein müssen alle, in der Schmelzfuge durch starkes Leuchten auffallende Teile (verbrennende Verunreinigungen) immer entfernt oder doch wenigstens an die Oberfläche der Schmelze gebracht werden.

Es gibt Gußsorten, die trotz Anwendung aller erdenklichen Mittel durchaus nicht schweißbar sind. Ein solches Material ist vor allem verbrannter Guß, worunter man ein längere Zeit hindurch hohen Temperaturen oder offenem Feuer ausgesetzt gewesenes Gußeisen versteht. Diesem Guß ist ein großer Teil des Kohlenstoffs und Siliziums entzogen; es hat eine innere Verbrennung (Oxydation) dieser Bestandteile stattgefunden, und es ist ein Material mit vollkommen anderen Eigenschaften entstanden. Verbrannter Guß wird selbst unter anhaltendem Einfluß der Schweißflamme entweder gar nicht flüssig oder zerbröckelt wie trockener Kitt, ohne daß eine Verbindung herbeizuführen wäre; er erreicht Glashärte. Von der Schweißung solchen Materials (Roststäbe, gußeiserne Kochkessel, Herdplatten, Verdampferschalen, Heizkesselglieder u. dgl.) ist in allen Fällen abzuraten. Nur selten sind marktschreierische Abbildungen von angeblich gelungenen Reparaturen dieser Art ernst zu nehmen.

Verziehen des Gußstücks. Bei Wärmezufuhr dehnt das Gußeisen sich aus, mithin auch beim Schweißen, wo ihm Wärme in großer Menge zufließt. Das Maß der darauf beim Erkalten eintretenden Schrumpfung (Zusammenziehung) ist jedoch geringer als das der Dehnung. Dies ist die Ursache des Verziehens (auch die Ursache gewisser Spannungserscheinungen). Die im Abschnitt Gußspannungen angegebenen Hilfsmittel sind auch sinngemäß gegen das Verziehen anzuwenden.

Die bisher nur angedeuteten Spannungen im Gußstück sind für die Schweißung von solcher Bedeutung, daß sie im folgenden in einem besonderen Abschnitt behandelt werden.

c) Bekämpfung der Gußspannungen.

Bei der Beseitigung der fast allen Gußkörpern eigenen Spannungen sieht sich der Schweißer ständig vor neue Aufgaben gestellt. Es ist nicht zuviel gesagt, wenn man behauptet, daß in der Schadlosmachung der Spannungen und ihrer Begleiterscheinungen oft schon der halbe Weg zum Erfolge der Schweißung gewonnen ist.

Erklärung der Spannungen. Gußspannungen treten hauptsächlich an den Übergangsstellen vom schwachen zum massiveren Materialquerschnitt und in doppelwandigen Hohlkörpern (Zylindern), großflächigen Ebenen, Gittern, Rädern, Scheiben u. dgl. auf und sind ausnahmslos die Folge der Schwindung (Zusammenziehung), verbunden mit ungleichmäßiger Abkühlung des gegossenen Stückes. Sie lassen sich vielfach gar nicht beseitigen, da sich die dünneren Stellen des Gußstücks immer schneller abkühlen werden als die stärkeren. Sitz und Größe der Spannungen richtet sich nach Abmessung und Form des jeweiligen Gußkörpers. Zu diesen, fast also in jedem Gußstück vorhandenen Spannungen treten beim Schweißen noch neue Spannungen hinzu, hervorgerufen durch teilweise Erhitzung des Schweißstücks mittels der Schweißflamme. Übersieht oder mißachtet man die im Gußstück bereits vorhandenen und die durch das Schweißen neu hinzukommenden Spannungen, so sind meistens unerwartete Fehlschläge die Folge. Die Körper verziehen sich, reißen, sie bersten, brechen und schlimmstenfalls fliegen sie in Stücke.

Hilfsmittel gegen Spannungswirkungen. Zur Aufhebung und Abdämmung von Spannungen und Verhütung der Übertragung ungewollter Materialdehnungen auf den der Schweißstelle benachbarten Bereich sind die verschiedensten Hilfsmittel gebräuchlich. Einige davon sind: Teilweiser Einbau in feuchten Lehm oder Sand, Abdecken mit feuchten Lappen, Eintreiben von Keilen, Aufziehen von Spannungsringen, Vorwärmen und langsames Erkalten. Die beiden letzten Vorkehrungen sind die wichtigsten.

Natürlich gibt es eine große Zahl gebrochener, gerissener oder poröser Gußstücke, die ohne jede Vor- und Nacharbeit unvorgewärmt zu schweißen sind. Man findet sich einigermaßen auf diesem schwierigen Gebiete zurecht, wenn man sich grundsätzlich folgende Regel vor Augen hält: Ist der zu schweißende Gegenstand infolge seiner Beschaffenheit befähigt, räumliche Dehnung aufzunehmen, dann kann er kalt, d. h. ohne Vorwärmung im Feuer, geschweißt werden. Tritt indessen irgendein Teil des zu schweißenden Körpers freier Ausdehnung der erhitzten Partien hemmend entgegen, so ist teilweise oder vollkommene Vorwärmung auf Hellrotglut notwendig.

Vor- und Nachwärmen. Nach vorigem ist es widersinnig zu glauben, die Notwendigkeit des Vor- und Nachwärmens ergäbe sich aus Größe und Gewicht des Körpers; maßgebend ist hierfür allein Form und Beschaffenheit des Gußstücks. Dehnung des erhitzten Gußkörpers und das daraufolgende Zusammenziehen (Schrumpfen) beim Erkalten sind nie gleich groß. Daraus folgt eine gewisse Materialspannung, die im rotwarmen Zustande des Gußstücks aufgehoben wird; in diesem Zustand ist es ganz spannungsfrei. Der Temperaturunterschied zwischen hocherhitztem Werkstück und dessen Schmelzpunkt ist wesentlich geringer als der zwischen dem kalten, unvorgewärmten Körper und dem Schmelzpunkt. Bei Rotglut hat sich das erwärmte Gußstück bereits stark gedehnt und vermag nun den Wärmeüberschuß, der ihm durch die Schweißflamme zugeführt wird, gefahrlos aufzunehmen; die dadurch bewirkte Dehnungszunahme bleibt nur gering. Ein kaltes Gußstück kann dagegen manchmal an irgendeiner bestimmten Stelle kaum mit der Flamme bestrichen werden, und schon bricht es. So können sich durch das Schweißen auch neue, die alten an Gefahr oft übertreffende Spannungen im Gußstück bilden.

Das geringe Dehnungsvermögen des kalten Gußeisens liegt wiederum an den Graphitkristallen, die den Materialquerschnitt adernförmig, oft blattartig durchsetzen und durch Unterbrechung des Zusammenhanges des Eisens die Zugfestigkeit erheblich vermindern. Dies gibt auch eine Erklärung dafür, warum man an Gußeisen wesentlich geringe Spannungs- und Dehnungsanforderungen stellen kann als an den viel besser schweißbaren Stahlguß.

Anwärmevorrichtungen. Gleichmäßiges Vorwärmen und Erkaltenlassen erfolgt für kleinere Stücke am zweckmäßigsten im gas-, öl-, feuer- oder elektrischgeheizten Muffelofen, über den jede bessere Reparaturschweißerei verfügen sollte. Wo ein Muffelofen nicht vorhanden, und ferner für größere Gußstücke, ist Holzkohlenfeuer am geeignetsten. Wenn ein Ventilatorgebläse oder verdichtete Luft fehlt, kann das Feuer mittels der Schweißflamme entzündet und durch zeitweises Einblasen von Sauerstoff entfacht werden. Der zu erhitzende Gegenstand wird gut in trockene Holzkohlen eingebettet, ringsum mit gitterförmig aufgestellten Schamottesteinen eingebaut (damit Luft zum Feuer gelangen kann) und oben mit Asbest- und Blechtafeln abgedeckt. Gleichmäßiges Vorwärmen und Schutz vor starker Zugluft ist vor allen Dingen erforderlich.

Schwere Stücke von starkem Materialquerschnitt wärmt man, um an Gas und Sauerstoff zu sparen, vorteilhaft immer vor, auch wenn dies nicht der Spannungen wegen notwendig wäre.

d) Ausführung von Gußschweißungen.

Grenzfälle für die autogene Schweißung von Gußstücken lassen sich nicht ohne weiteres bezeichnen. Für die obere Grenze der Schweißbarkeit sind, in Anbetracht unserer zeitgemäßen Transport- und Hebezeuge, große Gewichte und Abmessungen der Schweißstücke nicht mehr hinderlich. Viel mehr wird die Arbeitsmöglichkeit durch den Materialquerschnitt der Schweißstelle beeinflußt. Zu große Materialstärken bedingen den Aufwand bedeutender, vom Schweißer kaum zu ertragender Wärmemengen. Dann ist das Thermitschweißverfahren am Platze. Nach unten gibt es eine eigentliche Grenze für schwache und kleinste Gußgegenstände nicht, da auch die kleinsten, eisengießereitechnisch herstellbaren Körper genügend dicke Wandungen haben.

Anschließend an die Reihe bereits aufgezählter Werkstücke, von deren Schweißung aus technischen und wirtschaftlichen Gründen abzuraten ist, mögen noch genannt sein: Platten größeren Flächeninhalts, besonders durch Rippen verstärkte Tuschier- und Richtplatten; außergewöhnlich starke Zylinderwandungen, die hohen Innendrucken ausgesetzt werden (Wasserdruckpreßzylinder); Gitter (Roste), bei denen Risse oder Brüche der Mitte des Körpers nahe gelegen sind, usw. Bestimmte Regeln lassen sich nicht aufstellen, weil auch die zu Gebote stehenden Hilfsmittel und die Güte des Gußmaterials mit ins Gewicht fallen. Die Wahrscheinlichkeit des Gelingens einer Gußschweißung kann nur von Fall zu Fall nach Inaugenscheinnahme und nur von erfahrenen Fachleuten beurteilt werden.

Wir wollen nunmehr versuchen, an Hand einiger erläuternder Skizzen uns über die wichtigsten Gesichtspunkte bei der Schweißung verschiedener Gußkörper klarzuwerden.

Abb. 80: Doppelarmiger Hebel. Querschnitt und Abmessungen beliebig. Die Dehnung kann allseitig frei erfolgen, deshalb ist ein Vorwärmen unnötig. Risse oder Brüche (*a* oder *b*) werden rings um den Querschnitt verschweißt. Durchschweißen! Hat sich der Hebel verzogen, so stützt man ihn auf zwei Endpunkte mit Durchbiegung nach oben. Darauf wird die Schweißstelle mittels Brenner angewärmt, dann läßt man sie allmählich erkalten, so daß ein Senken der Durchbiegung eintritt. Der Bruch bei *c* ist nur von drei Seiten schweißbar. Vor allem in Längsrichtung der Nabe Querschnitt gut durchschweißen!

Abb. 81: Rahmen. Querschnitt und Abmessungen gleichgültig. Schweißung bei *c* gefahrlos; Abdecken des links von gestrichelter Linie gelegenen Teils (mit Sand, Lehm u. dgl.) vorsichtshalber (bei Anfängern) empfehlenswert. Trotz Einfachheit des Körpers tritt Verziehen ein (punktierte Lage), wenn bei *a* geschweißt wird, da *b*, in kaltem Zustande belassen, der Dehnung nicht folgen kann. Darum

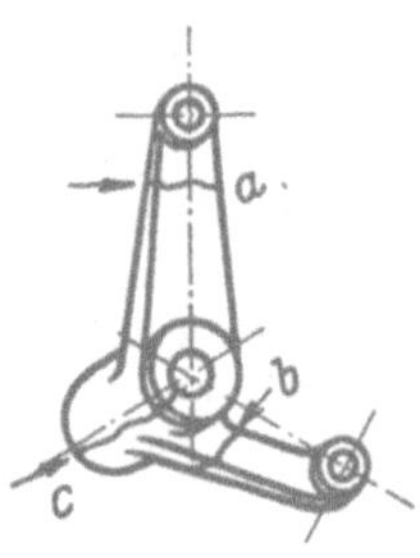

Abb. 80. Doppelarmiger Hebel.

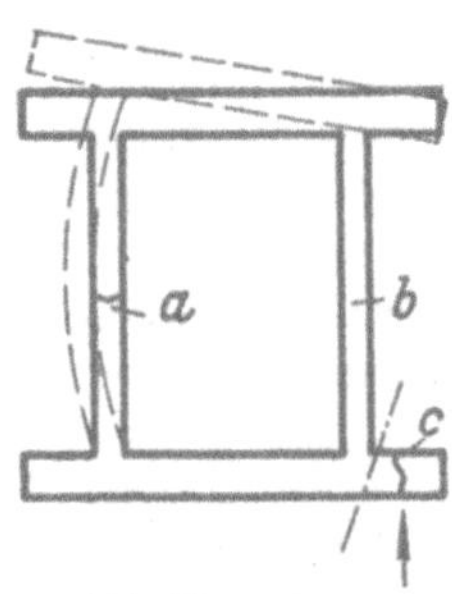

Abb. 81. Rahmen.

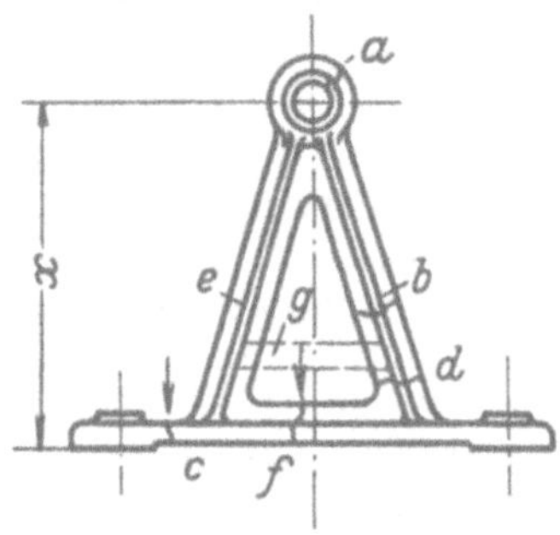

Abb. 82. Lagerbock.

b (gegenüberliegende Stelle von *a*) beim Schweißen mit anwärmen (zweite Flamme oder im Feuer), so daß Stäbe *a* und *b* durch Wärme gleichmäßig verlängert werden. Erkaltenlassen in heißer Asche oder heißem Sande gut.

Abb. 82: Lagerbock. Querschnitt der Arme (Streben) beliebig. Brüche bei *a* und *c* gefahrlos, unvorgewärmt schweißbar. Wenn Bruch bei *b* oder *d*, Bestreichen von *e* mit Flamme (wie bei Abb. 81) notwendig. Bleibende, geringe Längenzunahme von *x* wahrscheinlich, durch Abarbeiten der Fußplatte regulierbar. Wenn Bruch in Fußplatte bei *f* gelegen, dann behutsames Eintreiben eines Keiles *g* empfehlenswert, damit Riß etwas klafft; sobald Schweißung beendet, Keil sofort herausnehmen (Materialstauchung in der Schweißstelle).

Abb. 83: Autoblockzylinder. Meist vorkommende Reparaturen: Frost- und Hitzerisse, Flanschenbrüche. Frostrisse entstehen in den Wintermonaten durch versäumtes Ablassen des Kühlwassers; sie liegen meist in den äußeren Mänteln (Kühlmänteln) der Zylinder (bei *a*, *b*, *c*). Dagegen sind Hitzerisse, die Folge mangelhafter oder plötzlicher Kühlung, ausschließlich in den inneren Zylinderwandungen, besonders an den Zylinderböden gelegen. Die Schweißung ersterer (Frostrisse) ist leichter als die der Hitzerisse. Alle Risse, gleich welcher Lage und welchen Umfanges, bedingen Vorwärmung und langsames Erkaltenlassen des Zylinders im erlöschenden Feuer. Abbohren der Rißenden (1) vor Inangriffnahme der Arbeit ratsam. Schweißung immer an dem in der Fläche gelegenen Rißende beginnen (Pfeilrichtung bei *a* und *c*). Selten und schwierig schweißbar sind im Laufmantel inner- oder außerhalb der Zylinderbohrung aufgetretene Risse (*f*). Gut vorwärmen; nicht zu weit durchschweißen, damit Lauffläche für den Kolben, die sich nicht verziehen darf, nicht beschädigt wird. Bruch bei *d* kann ohne Vorwärmung geschweißt werden; jedoch Flamme immer vom Zylinder weg (Pfeil 2) halten, damit diesem nicht unnötig viel Wärme zugeführt wird. Riß oder Bruch bei *e*: Zylinder gut vorwärmen. Um innerhalb des Kühlraumes des Zylinders gelegene Risse verschweißen zu können, ist vielfach das Herausbohren von Stücken aus dem Kühlmantel und Auskreuzen erforderlich, damit die inneren Risse zugänglich werden. Reihenfolge dann: Zylinder vorwärmen, innere Risse verschweißen, langsam abkühlen, Druckprobe. Ist Riß dicht, dann abermals vorwärmen, ausgeschnittenes Stück in Kühlmantel einschweißen, nachwärmen, Druckprobe. Solche Reparaturen zählen zu den dankbarsten, allerdings auch schwierigsten Arbeiten des Schweißers.

Abb. 84: Zahnrad. Abgebrochene Zähne kleineren Moduls (kleinerer Teilung) schweißt man wie bei *a* (völliger Bruch) und bei *b* (Teilbruch) gezeigt, indem man die abgebrochenen Teile durch Aufschweißen neuen Gußmaterials

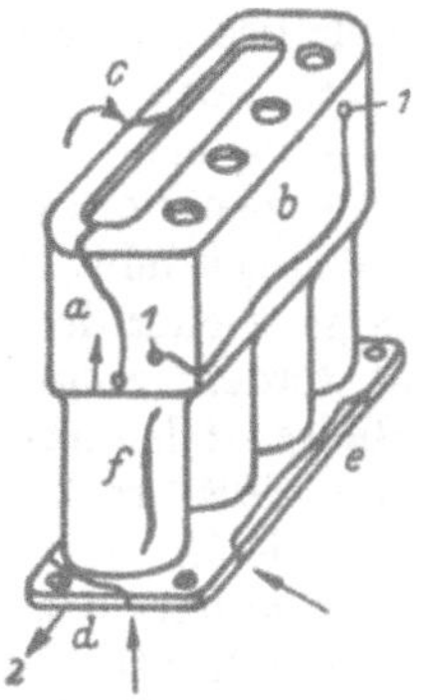

Abb. 83. Autoblockzylinder.

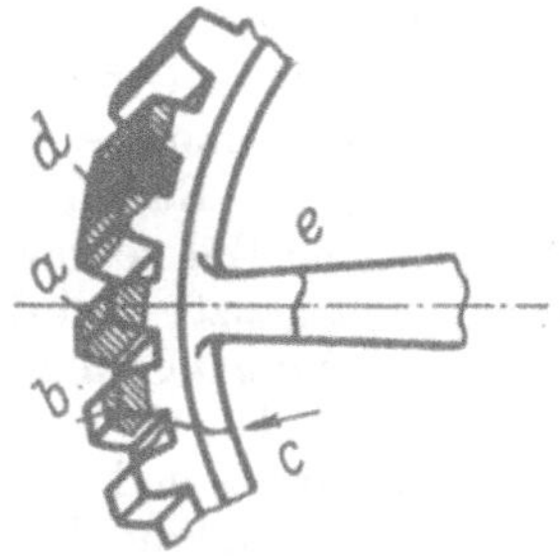

Abb. 84. Zahnrad.

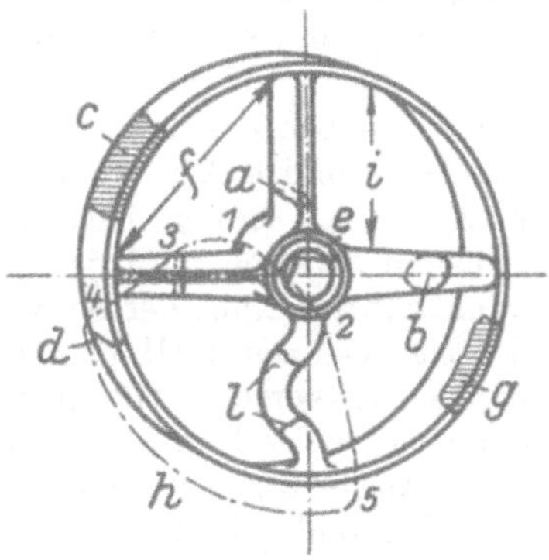

Abb. 85. Riemenscheibe.

ersetzt. Zähne kleinster Teilung werden, wie bei *d* gezeigt, samt der nebenliegenden Zahnlücke vollgeschweißt, besonders dann, wenn mehrere nebeneinanderliegende Zähne abgebrochen sind. Bei gebrochenen Zähnen größter Teilung schweißt man im allgemeinen das abgebrochene Stück wieder an. Im übrigen gilt für Zahnradreparaturen das zu Abb. 85 Gesagte.

Abb. 85: Riemenscheibe. Häufig vorkommende Arbeit. Speichenbrüche bei *a* und *b*. Bei *e* Nabenbruch; *c*, *d*, *g* Kranz- (Felgen-) Brüche. Bei der Schweißung derartiger Schäden haben Anfänger oder wenig erfahrene Schweißer meist einen Mißerfolg. Riemenscheiben und Räder sind von Haus aus mit bedeutenden Spannungen behaftet; diese werden bei unsachgemäßer Behandlung mit der Schweißflamme wesentlich erhöht, so daß neue Risse entstehen, sogar völliges Zubruchgehen des Gußkörpers nicht selten ist.

Speichenbruch *a* sei zu schweißen; im übrigen sei das Rad in Ordnung. Vorgang: Vorwärmen des ganzen Rades, damit gleichmäßige Dehnung aller Teile eintritt, dann Schweißen und im Feuer langsam abkühlen lassen. Bei großen Scheibendurchmessern kann Vorwärmung fortfallen, wenn in Richtung *i* zwischen Nabe und Kranz ein Spannriegel eingezwängt wird (nicht übertreiben!), so daß der Riß klafft (ähnlich Abb. 82). Nach vollzogener Schweißung wird die Spannvorrichtung *i* sofort wieder entfernt, und man läßt das Rad langsam erkalten. An Stelle dieses Hilfsverfahrens kann an der Bruchstelle ein 2÷5 mm breiter Schlitz (je nach dem Durchmesser des Rades) eingesägt werden, doch läuft man hierbei Gefahr, daß sich der Kranz nach innen etwas einzieht, und daher die Scheibenfläche unrund wird. Dasselbe gilt für die Schweißung von *b*. Treten beide Brüche oder Risse (*a* und *b*) gemeinsam auf, dann wird zuerst der eine geschweißt, darauf läßt man das Rad erkalten, dann erst wird der zweite Riß verschweißt. Brüche in gebogenen Speichen (bei *l*) sind meist ohne Vorwärmung oder sonstige Vorkehrung gefahrlos zu schweißen, da die Dehnung durch die Biegung der Speichen aufgenommen wird. Im allgemeinen sind Räder mit gegenüberliegenden Speichen (gerade Anzahl Abb. 85) schwieriger schweißbar als solche mit wechselweise angeordneten Speichen (ungerade Anzahl).

Schweißung des Nabenbruches bei *e*: Rad (bei kleinem Durchmesser vollkommen vor- und nachwärmen oder (bei großem Durchmesser) in Bruchfuge Keil eintreiben (Vorsicht!) und diesen erst kurz vor Beendigung des Schweißens herausschlagen. Ähnliche Wirkung erzielt man bei Vorwärmung der Nabe und der in unmittelbarer Nähe gelegenen Speichenteile.

Kranzbruch bei *d*: Kleine Räder vor- und nachwärmen; bei größerem Durchmesser zwischen die beiden nächstgelegenen Speichen Spannriegel einziehen (wie bei *f*) und wie bei Schweißung von *a* verfahren. Schweißung des bei *c* ausgebrochenen Kranzstücks: Vorgang wie bei *d*, jedoch zunächst eine Bruchfuge schweißen, das Rad erkalten lassen, und darauf die zweite Bruchfuge schweißen. Das für *a* und *d* Ausgeführte gilt auch für *e* und *c* (Abb. 84). Ausgebrochenes Kranzstück bei *g*: Kleinere Stücke werden ohne weiteres eingeschweißt, bei größeren Stücken muß, je nach Abmessung des Rades, dieses ganz oder der in unmittelbarer Nähe der Schweißstelle gelegene Teil vorgewärmt werden. Schließlich sei noch der Fall *h* angenommen. Ein ganzer Teil des Rades ist herausgebrochen, entsprechend der punktierten Linie. Vorgang: Man beginnt die Schweißung in der Mitte des Rades, also bei der Nabe, um den übrigen Teilen die Möglichkeit freier Ausdehnung zu belassen. Zunächst wird 1 und 2 geschweißt; darauf läßt man das Rad erkalten, um Speichen und Kranzbruchfugen, deren Kanten sich beim Erhitzen der Nabe zueinander verschoben haben, wieder in ihre alte Lage zurückzubringen. Sodann werden 3, 4 und 5 (letztere in beliebiger Reihenfolge) geschweißt, wiederum mit jedesmalig dazwischenliegender Erkaltungspause.

Abb. 86: Doppelwandiger Zylinder. Riß und Bruch bei *c*: der Zylinder wird hochkantig in eine mit heißem Sand oder Asche angefüllte Schweißgrube eingebettet, so daß nur der Flansch wagerecht aus der Einbettung heraussieht. Darauf Schweißung. Riß bei *b*: Vollkommene Vorwärmung des ganzen Gußkörpers. Ein Teil der Feuerung wird ins Zylinderinnere gelegt, *b* nach oben. Zylinder ringsum mit einem Schamottesteingitter umgeben und dieses mit ausreichend großem Feuer ausfüllen. Das Feuer muß auch während des Schweißens unterhalten werden, wie dies übrigens auch bei allen ähnlichen Arbeiten zu bevorzugen ist. Besser noch ist Einbetten des Körpers in eine Schweißgrube. Sehr vorsichtig vor- und nachwärmen. Die Schweißung von Rissen im Innern des Zylinders (bei *a*) ist außerordentlich schwierig und nur in den seltensten Fällen möglich. Man wird gut tun, wenn man nicht über weitgehende Erfahrungen und Einrichtungen verfügt, von derartigen Arbeiten Abstand zu nehmen.

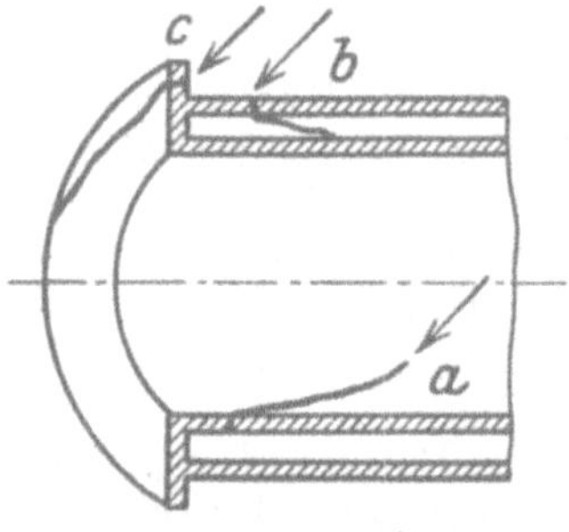

Abb. 86. Doppelwandiger Zylinder.

Es mag wiederholt erwähnt sein, daß vorstehende Regeln wegen der Vielseitigkeit der Form der Werkstücke und der Verschiedenartigkeit des Materials nur sinngemäß an anderen Schweißstücken Anwendung finden können. Über den Arbeitsvorgang und die einzuschlagenden Vorkehrungen ist in jedem Einzelfalle besondere Entscheidung zu treffen.

Dies bezieht sich auch auf die Schweißung von Gußfehlern (Poren, Lunker, unvollkommen ausgefüllte Form), die berufen ist, besonders im Gießereibetrieb selbst eine hervorragende Rolle zu spielen. Es wäre verfehlt zu glauben, kleine Porositäten an Gußstücken könnten ohne weiteres und mit Sicherheit auf Erfolg geschweißt werden. Im Gegenteil! Mit der Flamme angeschmolzene Gußporen nehmen zuweilen ungeahnt großen Umfang an und lassen erst beim Schweißen ihre tatsächliche Größe erkennen, wodurch mitunter noch eher Mißerfolge eintreten als bei anderen Schweißungen. Vor Übereifer in solchen Fällen sei deshalb gewarnt; man hat derartige Werkstücke genau so zu behandeln wie gebrochene oder gerissene Gußkörper. Formsand, Schlacke und andere in den Gußfehlstellen sich vorfindende Verunreinigungen müssen entweder vor Inangriffnahme der Schweißarbeit oder während dieser durch Auskratzen oder Ausschaben entfernt werden.

E. Die Schweißung der Nichteisen-Metalle.

1. Schweißung des Kupfers und seiner Legierungen.

a) Eigenschaften von Kupfer, Messing, Bronze und Rotguß.

Kupfer. Das Metall kommt als Hüttenkupfer oder Elektrolytkupfer (elektrolytisch gereinigt, sehr rein) mit einem Reinheitsgrad von 99 ÷ 99,95 % Kupfer in den Handel, und zwar meist als gewalztes und gezogenes Material (in Blech-, Rohr-, Stangen-, Drahtform); sein spezifisches Gewicht ist 8,93, sein Schmelzpunkt 1083°, sein Siedepunkt etwa 2300°. Kupfer hat eine lachsrote Farbe, ist sehr geschmeidig und dehnbar, aber schlecht gießbar, hat ferner eine große Leitungsfähigkeit für den elektrischen Strom und für Wärme. Letzeres ist für das Schweißen von großer Wichtigkeit. Man muß verhältnismäßig größere Schweißflammen verwenden, als sie zur Schweißung derselben Eisenblechstärke erforderlich wären. In erhitztem Zustand verbindet sich Kupfer mit dem Luftsauerstoff zu Kupferoxydul von schwarzer Färbung, dessen Schmelzpunkt unter dem des Kupfers liegt. Im Feuer ist Kupfer weder härtbar noch schweißbar. Durch oberflächliche Oxydation wird Kupfer dunkelrot. Überhitztes und verbranntes Kupfer sieht in der Bruchfläche ziegelrot aus; es ist dann nicht mehr brauchbar und kann nicht wieder brauchbar gemacht werden.

Messing (auch „Gelbguß" genannt) ist eine Legierung von 58 ÷ 67 % Kupfer, Rest Zink und kommt als Hartmessing (Schraubenmessing), Schmiedemessing, Druckmessing, Lötmessing und Gußmessing in den Handel, ist gut gießbar und in kaltem Zustand hämmerbar, walzbar, ziehbar. Der Schmelzpunkt schwankt zwischen 800° und 900°; er ist um so niedriger, je mehr Zink in der Legierung ist. Die Wärmeleitfähigkeit ist infolge des Zinkzusatzes bedeutend geringer als die des Kupfers. Messingähnliche Legierungen sind Deltametall, Duranametall usw., die man jetzt auch als „Sondermessing" bezeichnet. Sie enthalten, neben Kupfer und Zink, etwa 3 ÷ 5 % Eisen, Mangan, Blei und Aluminium. Kupfer-Zink-Legierungen mit 72 ÷ 90 % Kupfer werden als „Tombak" bezeichnet.

Bronze und Rotguß. Bronze ist eine Legierung aus 80 ÷ 97 % Kupfer, Rest Zinn. Die sog. „Phosphorbronzen" sind ebenso zusammengesetzt; sie erhalten nur bei der Herstellung einen Phosphorzusatz zur Sauerstoffentfernung (Desoxydation). Der Phosphor soll sich mit dem Sauerstoff des Kupferoxyduls verbinden —

auf diese Weise das Kupferoxydul zerstören — und in die Schlacke gehen. Diese Bronze wird also dichter im Gefüge. Die „Sonderbronzen" enthalten außer Kupfer und Zinn noch etwas Blei oder Aluminium. Der Schmelzpunkt der Bronzen liegt zwischen 720° und 1000°; je höher der Zinngehalt, um so niedriger der Schmelzpunkt. Alle Bronzen sind gut gießbar, aber nur zum Teil schmiedbar.

Rotguß ist eine Legierung von 82÷93 % Kupfer, 4÷10 % Zinn und 3÷6 % Zink, manchmal auch mit etwas Bleigehalt. Der Schmelzpunkt liegt zwischen 800° und 900°. Die Legierung gibt infolge des Zinkzusatzes besonders dichten und guten Guß.

b) Ausführung von Kupferschweißungen.

Normale Schweißungen. Entgegen der vielfach noch verbreiteten Ansicht, Kupfer lasse sich nicht autogen schweißen, ist besonders auf die tatsächlich gute Schweißbarkeit dieses Metalls, selbst der stärksten Bleche, hinzuweisen. Beim Schweißen von Kupfer sind das Ausmeißeln (Ausvauen und Ausixen) der Schweißfuge (bei über 3 mm Blech) und eine besonders scharfe Flammenregulierung Grundbedingungen. Zur Vermeidung starker Wärmestauungen (Überhitzung) muß die Schweißarbeit möglichst rasch vonstatten gehen. Bei stärkerem Material wird ein zweiter Brenner zur Vorwärmung hinzugezogen; die Schweißung senkrechter Nähte an starken Blechen erfolgt mit zwei Brennern von beiden Seiten gleichzeitig. Infolge der bedeutenden Wärmeleitfähigkeit des Kupfers tritt die zum Schweißen notwendige örtliche Schmelzung erst ein, nachdem der größte Teil der Metallmasse einen hohen Grad von Wärme aufgenommen hat (Vorwärmen im Holzkohlenfeuer, auch während der Schweißung, daher zweckmäßig). Die von der oberflächlichen Oxydation herrührende, dunkle Färbung geht allmählich verloren, es zeigen sich rings um die von der Flamme getroffenen Stelle Anlauffarben (verschiedene Oxydationsstufen), und schließlich wird das Metall hellrot, ein Zeichen dafür, daß der Schmelzpunkt fast erreicht ist. Ist dieser überschritten, muß die Schweißung unverzüglich unter schnellem Voranschreiten einsetzen. Die Flamme darf nicht auf die bereits geschweißte Naht zurückgezogen werden, da sonst Überhitzung und Rißbildung zu gewärtigen sind. Kupfer ist bei Temperaturen kurz unter seinem Schmelzpunkte (1083°) sehr brüchig und von nur geringer Festigkeit, worauf beim Ausrichten, Hämmern und anderer mechanischer Bearbeitung des Schweißstücks Rücksicht zu nehmen ist.

Einstellung der Schweißflamme. Der richtigen Einstellung der Schweißflamme ist größte Sorgfalt zuzuwenden. Ein Überschuß an Sauerstoff in der Flamme, wie dieser in der Literatur stellenweise anempfohlen wird, ist dem Kupfer ebenso schädlich wie ein Überschuß an Azetylen. Die Flamme muß vielmehr peinlich scharf eingestellt und immer im vorschriftsmäßigen Abstand (Abb. 42) am Kupfermaterial entlang geführt werden. Zunahekommen des Flammenkerns an das im Flusse befindliche Metall bestärkt dessen Lösungsvermögen für Gase und hat blasige, poröse, in ihrer Festigkeit herabgesetzte Schweißnähte zur Folge.

Kupfer besitzt nämlich im erhitzten, noch mehr im flüssigen Zustande die ausgeprägte Fähigkeit, Gase in außerordentlich großen Mengen zu lösen, vor allem Wasserstoff. Man spricht aus diesem Grunde auch von einer „Wasserstoffkrankheit" des Kupfers. Die vom Metall gelösten (aufgesaugten, verschluckten) Gase werden beim Erstarren des Kupfers größtenteils selbsttätig wieder ausgeschieden und steigen in Form kleiner Bläschen an die Oberfläche, wo sie zerplatzen und winzig kleine Kupferkügelchen auf die dem Schmelzbade benachbarten Metallteile schleudern (Spratzen). Hierauf sind die beiderseits entlang der Kupferschweißnaht oft anzutreffenden, kleinen, sandförmigen Aufrauhungen zurückzuführen. Ist die Geschwindigkeit, mit welcher das flüssige Kupfer an seiner Oberfläche erstarrt, größer als die Geschwindigkeit, mit welcher die gelösten Gase ausgestoßen werden, so bleibt ein Teil der Gase im Metall zurück und verursacht mehr oder weniger große Hohlräume (Lunker, Blasen, Poren). Zur Austreibung dieser zurückgebliebenen Gasmengen und Verdichtung des Metallgefüges wird die Schweißnaht im erhitzten Zustande gut verhämmert, bei größeren Materialquerschnitten vorzugsweise mit Kugel- oder Ballhämmern.

Abschrecken des Schweißguts. Durch längere Einwirkung der Schweißflamme auf Kupfer wird dessen Gefüge grobkristallinisch (s. Abb. 95), und durch das Hämmern wird das Material hart und spröde. Diese Übelstände behebt man durch Abschrecken der Schweißstelle mit kaltem Wasser, was für alle Fälle angeraten sei, besonders dann, wenn der Schweißung noch mechanische Nachbearbeitung folgt, für die das Kupfer verhältnismäßig weich, dehnbar sein muß. Je nach seiner Form taucht man entweder das geschweißte, hocherhitzte Kupferstück in einen seiner Größe angepaßten, mit Wasser angefüllten Behälter oder, falls die Abmessungen des Werkstücks dies verbieten, schüttet man Wasser in reichlichen Mengen auf die Schweißstelle. Unter Umständen wärmt man das Schweißgut nach beendeter Schweißung nochmals gleichmäßig an und schreckt es dann ab.

Schweißpulver. Über die Notwendigkeit der Verwendung von Schweißpulver für Kupfer ist man in Fachkreisen geteilter Ansicht. Nach den Erfahrungen der Verfasser ist für minder geübte Schweißer die Verwendung eines zweckmäßigen Flußmittels Bedingung, wohingegen der geübte Kupferschweißer bei dünnen Blechen häufig darauf verzichten kann. Ob Flußmittel notwendig sind oder nicht, entscheiden in solchen Fällen Güte und Materialquerschnitt des Kupfers. Der erfahrene Schweißer unterscheidet zwischen Weich- und Hartkupfer (obzwar ein wesentlicher Unterschied in der Härte des Kupfers nur bedingt feststellbar ist). Ersteres ist leichtflüssig wie Wasser, seine Schweißung geht rasch vonstatten auch ohne Flußmittel. Das sog. Hartkupfer ist dick-, d. h. strengflüssiger, teilweise infolge Anwesenheit von Beimengungen (Verunreinigungen), teilweise infolge von vorhandenen Kupfer-Sauerstoffverbindungen (Oxyden), die die Schmelzbarkeit des Kupfers erschweren und in gewissem Sinne auch als Verunreinigungen anzusehen sind.

Als Richtlinie kann gelten: Kupferbleche von über 3 mm Stärke werden immer mit Schweißpulver geschweißt; die Schweißung schwächerer Bleche kann nur dann ohne Flußmittel erfolgen, wenn es sich um sehr leichtflüssiges, also fast reines Kupfer handelt. Mit steigender Stärke des Materials wird reichlicher Zusatz von Flußmitteln immer notwendiger, was leicht erklärlich ist, wenn man der Überlegung folgt, daß mit notgedrungen zunehmender Schweißdauer auch der ungünstige Einfluß sowohl des Sauerstoffs der Luft, als auch des in der Flamme vorübergehend bestehenden Sauerstoffüberschusses auf das Metall wächst.

Wenngleich die Schmelzpunkte des an der Oberfläche hocherhitzten Kupfers sich bildenden Kupferoxyds und des in flüssigem Metall durch Sauerstoffzutritt entstehenden Kupferoxyduls beide niedriger liegen als der Schmelzpunkt metallischen Kupfers, so hat doch die Gegenwart dieser Oxyde (besonders des Kupferoxyduls) eine Erschwerung der Schmelzbarkeit und demnach eine Verzögerung des Schweißens, sowie eine Überhitzungsgefahr zur Folge. Diesem Übel steuert man, indem dem Kupferschmelzbad geeignete Stoffe zugesetzt werden, die einerseits die Bildung unzulässig großer Mengen Oxydul verhindern, d. h. das Kupfer dem Einfluß des Sauerstoffs entziehen, und andererseits Oxyden, soweit diese schon vorhanden sind, den Sauerstoff entziehen (sie reduzieren) und zu metallischem Kupfer zurückverwandeln. Dies ist der Hauptzweck des Schweißpulvers. Daß nicht jedes beliebige, für das eine oder andere Metall gut geeignete Schweißpulver auch für die besonderen Eigenschaften des Kupfers das richtige sein kann, ist nach vorigem klar, doch in der Praxis viel zu oft unbekannt; nicht selten wird Guß- oder Aluminiumschweißpulver auch zur Kupferschweißung herangezogen. Ein Mißerfolg ist unausbleiblich. Einen Stoff, welcher den Vorzug hat, die Dünnflüssigkeit des Kupfers zu fördern und gleichzeitig stark reduzierend (sauerstoffentziehend) zu wirken, haben wir im Phosphor, weshalb wir ihn in unschädlich geringen Mengen (unter 0,5%) — hoher Gehalt an Phosphor macht, ähnlich dem Oxydul, Kupfer brüchig — neben dem weniger wirksamen Bor in den meisten Flußmitteln für Kupfer antreffen.

Schweißdraht. Eine Spur von Phosphor bildet neben einer geringen Menge (bis zu 5%) Silber auch einen Legierungsbestandteil des bekannten, patentierten Canzler-Kupferschweißdrahts (D. R. P. 284840), der in Stärken bis zu 8 mm in den Handel gelangt und trotz seines verhältnismäßig hohen Preises zur Schweißung vorwiegend starker Kupferbleche sehr zu empfehlen ist. Dort wo es auf große Dichte und Festigkeit weniger ankommt, genügt als Zulegedraht Hüttenkupfer, bei schwächeren Blechen auch (das chemisch reinste) Elektrolytkupfer.

Anwendungsgebiete. Nach Überwindung der vorstehend geschilderten Schwierigkeiten hat sich die Schmelzschweißung auch auf dem Gebiet der Kupferschweißung ein bedeutendes Arbeitsfeld geschaffen. Ihre Anwendung erstreckt sich beispielsweise auf die Herstellung folgender Stücke: Kupferne Blasen, Vakuumkessel, Dämpfer, Destillationsapparate, Säurebehälter; Zargen jeder Art und Größe und für die verschiedensten Zwecke, Zentrifugentrommeln, Walzenüberzüge; Form- und Rohrformstücke, Kühlschlangen usw. Auch Starkkupfer (Bleche von 10 mm an aufwärts) wird schon längst mit erstaunlicher Sicherheit geschweißt, und der Fortschritt hierin findet sein natürliches Ende erst in den praktisch vorkommenden größten Stärken von 30÷35 mm, bei der Schweißung von Lokomotivfeuerbüchsen, wohl der ebenso bedeutsamen wie schwierigsten Arbeit des Schmelzschweißers[1]). Diese Reparaturen — überdies werden heute ganz nietlose, geschweißte Feuerbüchsen hergestellt — zwangen den Schweißer, um den Ausbau der Büchsen aus der Lokomotive soweit als möglich zu umgehen, die Schweißung auch stehender Nähte und die Überkopfschweißung bei Kupfer zu erlernen. Der Kupferschweißer hat, wie die Praxis zeigt, diese schwierigste Aufgabe gut zu lösen vermocht und damit der Schmelzschweißung die Krone aufgesetzt.

Die Vorbereitung der kupfernen Werkstücke und die Durchführung der Schweißung geschieht im allgemeinen ebenso wie bereits beim schmiedbaren Eisen geschildert.

c) Ausführung von Messingschweißungen.

Messing ist unter Anwendung entsprechender Vorsichtsmaßregeln autogen gut schweißbar und verhält sich beim Schmelzen ähnlich wie Kupfer; es kommt praktisch in Stärken über 10 mm für Schweißzwecke kaum in Frage. Das im Messing enthaltene Zink hat einen Schmelzpunkt von 419° und einen Siedepunkt von nur 925°, ein für den Schweißvorgang sehr ungünstiger Umstand, da der Siedepunkt des Kupfers (etwa 2300°) viel höher liegt und beim Schweißen also ein starkes Ausdampfen des leichter flüchtigen Zinks eintritt. Wird hierauf nicht gebührend Rücksicht genommen, so entstehen stark poröse, schwammige Schweißnähte von nur sehr geringer Festigkeit und von dunklerer Färbung als

[1]) Näheres in Bothe: Das Kupferschweißverfahren, insbesondere bei Lokomotivfeuerbüchsen. Berlin: Julius Springer 1923.

die Grundmasse, weil durch Verdampfen eines großen Teiles des Zinks eine kupferreichere Legierung zurückbleibt.

Man kann diesem Übelstand auf verschiedene Weise begegnen. Zunächst hält man den Flammenkern etwa dreimal so weit als bisher angegeben vom Metall, um es vor Zufuhr unnötig großer Wärmemengen zu schützen und wärmt die der Schweißstelle benachbarten Partien mit der Flamme gut vor. Die Schweißung geht dann rasch vonstatten, und die Verflüchtigung des Zinks wird auf ein geringes Maß beschränkt; die Schweißnaht wird völlig oder wenigstens annähernd porenfrei. Porenfreiheit ist aber eine Grundbedingung, hauptsächlich für später zu polierende Messingschweißnähte. Die Güte der Schweißnaht erfährt ferner durch die richtige Haltung des Schweißstabes zur Flamme eine wesentliche Verbesserung, und zwar soll der Flammenkegel immer den Schweißdraht und nur zu Arbeitsbeginn das Grundmetall treffen. Der Draht wird laufend etwa im rechten Winkel zur Flamme vor dieser entlang geführt (Abb. 87).

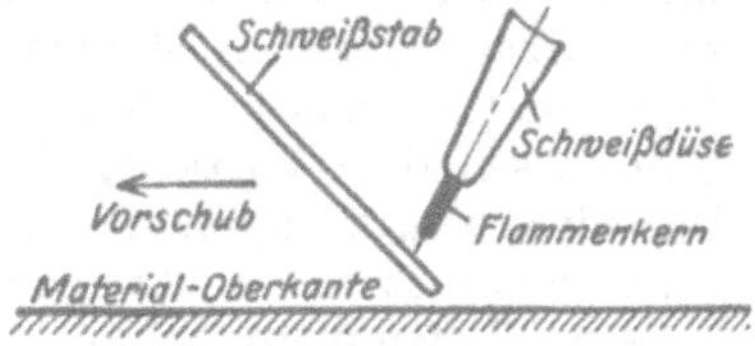

Abb. 87. Führung des Brenners bei Messing- und Aluminiumschweißungen.

Durch zeitweiliges Eintauchen des Stabendes in Schweißpulver wird gleichmäßiger und leichter Fluß des Messings gefördert. Als Flußmittel dient meist auch das für Kupfer gebräuchliche, während man als Zulegematerial entweder gewöhnlichen Messingdraht, Canzler-Messingdraht oder auch einen Spezialdraht mit hohem Zinkgehalt verwendet. Um beim Schweißen verdampfendes Zink zu ersetzen, kann auch der Schweißdraht zeitweise in dauernd bereitstehendes flüssiges Zink (Zinkschmelztiegel) eingetaucht werden.

Hämmern, Abschrecken usw. geschieht wie beim Kupferschweißen. Sodann empfiehlt sich für den Schweißer noch das Tragen eines Respirators (Atmungsmaske).

d) Schweißung von Bronze und Rotguß.

Uns allen steht eine gigantische Schweißung noch frisch im Gedächtnis, die weit über Deutschlands Grenzen hinaus wohlberechtigtes Aufsehen erregte: die Schweißung an der Berliner Domglocke, einem 3500 kg schweren, wuchtigen Bronzekörper von 80÷160 mm Wandstärke. Die verschweißten Risse hatten, von näheren Einzelheiten abgesehen, eine Gesamtlänge von etwa 4500 mm. Bekanntlich wurde der Klang der Glocke nach der Schweißung nicht, wie allerseits erwartet wurde, ungünstig beeinflußt, sondern im Gegenteil aufgefrischt und voller. Diese Leistung führt recht deutlich die überaus wertvolle Anwendbarkeit der Schmelzschweißung auch bei Bronze vor Augen.

Der Schmelzpunkt der Bronze liegt im Mittel bei etwa 900°, der Siedepunkt des Zinns bei 2200°, doch tritt eine wahrnehmbare Verdampfung des letzteren schon bei etwa 1200° ein. Daraus folgt ein der Messingschweißung sehr ähnlicher Schweißvorgang. Außerdem ist bei Bronze zu beachten, daß diese in erhitztem Zustand ihre Festigkeit fast gänzlich einbüßt, und geringe Erschütterungen, Stoß oder Schlag, ja Eigengewicht der Masse und Bewegung des Gußkörpers zu dessen Bruch Veranlassung geben können. Hierauf ist beim Schweißen besonders Rücksicht zu nehmen. Der Bronzegußkörper muß vor Beginn der Schweißarbeit gut unterbaut und so vor Einfallen geschützt werden. Ein Wenden oder Drehen des Schweißstücks darf nur stattfinden, wenn der Guß auf unter 700° abgekühlt ist; andernfalls ist fast immer mit einem Zubruchgehen zu rechnen.

Im übrigen sind Bronze und Rotguß wie Messing zu behandeln. Als Schweißpulver dient das gleiche wie für Kupfer und Messing; als Zusatzmaterial für Bronze im Notfalle Messing, für Rotguß Messing oder Kupfer, besser jedoch immer Stäbe aus Bronze bzw. Messing. Sollen Farbenunterschiede verhütet werden, so ist den Zulegestäben ein etwas höherer Gehalt an jenen Legierungsbestandteilen zu geben, die beim Schweißen leicht vergasen; dies betrifft in der Hauptsache Zinn und Zink.

2. Schweißung des Aluminiums und seiner Legierungen.

a) Eigenschaften des Aluminiums und seiner Legierungen.

Aluminium wird aus Tonerde (Aluminiumoxyd) durch deren elektrolytische Zersetzung hergestellt mit einem Reinheitsgrad von 99,3÷99,9% Aluminium; es ist bekanntlich sehr leicht (spezifisches Gewicht 2,65), sein Schmelzpunkt liegt bei 657°, der Siedepunkt bei etwa 1800°. Die Farbe ist weiß; das Material ist schmiedbar, streckbar, hämmerbar und auch genügend gießbar, es hat in seinen Eigenschaften manche Ähnlichkeit mit dem Kupfer. In Deutschland geht das Streben seit dem Weltkrieg dahin, Aluminium möglichst viel an Stelle des insbesondere von Nordamerika eingeführten Kupfers zu verwenden. Aluminium wird bereits stark benutzt zur Herstellung von Gärbottichen, Milchversandbehältern, Verdampfern, Schmelzkesseln, sodann in der Automobil- und Flugzeugindustrie, in letzteren Fällen, wie auch anderswo, oft in Form aluminiumreicher Legierungen; es hat eine starke Wärmeleitfähigkeit und eine große Verwandtschaft zum Sauerstoff. Letzteres erschwert das Schweißen deswegen, weil das sich bildende Aluminiumoxyd einen viel höheren Schmelzpunkt (etwa 3000°) hat als Aluminium. Die beim Schweißen an der Oberfläche des Metalls sich absetzenden Oxydteilchen bilden ein derart widerspenstiges Häutchen, daß eine brauchbare Schweißung ohne Zerstörung der Oxydhaut unmöglich ist. Erst die Erfindung geeigneter Schweißmittel, die sich mit dem Aluminiumoxyd zu einer leichtflüssigen Schlacke verbinden, hat daher eine gute Aluminiumschweißung möglich gemacht.

Aluminiumlegierungen. In Betracht kommen hauptsächlich: Magnalium, mit 80÷90% Aluminium, Rest Magnesium; Duraluminium mit 93÷95% Aluminium, Rest Kupfer, Mangan und Magnesium; neuerdings auch Silumin mit 86÷89% Aluminium, Rest Silizium; letzteres ist eine ausgesprochene Gußlegierung für Automobilgußteile; auch die ersteren und ähnlich zusammengesetzten Legierungen finden vor allem für Automobilteile Verwendung. Alle diese Legierungen sind in ihren Eigenschaften dem Aluminium ähnlich und, unter Beobachtung derselben Vorsichtsmaßregeln wie beim Aluminium, gut autogen schweißbar.

b) Ausführung von Aluminiumschweißungen.

Bei einiger Übung läßt sich Aluminium sauber und so haltbar schweißen, daß die Festigkeit der Schweißnaht die des sonstigen Materials mindestens erreicht, wenn nicht übertrifft. Die Schweißnaht läßt sich unbeschränkt verhämmern und bearbeiten und ist im bearbeiteten Zustand in keiner Weise vom übrigen Material zu unterscheiden.

Als Zulegematerial werden nur reiner Aluminiumdraht oder Abfallstreifen benutzt; alle diesbezüglichen Sonderangebote sind Geschäftsmanöver.

Schweißpulver. Am bekanntesten ist das jetzt im Besitz der Chemischen Fabrik Griesheim befindliche D.R.P. 222960 mit Zusatz-D.R.P. 224284. Dies von Schoop erfundene Schweißpulver enthält 60 Teile Kaliumchlorid, 12 Teile Natriumchlorid, 4 Teile Kaliumsulfat und einen Zusatz von Fluorverbindungen, letztere, um eine größere Dünnflüssigkeit zu erzielen. Mit Schweißpulver (fast immer von weißer Farbe) darf nicht unnütz gespart werden; es bewirkt einen schönen, leichten Fluß und tadellose Verschmelzung. Das Schweißpulver kann sowohl in Pulverform, als auch in Form streichbarer Pasta (mit destilliertem Wasser angerührt) verwendet werden. Die erste Art, die bei den übrigen Schweißpulvern (für andere Metalle) gebräuchlichste, ist auch für starke Aluminiumbleche und -teile sowie für die Schweißung von Aluminiumguß vorzuziehen. Für dünne Aluminiumbleche ist die breiige Pasta geeigneter; sie wird auf die zu verschweißenden Kanten und das Zusatzmaterial mit einem Pinsel aufgetragen.

Aluminiumschweißpulver ist stark hykroskopisch, d. h. es saugt leicht und schnell die Feuchtigkeit der Luft an und verliert allmählich seine charakteristischen Eigenschaften. Es bildet sich eine unbrauchbare, dickflüssige bis teigige Masse von dunkelgelber Färbung. Um dem vorzubeugen, verwahrt man das Flußmittel in Glasfläschchen, die mit eingeschliffenem oder durch Ätzen aufgerauhtem Pfropfen versehen sind. Bei längeren, mehrwöchigen Arbeitsunterbrechungen wie beim Versand verschließt man die Fläschchen vorteilhaft mit Wachs, Siegellack oder Pergament. In Anbetracht seines hohen Preises muß das Aluminiumflußmittel sachgemäß behandelt werden. Man tauche niemals das erhitzte Drahtende in die Glasflasche, sondern entnehme dieser nur immer so viel Pulver in eine kleine Schale (Blechdeckel), als man jeweils voraussichtlich für eine bestimmte Arbeit verbraucht. Andernfalls klumpt sich das Pulver im Fläschchen zusammen und wird minderwertig.

Das Schweißen selbst. Der Übergang vom festen in den flüssigen Zustand tritt bei Aluminium ganz plötzlich ein, ohne daß sich vorher besondere Kennzeichen einstellen. Da außerdem eine Verbindung des Schweißdrahts mit nicht flüssigem Aluminium unmöglich ist, vielmehr das aufgetragene Material durch die Flamme fortgeblasen wird, so ist für sachgemäße Schweißung guter Fluß des Grundmaterials Bedingung; hierbei ist darauf zu achten, daß sich die unter der Flamme befindlichen, bereits angeschmolzenen Teile nicht setzen (Abb. 53 *B*) oder beim Rühren mit dem Schweißdraht gar durchbrechen (Vorrichtung Abb. 53 *C*). Da Aluminium ein guter Wärmeleiter ist, wandert beim Schweißen immer ein großer Teil der zugeführten Wärme an das der Schweißstelle zunächstliegende Metall ab, weshalb es vorteilhaft ist, vor Beginn des Schweißens das Schweißstück entlang der Naht mit der Flamme etwas vorzuwärmen.

Bei starkem Material ist leichtes Rühren im Schmelzbade mit dem Schweißstabe angebracht. Die Schweißung von Aluminiumblechen unter 1 mm Stärke bietet einige Schwierigkeit, bei weniger als 0,5 mm Stärke selbst geübten Schweißern. Womöglich erleichtert man sich die Arbeit, indem man die Bleche bördelt (Abb. 51 *A*) und den Bord niederschmilzt. Außerdem sind schwache Aluminiumbleche (auch schwache Messingbleche) vorteilhaft mittels Wasserstoff zu schweißen. Zur Steigerung der Verbindungsfähigkeit ist ferner das metallische Blankmachen der Schweißstellen (vornehmlich bei schwachem Material) angebracht. Richtige Haltung der Schweißflamme erleichtert besonders die Schweißung dünner Bleche mit Azetylen bedeutend, und zwar soll die Flamme immer das Zulegematerial, nicht das Blech, treffen (Abb. 87).

Durchbrechen und Einfallen ganzer Materialpartien verhütet man beim Schweißen von Löchern, Rissen oder Brüchen in großflächigen Aluminiumgußkörpern durch Unterhalten eines der Form des Schweißstücks angepaßten, gutanliegenden Eisenblechs von 1 ÷ 2 mm Stärke. Auf diese Weise kann man auch größere Flächen gewissermaßen ausgießen, derart, daß man die offenen Stellen durch Einschmelzen von Draht ausfüllt. Nach Erkalten des Körpers läßt sich die gegengehaltene Form leicht entfernen, da Eisen mit Aluminium nicht ohne weiteres eine Verbindung eingeht.

Ähnlich Bronze ist erhitztes Aluminium, besonders gegossenes, äußerst bröcklich. Mit Rücksicht hierauf muß beim Wenden und Bewegen geschweißter, noch hocherhitzter Stücke sorgfältig verfahren werden. Wo ein Abschrecken geschweißter Aluminiumteile technisch angängig ist, trägt es zur Verbesserung des Schweißnahtgefüges bei. Mit Spannungen behaftete Aluminiumgußstücke wärmt man, soweit dies durchführbar ist, mit der Flamme vor; größere Stücke werden, wenn kein Muffelofen zur Verfügung steht, auf eine etwa 1 mm starke Eisenblechtafel gelegt, unter der man ein Holzkohlenfeuer unterhält. Vorsicht! Der Körper kann leicht zu heiß werden und ganz oder teilweise zusammenschmelzen.

3. Schweißung der übrigen Metalle.

Bei Besprechung der Schweißung dieser Metalle können wir uns kurz fassen. Einmal handelt es sich um Sondergebiete, welche den Durchschnittsschweißer wenig oder gar nicht interessieren, zweitens können alle im vorausgegangenen gemachten Ausführungen größtenteils auch auf diese Metalle ausgedehnt werden.

a) Nickel.

Nickel, ein weißes Metall von hellem Glanze und bei gewöhnlicher Temperatur von nur sehr geringer Oxydationsfähigkeit, hat einen Schmelzpunkt von 1452° und zeigt im allgemeinen dem Eisen ähnliche Eigenschaften. Sein Bestreben, im geschmolzenen Zustande größere Mengen von Gasen aufzunehmen, hat es mit dem Kupfer gemein und beim Schweißen auch ein dem Kupfer gleichendes Verhalten. Aus diesem Grunde ist scharfe Einstellung der Schweißflamme, ohne jeden Überschuß an Brenngas und Sauerstoff, wesentlich. Erfahrungsgemäß ist Reinnickel besser schweißbar als seine Legierungen, aus denen es sich beim Schweißen mitunter absondert.

Beim Schmelzschweißen des Nickels traten neben geringer Festigkeit der Schweißnaht — große Hohlräume infolge Aufnahme großer Gasmengen; beim Hämmern riß die Naht meist auf — häufig auch Risse in der Naht selbst auf, die nachzuschweißen ein stets zweckloser Versuch war. Man half sich daher so, daß man die zu verbindenden Stellen metallisch blank machte, in Länge der 3÷5fachen Materialdicke überlappte und, durch Schweißflammen erhitzt, zusammenhämmerte, ein der Feuerschweißung und der Wassergasschweißung verwandtes Verfahren. Als Unterlage diente ein der jeweiligen Form des Schweißstücks entsprechender, beheizter Amboß.

Vor nicht zu langer Zeit ist es indessen den Vereinigten Schwerter Nickelwerken, dem bedeutendsten deutschen Unternehmen auf diesem Gebiete, gelungen, ein Verfahren ausfindig zu machen, Nickel mit der Schweißflamme zufriedenstellend stumpf schmelzzuschweißen. Das Verfahren ist allerdings patentiert und beruht auf einem Zusatz bestimmter Mengen von Mangan zum Zusatzmaterial. Anderenorts sollen mit Vanadium, an Stelle des Mangans, gute Erfolge erzielt worden sein.

b) Blei.

Anders liegen die Verhältnisse beim Blei. Die längst bekannte Bleilötung ist teilweise eine Schmelzschweißung; es wird Blei in das Grundmetall Blei eingeschmolzen. Blei ist eines der weichsten Metalle (unter den technisch brauchbaren Metallen das weichste), sein Schmelzpunkt liegt bei 327°, sein Siedepunkt bei etwa 1525°. Bekanntlich sind die Bleidämpfe sehr giftig. Sie setzen sich in der Umgebung der Schweißstelle in großen Mengen als gelber, übelriechender Belag ab. Bleischweißer müssen daher Respiratoren (Atmungsmasken) tragen. Zwei dem Blei eigentümliche Eigenschaften erschweren seine Schweißbarkeit: Große Verwandtschaft zum Sauerstoff und daher Bildung von Bleioxydul und dessen über der Schmelztemperatur metallischen Bleis gelegener Schmelzpunkt. Die sich entwickelnde Schicht von Bleioxydul ist zäh und sehr dickflüssig und hindert die Schweißarbeit beträchtlich. Ein Abschaben, d. h. vorheriges gründliches Blankmachen der Verbindungsstellen, wie auch des Bleidrahtes (unter Umständen mit Schmirgelpapier), ist deshalb unerläßlich. Die Drahtstärke hat sich nach der Bleidicke zu richten, doch sollten wegen der Schmiegsamkeit des Bleis Drähte unter 2 mm Durchmesser keine Verwendung finden.

Die Vorbereitung der Schweißnähte kann, abweichend von der der übrigen Metalle, für Blei sehr beliebig sein. Erscheinungen, wie Verziehen, Reißen u. a., die wir als Folge von Materialspannungen kennenlernten, haben auf Blei überhaupt keinen Bezug, da es nicht allein ein sehr schlechtes Wärmeleitvermögen besitzt, sondern auch, was hier noch mehr ins Gewicht fällt, außerordentlich große Weichheit und Formanpassungsfähigkeit (auch in kaltem Zustand), die ihm große Bewegungsfreiheit nach jeder Richtung gestatten. Darum kann, je nach Bedarf und Belieben, stumpf, gebördelt oder überlappt geschweißt werden. Die Bleischweißung findet ausgedehnte Anwendung im Rohrleitungsbau, bei der Herstellung von Bleikammern für Schwefelsäurefabriken, beim Auskleiden Säure aufnehmender Behälter usw.

Besonders für dünne Bleibleche eignet sich die heiße Azetylenflamme weniger als die Wasserstoffflamme; wir finden die letztere daher beim Bleischweißen am meisten verbreitet. Starkwandige Bleigegenstände werden mit normalen Wasserstoffschweißbrennern (also unter Zufuhr von Sauerstoff) oder mit Azetylenluftgebläsen bearbeitet, dünnwandige mit Wasserstoff allein, mit sog. Starkbrennern. Bei den letzteren wird die erforderliche Verbrennungsluft infolge der Strömungsgeschwindigkeit des austretenden Wasserstoffs selbsttätig angesaugt.

c) Gold, Silber, Platin.

Diese Edelmetalle sind infolge ihres geringen Oxydationsvermögens durchweg ohne Schweißpulver sehr gut schweißbar, und die Juwelenindustrie macht von der Schmelzschweißung ausgedehnten Gebrauch. Die Schweißstellen erreichen große Dichte und Festigkeit, sind gut bearbeitbar und vom Grundmetall nicht zu unterscheiden. Alle drei Metalle werden vornehmlich mit Azetylen geschweißt. Einer der Verfasser hatte selbst die seltene Gelegenheit, 1,3 mm starke Platinrohre und Silberrohre von 3,5 mm Wandstärke (für chemische Versuchsapparate) zu schweißen. Die Vereinigung der Stoßfugen (stumpf) ließ sich mit der Azetylenflamme vollkommen einwandfrei durchführen.

IV. Autogenes Löten.

Das Löten unterscheidet sich vom Schweißen in der Hauptsache dadurch, daß die zu lötende Stelle nicht auf Schmelztemperatur gebracht wird, sondern nur so weit vorgewärmt wird, als es der Schmelzpunkt des als Träger der Festigkeit dienenden Verbindungsmittels, des Lots, verlangt. Beim Löten hat demnach stets ein Fremdkörper, das Hartlot (Schlaglot) oder das Weichlot, die Verbindung herzustellen, die beim Hartlöten durch Eindringen eines oder mehrerer Bestandteile des Lots in das vereinigte Metall erhebliche Verstärkung erfährt. Eine scharfe Grenze zwischen Löten und Schweißen läßt sich nicht immer bestimmen. So sahen wir beispielsweise, daß die Bleilötung eigentlich als Schweißung zu bezeichnen ist. Ähnlich liegen die Verhältnisse beim Zusammenlöten von Kupfer und Messing mit Messingdraht; für Kupfer ist es nach vorstehendem eine Lötung, da Messing als Fremdkörper zu betrachten ist; für Messing indessen ist es ein regelrechter Schweißvorgang.

Wir haben zwischen zwei stark voneinander abweichenden Lötverfahren zu unterscheiden: zwischen Hartlöten und Weichlöten. Alle mit Hartlot (Schlaglot), ob im Holzkohlenfeuer oder mit der Gasflamme ausgeführten Lötungen sind als Hartlötung zu bezeichnen. Ihr gegenüber steht die Weichlötung, gekennzeichnet dadurch, daß das zu verbindende Material nicht erwärmt, vielmehr das leicht schmelzbare Weichlot (Lötzinn) mittels eines heißen Lötkolbens abgeschmolzen und auf das vorher metallisch blank gebeizte (geätzte) Metall in dünner Schicht aufgetragen wird. Beide Lötarten sind unter Zuhilfenahme von autogenen Schweißgeräten mustergültig durchführbar. Man spricht dann von „autogenem Löten“. Das Löten soll im folgenden nur hinsichtlich der Verwendung der autogenen Schweißgeräte besprochen werden. Der Lötvorgang selbst wird als bekannt vorausgesetzt.

Beim Hartlöten finden, je nach Art der zur Verfügung stehenden Anlage, Azetylen-, Wasserstoff-, Leuchtgas-, Blaugas- oder Benzinflammen (mit Sauerstoff, teilweise mit Luft betrieben) Anwendung. Die Erwärmung im Holzkohlenfeuer, ein an und für sich ebenso unsauberer und umständlicher, wie unübersehbarer Erhitzungsvorgang, wird durch das weitaus bessere und vollkommenere Mittel, die offene Flamme, ersetzt. Als Lötmittel dienen in der Hauptsache Hartlote (Schlaglote) aus $42 \div 60$ Teilen Kupfer, Rest Zink (Schmelzpunkt $620^0 \div 840^0$); als Lötpulver (entsprechend dem Schweißpulver) genügt Borax.

Zusammenlöten läßt sich auf diese Weise: Kupfer mit Kupfer, Kupfer mit Messing, Eisen mit Messing, Eisen mit Kupfer usw., wobei, einige Übung vorausgesetzt, sehr haltbare und saubere Lötnähte entstehen. Die Gestehungskosten sprechen in allen Fällen sehr zugunsten der autogenen Lötung, besonders im Fahrradrahmenbau und in der Kupferrohrinstallation.

Für Weichlötung kommt der mit Azetylen, bzw. Leuchtgas und Luft beheizte Lötkolben fast ausschließlich in Frage. Besonders konstruierten Brennern werden meist verstellbare Kupferkolben mannigfacher Form und Größe vorgelagert und vom Gasluftgebläse geheizt. Die Heizung kleinerer Kolben erfolgt mit Hilfe der bekannten Bunsenbrennereinrichtung, welche sich die zur Verbrennung des Gases notwendige Luftmenge selbst ansaugt, die Heizung größerer Kolben mit Gas-Preßluft- oder Gas-Sauerstoffgebläseflammen. Für Weichlötzwecke (Bunsenbrenner) eignen sich vornehmlich Azetylenentwickler mit hohem Gasdruck. Als Lötmittel dient in der Hauptsache Weichlot (Lötzinn) mit wechselnden Mengen von Zinn und Blei (Schmelzpunkt meist $180^0 \div 240^0$).

Der Hauptvorzug und die Wirtschaftlichkeit der Autogenweichlötung liegt vor allem in der leichten Regulierbarkeit der Flammengröße und in der durch dauernde Beheizung des Kupferkolbens erzielten, ununterbrochenen Arbeitsmöglichkeit.

V. Die Güte der Schweißnaht.

Bereits im Abschnitt III C 6 wurde darauf hingewiesen, daß eine möglichst einfache und billige Prüfung der Schweißnaht sehr erwünscht sei, bisher aber noch nicht erreicht werden konnte. Trotzdem nun die kostspieligen Untersuchungen der Festigkeit, der chemischen Zusammensetzung und des Kleingefüges der Schweißstelle nur in besonderen Laboratorien durchgeführt werden können, sind sie heute doch schon zur Beurteilung der Schweißnaht unentbehrlich geworden und geben vor allem auch wertvolle Fingerzeige für gutes Schweißen und für Fortschritte in der Schweißtechnik.

Festigkeitsuntersuchungen. Die Güte einer Schweißnaht wurde nach den bisherigen Anschauungen meistens dadurch festzustellen gesucht, daß man die Zerreißfestigkeit und Dehnung der Schweißnaht mit den entsprechenden Werten des vollen Materials verglich, indem man Probestäbe mit Hilfe einer Prüfmaschine zerriß. Bei der autogenen Schweißung ist nach den den Verfassern vorliegenden Unterlagen die Zerreißfestigkeit der Schweißnaht zu 70÷100% derjenigen des vollen Blechs und die Dehnung der Schweißnaht zu 20÷90% derjenigen des vollen Blechs festgestellt worden. Die Zerreißfestigkeit der Naht ist also im allgemeinen gut, während die Dehnung oft noch sehr zu wünschen übrig läßt. Im übrigen geht aus den gewaltigen Unterschieden der vorgenannten Grenzwerte zur Genüge hervor, daß es beim autogenen, wie bei jedem anderen Schweißverfahren in erster Linie auf sorgfältiges Arbeiten und geübte Schweißer ankommt, wenn gute Ergebnisse erzielt werden sollen. Zu erwähnen ist noch, daß eine große Anzahl der bisherigen Zerreißversuche insofern nicht einwandfrei ist, als nicht angegeben, bzw. nicht darauf Rücksicht genommen ist, ob die Schweißnaht dicker oder dünner als das übrige Material oder etwa gleich stark war.

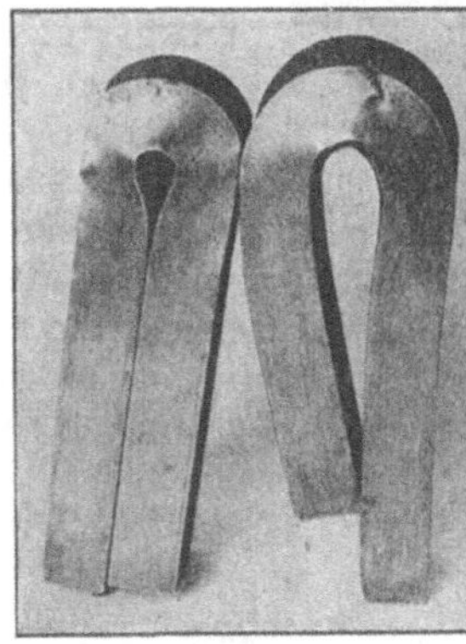

Abb. 88. Biegeprobe von Schweißstäben.

Neben der Zerreißprobe sind in neuerer Zeit Biege-, Verdrehungs- und Schlagproben durchgeführt worden, von denen die Biegeprobe wohl als die einfachste und als maßgebender für die Zähigkeit der Schweißnaht angesehen werden kann, als die bei der Zerreißprüfung festgestellte Dehnungszahl. Wenn die Schweißstelle genau in der Biegung liegt und ein flaches Zusammenbiegen um 180° aushält, so ist dies ein sicheres Zeichen einer ausgesprochen guten Schweißung. Abb. 88 zeigt zwei derart gebogene, autogen geschweißte Stäbe, von denen der linke eine besonders gute Schweißung ohne jeden Anriß aufweist.

Geschweißte Hohlkörper können durch Dampf-, Luft- oder Wasserdruck auf Dichtheit und Festigkeit geprüft werden, wobei ein leichtes Abhämmern der unter Druck stehenden Schweißstelle zu empfehlen ist.

Chemische Untersuchungen autogener Schweißungen sind kaum bekannt geworden. Ebenso ist die Untersuchung mit Hilfe von **Röntgenstrahlen** nicht gebräuchlich, bzw. noch in der Entwicklung.

Metallographische Untersuchungen. Der Metallograph untersucht das Kleingefüge des Metalls und dessen Aufbau und zieht aus der Struktur des meist im Mikroskop stark vergrößerten Materials Schlüsse auf dessen Herstellung und Behandlung. Er entnimmt dem zu prüfenden Material kleine Stückchen, feilt, schleift und poliert eine Fläche und macht, da auf der glänzenden Fläche selten etwas zu erkennen ist, das Gefüge dadurch sichtbar, daß er die Schlifffläche entweder anläßt, oder, was am häufigsten vorkommt, mit gewissen Säuren ätzt. Dadurch treten die einzelnen kristallinischen Bestandteile des Metalls, im Mikroskop gesehen, in verschiedenen Farben oder erhaben hervor. An Stelle dieser mikroskopischen Prüfung genügt oft auch die makroskopische (mit unbewaffnetem, bloßem Auge). Werden diese Schliffätzungen unvergrößert photographisch festgehalten, dann entstehen Bilder, wie wir sie in Abb. 89÷93 vorfinden. Dem

Schweißer geben sie beispielsweise Aufschluß über alle Fehler, die ihm bei der Schweißung eines Metalls unterlaufen sind: Schlechte Flammeneinstellung, Überhitzung, Verbrennung, Verwendung schlechten Zusatzdrahtes, ungenügende Durchschweißung, schlechte Bindung und vieles andere.

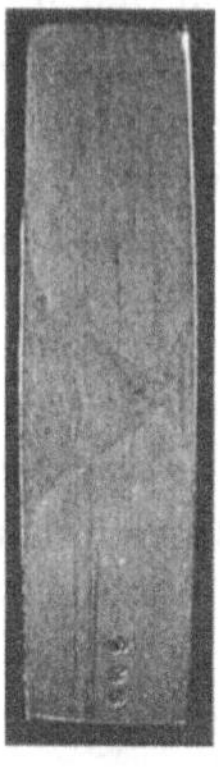

Abb. 89. Gute Schweißung eines Flußeisenblechs.

In Abb. 89 sehen wir zunächst eine **gute Schweißnaht**[1] eines Flußeisenblechs, die zu etwa $^1/_5$ von der oberen und zu $^4/_5$ von der unteren Seite ausgeführt wurde. Die Güte der Schweißung ist durch ein gleichmäßiges, poren- und schlackenfreies, insbesondere gleichartiges Aussehen gekennzeichnet. Interessant sind die Ätzungen der Abb. 90 (1 und 2), die geschweißtem Schweißeisen entnommen sind. Schon die Marmorierung des Flacheisens — um solches handelt es sich hier — läßt auf Schweißeisen schließen. An den mit *a*, *b* und *c* bezeichneten Stellen befinden sich Schlackeneinschlüsse und Seigerungen (Ausscheidungen) von Phosphor, Schwefel, Silizium usw.

Abb. 90 läßt im Schliff 1 Spuren einer **Kohlenstoffanreicherung** (dunkle Färbung), im übrigen aber eine tadellose Schweißung erkennen. Das in Schliff 2 dargestellte Material ist absichtlich nur zu etwa $^2/_3$ seiner Dicke durchgeschweißt worden, so daß ein Spalt *d* bestehen bleibt, der zeigen soll, daß man solche Schweißarbeiten keiner hohen Beanspruchung aussetzen darf. Die Schweißung selbst wurde mit gut regulierter Flamme durchgeführt, wie sich aus der mit dem Grundmaterial übereinstimmenden, gleichmäßig hellen Färbung folgern läßt. Die im Grundmaterial in hohem Maße vorhandenen Verunreinigungen sind an und, was wichtiger ist, in den Schweißfugen völlig verschwunden.

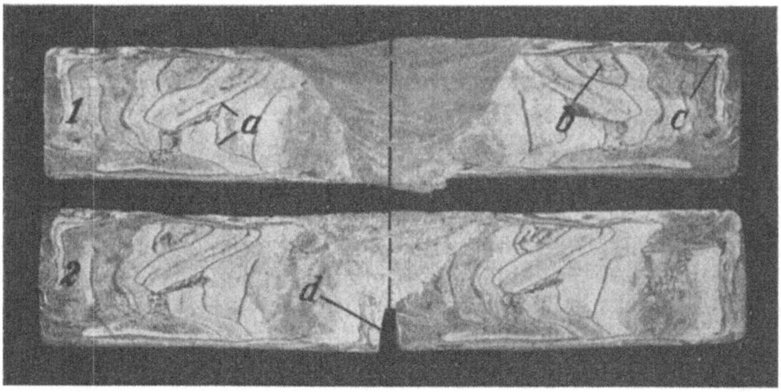

Abb. 90. Schweißungen von Schweißeisen.

Der Unterschied zwischen Kohlung und Entkohlung tritt in Abb. 91 (Flußeisenblech) scharf hervor. *b* ist **nicht durchgeschweißt**; oberhalb dieser Fuge wurde zuerst mit **Gasüberschuß** (dunkle Färbung), darauf mit **Sauerstoffüberschuß** (helle Färbung) geschweißt. Im obersten Teile der Schweißnaht machen sich schon Anzeichen von **Überhitzung** und die Einlagerung von Fremdkörpern (Oxydeinschlüsse) bemerkbar. Infolge schlechten Schweißens kann die Kohlung (Zementation) des Eisens soweit getrieben werden, daß der Nahtquer-

[1] Die Proben (Abb. 89 ÷ 93) entstammen Schweißnähten an Eisenblechen. Schliffe und Aufnahmen (Abb. 90 ÷ 93) sind von einem der Verfasser angefertigt und dessen Arbeiten entlehnt. Bei allen Proben sind die Schweißnähte quer zur Schweißrichtung geschnitten; die gestrichelten Linien entsprechen ungefähr der Mitte der Naht, mithin der ursprünglichen Stoßstelle der beiden Blechkanten.

schnitt in der Schliffätzung ausgesprochen schwarz erscheint. Solche Schweißungen sind, gleich den verbrannten, vollkommen unbrauchbar.

Während die bisherigen Bilder einseitig geschweißte Bleche wiedergaben, zeigen uns die nun folgenden Abb. 92 und 93 doppelseitig geschweißte Flußeisenbleche von 30 mm Stärke. Die Ätzung in Abb. 92 stammt von einer Schweißnaht, die trotz geringer Mängel als gut anzusprechen ist, da Bleche von solchen Abmessungen schwer schweißbar sind. Hier ist die Wassergasschweißung am Platze. Nur an der Stelle *b* ist dem Schweißer ein Fehler unterlaufen insofern, als er eine Oxydschicht nicht genügend zerstört und mit eingeschmolzen, beziehentlich das Material nicht ausreichend geschmolzen (kaltgeschweißt) hat. Bei *a* sehen wir Schwefeladern, die an der Schweißfuge unterbrochen sind.

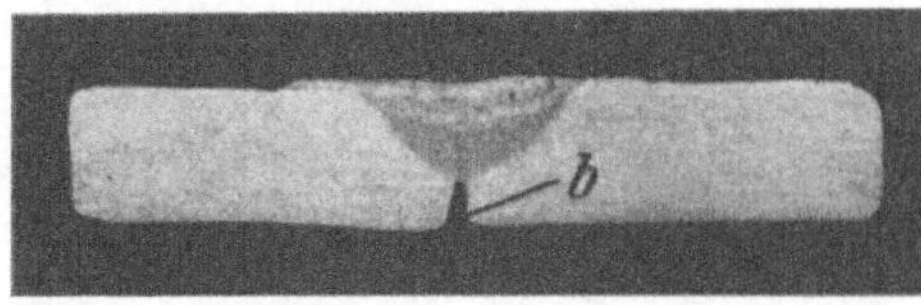

Abb. 91. Schlechtgeschweißtes Flußeisenblech.

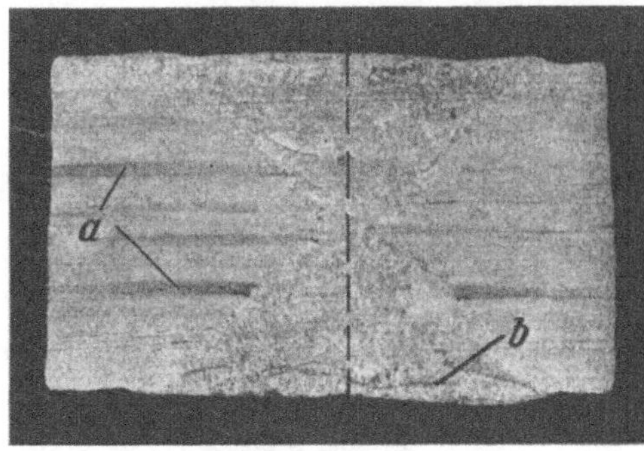

Abb. 92. Starkes, doppelseitig geschweißtes Flußeisenblech.

Aus Abb. 92 ist auch die kristallinische, körnige Gefügestruktur des eingeschmolzenen Zusatzmaterials ersichtlich, das sich auf diese Weise vom Grundmaterial, dessen Gefüge von streifigem, langgezogenem Aussehen ist, abhebt. Man erhält bei ungehämmerten, ungeglühten Schweißnähten das Gefüge eines gegossenen Materials, denn die Schmelzschweißung ist im Grunde genommen nichts anderes als ein Kleingießverfahren. Das beim Walzen des Blechmaterials entstandene, in der Schweißfuge unterbundene, faserige Gefüge kann annähernd wieder hergestellt werden, wenn die Schweißnaht im rotwarmen Zustande (oberhalb 800°) gut gehämmert, gestreckt (ausgebreitet) oder gewalzt wird Diese mechanische Bearbeitung muß aber stets bei einer Temperatur erfolgen, bei welcher das Eisen nicht mehr magnetisch ist (deutliche Rotglut, über 770°). Hieraus erklärt es sich, warum man in Schweißereien mitunter kleine Hufeisenmagnete antrifft; sie dienen dazu, die zulässige untere Grenze der Hämmertemperatur auf einfachste Weise festzustellen. Da Eisen unterhalb 770° wieder seinen Magnetismus zurückerhält, darf es in diesem Zustande nicht gehämmert werden, wenn innere Spannungsrisse im Material verhindert werden sollen, die späterhin im Betriebe zu Bruchbildung Veranlassung geben können.

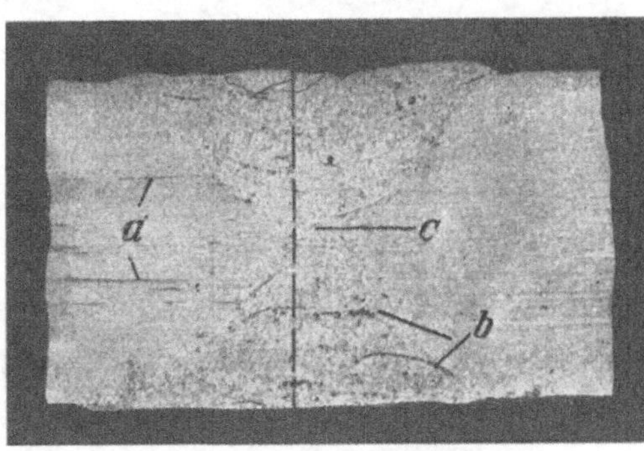

Abb. 93. Starkes, doppelseitig geschweißtes Flußeisenblech mit Schlackeneinschlüssen.

Welchen Einfluß die Verwendung unreinen, daher erfahrungsgemäß ungeeigneten Zusatzmaterials hat, soll Abb. 93, die Schlifffläche eines ebenfalls 30 mm starken, im übrigen doppelseitig, gut geschweißten Flußeisenblechs zeigen. Umfangreiche Schlackeneinschlüsse sind an verschiedenen Stellen der Naht (insbesondere bei *b*) eingelagert und beeinträchtigen deren Querschnittsfestigkeit in ungünstigem Sinne erheblich. Als Zusatzmaterial sollte daher für Schmiedeeisen reines, möglichst kohlenstoffarmes (schwedisches Holzkohlen-) Eisen Verwendung finden, da eine Kohlenstoffabnahme in der Eisennaht bei weitem nicht die üblen Folgen einer Kohlenstoffanreicherung zeitigt. Hohen Beanspruchungen ausgesetzte Körper, beispielsweise flußeiserne Kesselbleche, dürfen nur mit bestem, kohlenstoffarmem Eisen geschweißt werden. *a* in Abb. 93 zeigt Schwefeleinflüsse, bei *c* treffen die beiderseitigen ersten Schweißlagen zusammen.

Abb. 94. Kleingefüge von Kupfer, ungeschweißtes Material (115fache Vergrößerung).

Abb. 95. Grobkristallinisches Kleingefüge der frischen Kupferschweißnaht (115fache Vergrößerung).

Abb. 94 und 95[1]) zeigen schließlich das Kleingefüge von Kupferblechen von 2 mm Stärke in 115facher Vergrößerung, während die bisherigen Bilder ohne nennenswerte Vergrößerung aufgenommen waren. In Abb. 94 sehen wir das reine Blechmaterial, die Probe in einiger Entfernung von der Schweißnaht entnommen. Die Kupferkristalle sind feinkörnig und gleichmäßig. Abb. 95 zeigt demgegenüber die Kristalle in der Schweißnaht. Die Kristalle sind sehr

[1]) Aus der Materialprüfungsanstalt der Staatl Gewerbeakademie, Chemnitz.

grobkörnig; die schwarzen Stellen sind Hohlstellen, bzw. Einschlüsse von Kupferoxydul, die schon ursprünglich im Material vorhanden waren. Die grobe Kristallstruktur der Schweißnaht läßt sich durch Verhämmern wieder verfeinern; sie sieht dann fast genau wieder so aus wie Abb. 94. Das Gefüge der Schweißnaht läßt sich also durch das Verhämmern verfeinern, verbessern.

VI. Leistungen und Kosten der autogenen Schweißverfahren.

Blechschweißungen. Die weitgehendsten Unterlagen und Erfahrungen liegen naturgemäß über Eisenblech vor. Sie können, unter Berücksichtigung des beim Schweißen der anderen Metalle Gesagten, auf Blechschweißungen der Nichteisenmetalle entsprechend übertragen werden. Bei Kupferblechschweißungen und Verwendung von Canzler-Zusatzdraht kommt man z. B. gerade mit zwei Schweißbrennern aus, von denen jeder ebenso groß sein muß als der eine Brenner, welcher für das Schweißen gleich starker Eisenbleche notwendig ist; man wird dann also etwa den doppelten Gasverbrauch haben als bei der entsprechenden Eisenblechschweißung. Bei Verwendung von Elektrolytkupferdraht ist der Gasverbrauch wesentlich höher, da man dann wesentlich stärkere Brenner nehmen muß.

In Zahlentafel 2 sind alle für das Schweißen von Eisenblech wichtigen Leistungszahlen als Durchschnitt der von den verschiedenen Firmen angegebenen Werte und auf Grund von Erfahrungszahlen der Verfasser zusammengestellt. Ausdrücklich aber sei betont, daß die in Spalte 5 angeführten, erreichbaren Schweißnahtlängen im m/st sich auf die Leistungsfähigkeit eines guten Schweißers beziehen. Im Durchschnittsbetrieb wird man hinter diesen Werten zurückbleiben. Auch dem in Spalte 6 und 7 angegebenen Verbrauch an Azetylen, bzw. Sauerstoff legt man zweckmäßig bei Kalkulationen (Berechnungen) etwa um 15÷20 % höhere Werte zugrunde, schon allein mit Rücksicht auf Gasverluste, Gasreste in den Flaschen usw. Günstigere Zahlen als die angegebenen sind jedenfalls im Dauerbetrieb kaum erreichbar. Die Werte beziehen sich auf die reine Schweißarbeit, Vorbereitungsarbeiten, Heften, Bedienung der Geräte usw. sind je nach der Art der vorhandenen Einrichtungen besonders hinzuzurechnen.

Zahlentafel 2.

1	2	3	4	5	6	7	8	9
Blechstärke	Nummer (Größe) d. Schweißbrennerspitze	Annähernd. Sauerstoffdruck	Annähernde Länge des Flammenkerns	Erreichbare Schweißnahtlänge	stündlicher Gasverbrauch		Gasverbrauch für 1 m Naht	
					Azetylen	Sauerstoff	Azetylen	Sauerstoff
mm		at	mm	m/st	l	l	l	l
bis 0,3	000	0,2	3	7 ÷ 8	25	30	3,2	3,7
0,3 ÷ 0,5	00	0,3	4	8 ÷ 9	40	55	4,5	6,0
0,5 ÷ 1	0	0,5	6	9 ÷ 10	70	80	7,0	8,0
1 ÷ 2	1	0,8	8	6 ÷ 8	140	160	17,5	20,0
2 ÷ 4	2	1,0	12	4 ÷ 6	290	320	48,3	53,5
4 ÷ 6	3	1,3	15	3 ÷ 4	460	550	115,0	137,5
6 ÷ 10	4	1,5	17	2 ÷ 3	750	890	250,0	296,0
10 ÷ 15	5	1,8	19	1,5 ÷ 2,5	1200	1450	480,0	580,0
15 ÷ 20	6	2,2	21	1 ÷ 1,5	1750	1980	1170,0	1320,0
20 ÷ 25	7	2,8	23	1 ÷ 1,2	2300	2750	1920,0	2290,0
25 ÷ 30	8	3,2	25	0,8 ÷ 1,0	2800	3600	3100,0	4000,0

Die in Zahlentafel 2 unter Spalte $5 \div 9$ wiedergegebenen Werte gewinnen erheblich an Übersicht, wenn man sie zeichnerisch (graphisch) darstellt, wie dies in Abb. 96 durchgeführt worden ist. Um dem Schweißer das Lesen und Verstehen derartiger Darstellungen zu erleichtern, seien kurz folgende Erläuterungen gegeben: Man trägt auf einer Wagerechten in beliebigem Maßstab Abstände auf, die in unserem Fall je ½ oder 1 mm Blechstärke entsprechen, und ebenfalls, in irgendeinem anderen Maßstab, auf einer Senkrechten (links) Abstände, die je 10 oder 50 oder mehr l Azetylen oder Sauerstoff entsprechen. Oft werden die Abstände auch für je 1 mm Blechstärke oder je 10 l Gas gleichmäßig gemacht, was aber aus zeichnerischen Gründen nicht immer vorteilhaft ist. Zur besseren Ausnutzung des Platzes gilt z. B. in unserer Abb. 96 ein Abstand auf der Senkrechten links unten zunächst für 10 l Gas, weiter oben aber für 50 l, 200 l usw. Man kann nun jeden Wert der Zahlentafel — in unserem Falle ist dies für die Spalten 5, 6 und 7 durchgeführt — in Abb. 96 durch einen Punkt festlegen, in dem man z. B. für den Azetylenverbrauch des 2 mm-Blechs (140 l) die Senkrechte für 2 mm Blechstärke mit der Wagerechten für 140 l Azetylenverbrauch zum Schnitt bringt (Punkt I). In derselben Weise sind die Punkte II und III und weitere Punkte aufgezeichnet und dann miteinander verbunden worden. Man erhält eine gerade oder gekrümmte Linie *a* — allgemein gesagt: eine Kurve — für den Azetylenverbrauch in der Stunde und für alle Blechstärken und in entsprechender Weise die Kurve *b* für den Sauerstoffverbrauch und schließlich die Kurve *c* für die Schweißnahtlänge in Meter in der Stunde. Für letztere sind aber die Meter Naht an der Senkrechten rechts besonders aufgetragen; sie haben ja auch mit den Liter Gasverbrauch nichts gemein. Haben wir einmal eingezeichnete Kurven vor uns, so können wir nun leicht für jede beliebige Blechstärke den stündlichen Azetylenverbrauch usw. finden. Wir gehen z. B. bei 22 mm Blechstärke senkrecht hoch, bis wir die Kurve *a* im Punkt IV schneiden, dann wagerecht nach links bis zum Rand und finden dort rund 1900 l Gasverbrauch für diese Blechstärke.

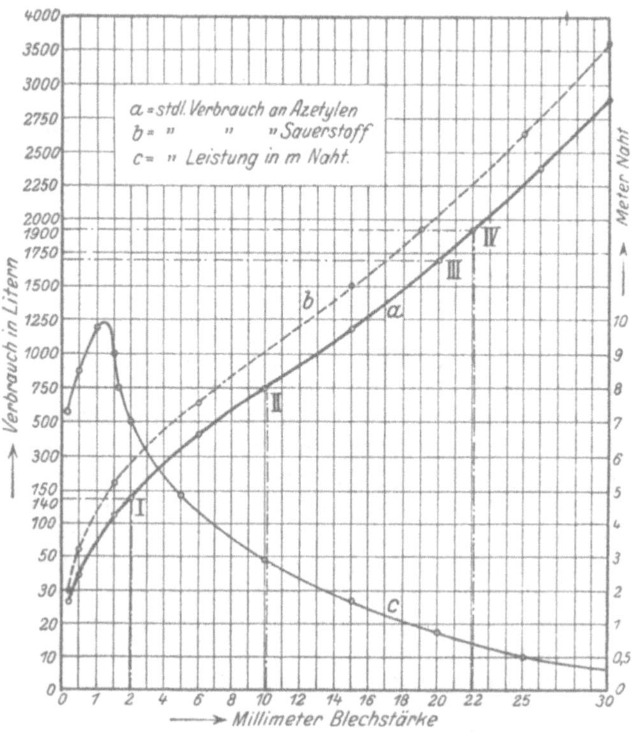

Abb. 96. Stündlicher Gasverbrauch und Leistung in m Naht.

In Abb. 97 sind in gleicher Weise die Leistungen und Kosten der verschiedenen autogenen Schweißverfahren (Azetylen-, Wasserstoff- und Benzolschweißung) der Wassergas- und Feuer- (Koks-) Schweißung gegenübergestellt. Die Kosten enthalten die Brennstoffkosten und Arbeitslöhne nach den Preisen von 1914, von denen ja die heutigen Preise nicht wesentlich abweichen. Wir sehen aus den schwarz ausgezogenen Kurven für die Preise, daß die Koksschweißung bei allen Blechstärken teurer ist als die autogenen Schweißverfahren, daß die Wasserstoff- und auch die Benzolschweißung teurer sind als die Azetylenschweißung (weil ihre Kurven höher liegen) und daß nur für größere Blechstärken die Wassergasschweißung am billigsten wird; dabei darf man aber nicht vergessen, daß dieser Vorteil der Wassergasschweißung nur bei umfangreichen Arbeiten in Erscheinung treten wird, nicht bei kurzen Blechnähten. Weiter ist aber auch noch darauf hinzuweisen, daß die elektrische Lichtbogenschweißung, die in Abb. 97 nicht mit aufgeführt ist, heute, besonders bei mittleren und größeren Blechstärken, billiger wird als die Azetylenschweißung.

Reparaturschweißungen. Hierüber liegen selbstverständlich infolge der großen Verschiedenartigkeit der Arbeiten nur Einzelangaben vor. Die Zeitdauer spielt bei diesen Schweißungen lange nicht die Rolle wie bei den Blechschweißungen. Die Kosten sind sehr verschieden; bei Gußschweißungen betrugen sie z. B. nach neuen Feststellungen der deutschen Reichsbahn in einzelnen, bestimmten Fällen 11 % des Neuanschaffungswerts des Stücks und werden sehr oft nur 5÷15 % des Neuanschaffungswerts ausmachen. Der Wert der Schweißung liegt übrigens bei diesen Reparaturen nicht nur in der vorgenannten, wesentlichen Kostenersparnis, sondern vor allem auch in derjenigen Kosten- und Zeitersparnis, die durch schnellere Wiederinbetriebsetzung der betreffenden Maschinen usw. erzielt wird. Nach Angaben von Bothe in „Das Kupferschweißverfahren, insbesondere bei Lokomotivfeuerbüchsen" kann man z. B. rechnen, daß bei der deutschen Reichsbahn schätzungsweise ständig 2000 Lokomotiven mit Feuerbüchsschäden, deren Beseitigung durch Schweißen möglich ist, dem Betrieb entzogen sind und daß bei diesen Lokomotiven durch Anwendung des autogenen Schweißverfahrens durchschnittlich acht Tage an Ausbesserungszeit gewonnen werden.

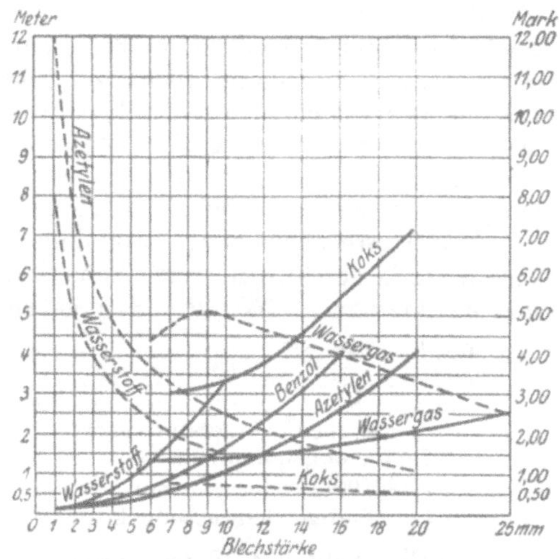

Abb. 97. Leistungen und Kosten verschiedener Schweißverfahren bei Blechschweißungen.

Anlage- und Betriebsstoffkosten (Zahlen von Mitte 1924).

Anlagekosten für Azetylenapparat, Ventile, Brenner und Zubehör: 400 M.

Verzinsung: angenommen zu 20 % des Anlagekapitals = 80 M. im Jahr.

Abschreibung und Instandhaltung: angenommen zu 30 % des Anlagekapitals = 120 M. im Jahr.

Sauerstoffverbrauch im Jahr: angenommen zu 40 Flaschen = 40 · 6000 = 240000 l.

Dann betragen die Verzinsungs-, Abschreibungs- und Instandhaltungskosten auf 1000 l Sauerstoffverbrauch: $\frac{200}{240} = 0{,}83$ M.

Gaspreise (ab Bahnstation der Erzeugerstelle):

Sauerstoff:	bei Vertrag	außer Vertrag
in Eigenflaschen	1 m³ = 0,70 M.	1 m³ = 0,80 M.
in Leihflaschen	1 m³ = 0,80 M.	1 m³ = 0,90 M.

Wasserstoff: Dieselben Preise.
Flaschenmiete: 0,05 M. für jeden Tag und jede Flasche, wenn die Benutzung länger als 30 Tage dauert.
Azetylen in Flaschen: in Eigenflaschen 1 m³ = 2,30 M.
in Leihflaschen 1 m³ = 2,80 M.
Karbidpreise:
für 100 kg $^{25}/_{35}$ und $^{1}/_{4}$ mm Körnung Großhandelspreis 25,60 M.
Einzellieferung 28,00 M.
für $^{15}/_{25}$, $^{8}/_{15}$ und $^{4}/_{7}$ mm Körnung je 2 M. Aufschlag auf 100 kg.

Rechnet man, daß 1 kg Karbid praktisch 250 l Azetylen entwickelt, so erfordern also 1000 l Azetylen : 4 kg Karbid = 4 · 0,28 = 1,12 M. Hierzu kommen die Verzinsungs-, Abschreibungs- und Instandhaltungskosten, die, wenn wir den Azetylenverbrauch beim Schweißen (sehr reichlich gerechnet) gleich dem Sauerstoffverbrauch setzen, für 1000 l auf 0,83 M. errechnet waren. Also kostet 1 m³ (= 1000 l) Azetylen im eigenen Apparat erzeugt: 1,12 + 0,83 = 1,95 M. Je mehr geschweißt wird, desto niedriger wird dieser Preis, da sich ja dann dieselben Verzinsungskosten usw. auf einen höheren Gasverbrauch verteilen. Niederdruckazetylen ist also im allgemeinen billiger als Flaschenazetylen.

Einzelkostenberechnung. Annahme: In 1 st werden 2,5 m Eisenblech von 10 mm Stärke geschweißt. Nach Abb. 96 ist der Verbrauch an Sauerstoff = 1000 l/st und an Azetylen = 750 l/st. Es ergeben sich folgende Einzelkosten:

1000 l Sauerstoff	0,90 M.
750 l Azetylen (aus 3 kg Karbid)	0,84 „
Verzinsungs-, Abschreibungs- und Instandhaltungskosten der Anlage für 1000 l Sauerstoffverbrauch	0,83 „
1 st Lohn, angenommen zu	0,60 „
1 kg Schweißdraht	0,65 „
Die einstündige Schweißung kostet	3,82 M.

1 m Blechnaht von 10 mm Stärke kostet $\frac{3,82}{2,5} = 1,53$ M.

Dies sind die Selbstkosten an Betriebsstoff, Verzinsung usw., Lohn und Schweißdraht. Hinzuzurechnen sind nun noch: Geschäftsunkosten und Verdienst.

Am besten legt sich jede Schweißerei eine Tabelle über Gasverbrauch und Leistungen für jeden Brenner an, wonach dann sofort in vorstehender Weise gerechnet werden kann. Im übrigen kann ja auch für jede Schweißarbeit — bei Reparaturarbeiten muß man es sogar so machen — der Gasverbrauch an den Flaschen durch Ablesung des Gasdrucks vor und nach der Arbeit bestimmt werden (s. Abschnitt II B 1).

VII. Das autogene Schneiden.

A. Grundsätzliches über das autogene Schneiden.

Wesen des Schneidens. Bringt man durch die Stichflamme eines Brenners Schmiedeeisen oder Stahl auf seine Entzündungstemperatur von etwa 1350° (helle Weißglut) und leitet man dann möglichst reinen Sauerstoff unter Druck auf die hocherhitzte Stelle, so verbrennt das Eisen sehr lebhaft im Sauerstoffstrahl. Die hierbei auftretende Wärme ist bedeutend größer als die der heißesten Brenngasflamme. Die Verbrennung geht aber derart schnell vor sich, daß das der Verbrennungsstelle benachbarte Eisen verhältnismäßig wenig erwärmt wird und also nicht zum Schmelzen kommt. Da überdies die verbrannten Eisenteilchen durch den Druck des Sauerstoffstroms fortgeblasen werden, muß demnach ein Loch, eine Schnittstelle, entstehen. Der Sauerstoffstrahl trifft nun beim Weiterführen neue, durch die Verbrennung benachbarter Teile oder durch die Brennerstichflamme schon auf Entzündungstemperatur gebrachte Eisenteile; der Verbrennungsvorgang läßt sich also ununterbrochen fortsetzen. Dabei werden Schnittbreite und Schnittgeschwindigkeit vor allem von der Stärke und Form des Eisenstücks, vom Druck des Sauerstoffs und von der Art der Schneidbrennerführung abhängen.

Schneidpatente. Praktische Anwendung fand der vorbeschriebene Schneidvorgang in Deutschland zuerst zum Beseitigen von Ofenansätzen in Hochöfen und zum Aufschmelzen der Stichlöcher an diesen Öfen, und zwar nach dem Patent des Köln-Müsener Bergwerks-Aktienvereins zu Creuzthal (D. R. P. Nr. 137588) im Jahre 1901, das dann durch ein Zusatzpatent (D. R. P. Nr. 143640) auf das schnelle Beseitigen, Bohren, Trennen usw. von Metallen ausgedehnt wurde. Patent und Verfahren wurden später von der Chemischen Fabrik Griesheim-Elektron übernommen und weiter ausgebildet. Das wesentlichste Patent der Folgezeit war dann das der Deutschen Oxhydric-Gesellschaft in Düsseldorf-Eller (D. R. P. Nr. 216963) vom Jahre 1905, das „Verfahren und Vorrichtungen zum Schneiden von Metallgegenständen usw. unter Anwendung eines Lötrohrs und von Sauerstoff" schützte. Griesheim und Oxhydric gestatteten sich gegenseitig die Benutzung ihrer Patente. Die Deutsche Oxhydric-Gesellschaft ging dann auch in den Besitz von Griesheim über. Weitere Verbesserungen der Schneidvorrichtungen, insbesondere durch Griesheim-Elektron und das Drägerwerk-Lübeck, folgten. Heute werden auch von vielen anderen Firmen gut arbeitende Schneidbrenner auf den Markt gebracht.

B. Die autogenen Schneideinrichtungen.

1. Die Schneidbrenner.

Schon der gewöhnliche Schweißbrenner kann zum Schneiden schwacher Bleche dienen, wenn man nach dem Anwärmen das Brenngas absperrt und den Brenner unter alleiniger Sauerstoffzufuhr langsam weiterführt Nach kurzer Zeit setzt aber die Verbrennung aus, man muß wieder von neuem anwärmen. Die Schnittzeit wird etwa 10mal so groß als beim richtigen Schneidbrenner.

Düsenlage. Die Sauerstoffdüse (Schneiddüse) soll möglichst dicht (am besten $3 \div 6$ mm) über dem Werkstück endigen, damit der Sauerstoffstrahl, der unter genügendem Druck stehen muß, nicht auseinanderflattert. Vorteilhaft ist eine Erweiterung der Schneiddüse am unteren Ende (s. Abb. 98 *I* bei *c*), damit der sowieso vom Sauerstoffstrahl angesaugten Luft ein bestimmter Weg, in Form eines Mantels um den Sauerstoffstrahl, gewiesen und auch hierdurch das Auseinanderflattern des Sauerstoffstrahls mit verhindert wird. Die Vorwärmedüse soll weiter als die Schneiddüse vom Werkstück abstehen (s. die Strecken *b* und *a* in Abb. 98). Die Schneiddüse muß stets senkrecht zur oberen Werkstofffläche stehen, damit die geringste Werkstoffdicke zu durchschneiden ist und der Schnitt möglichst sauber wird.

Düsenanordnung. Schneid- und Vorwärmedüse können getrennt hintereinander (Abb. 98 *I*), in einem Gehäusestück hintereinander (Abb. 98 *II*) oder konzentrisch, d. h. die Vorwärmedüse als Ringdüse um die Schneiddüse (Abb. 98 *III*), angeordnet sein. In den beiden ersteren Fällen kann man auch von einem Zweistrahlbrenner, in letzterem Fall von einem Ringstrahlbrenner sprechen.

Beim Zweistrahlbrenner liegt die Vorwärmedüse *V* (s. Abb. 98 *I* und 98 *II*) stets in der Bewegungsrichtung vor der Schneiddüse *S*. Die Bewegung dieser Brenner hat also in Abb. 98 *I* und 98 *II* nach rechts zu erfolgen (s. die Pfeilrichtung!). Der Ringstrahlbrenner ist besonders vorteilhaft beim Schneiden kleiner Kurven, weil alsdann beim Zweistrahlbrenner der Sauerstoffstrahl der Vorwärmeflamme

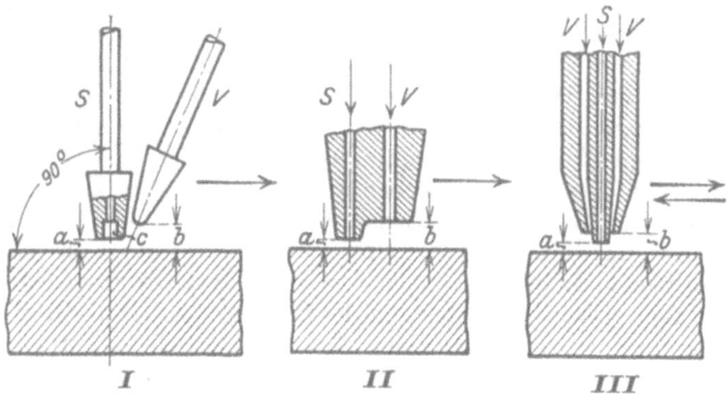

Abb. 98. Düsenlage und Düsenanordnung von Schneidbrennern.

nicht genügend genau folgt. Ferner heizt auch allgemein die der Schnittrichtung gegenüberliegende Ringflammenhälfte das durch den kühlen Sauerstoffstrahl abgeschreckte Material nach und schmilzt einen Teil des in den Schnittfugen auftretenden Grats nieder. Letzteren Vorteil kann man sich beim Zweistrahlbrenner durch Anordnung einer dritten Düse (mit Heizgas) hinter der Schneiddüse verschaffen, wie es z. B. die Deutsche Oxhydric-Gesellschaft bei einer Brennerkonstruktion ausgeführt hat.

Normale Schneidbrenner. Als Brenngase für die Vorwärmeflamme können, wie beim autogenen Schweißen, in Betracht kommen: Wasserstoff, Azetylen, Benzol, Leuchtgas und Blaugas. Benutzt werden fast nur Wasserstoff und Azetylen, die wirtschaftlich annähernd gleichwertig sind, weil beim Schneiden der Verbrauch an Brenngas gegenüber dem Verbrauch an Sauerstoff stark zurücktritt. In neuerer Zeit werden auch oft die

Abb. 99. Wasserstoff-Sauerstoff-Schneidbrenner (auch verwendbar für Azetylen).

Schneidbrenner sowohl für Wasserstoff wie für Azetylen verwendbar gemacht, wie dies z. B. auch bei Abb. 99 der Fall ist. Es sind nur die für die verschiedenen Gase bestimmten Mundstücke auszuwechseln. Der Brenner der Abb. 99 ist ein sog. Zweischlauchbrenner, d. h. die Gase werden nur in zwei Schläuchen zugeführt (bei 1 der Wasserstoff, bzw. das Azetylen und bei 2 der Sauerstoff), während ein Dreischlauchbrenner drei Schlauchleitungen, eine für das Brenngas und je eine für den Sauerstoff der Vorwärmeflamme und für den Schneidsauerstoff hat. In diesem Fall ist das Druckminderventil an der Sauerstoffflasche als Doppeldruckminderventil gebaut (s. Abb. 15).

Der Brenner der Abb. 99 wird bei 3 angefaßt. Bei 5 erfolgt die Einstellung des Wasserstoffs, bzw. Azetylens und bei 6 die des Schneidsauerstoffs. Der Heizsauerstoff wird durch eine patentierte Einrichtung, die im Handgriff 3 des Brenners liegt, dem Brenngas in den richtigen Mengen zugeführt, so daß beim

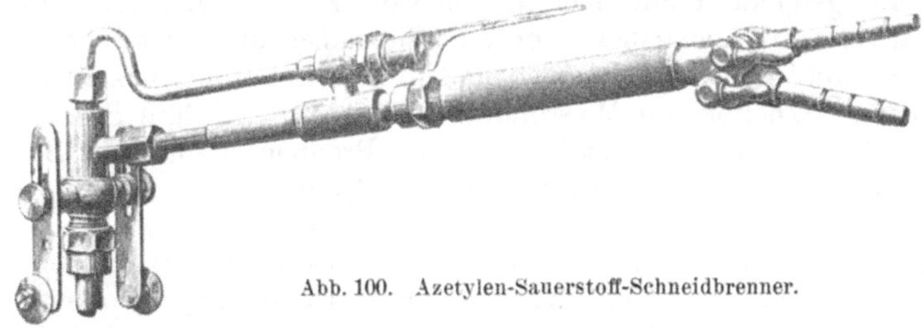

Abb. 100. Azetylen-Sauerstoff-Schneidbrenner.

Öffnen des Schneidsauerstoffs keine Veränderung der Heizflamme eintritt. Eine Mischung von Brenngas und Sauerstoff wird durch Rohr 8 in den Ringraum bei 12 geführt (also Ringstrahlbrenner!) und ergibt die Vorwärmeflamme. Der Schneidsauerstoff kommt von Rohr 9 und tritt in dem mittleren Rohr 11 aus. Die bei 10 befestigten Rädchen 13 dienen zur sicheren Führung des Brenners. Sie sollen nicht zu klein (etwa 20÷40 mm im Durchmesser), leicht drehbar und in senkrechter Richtung verstellbar sein. Abb. 100 zeigt einen normalen Schneidbrenner einer anderen Konstruktion. Vorteilhaft erscheint hier besonders die bequeme Regulierung des Schneidsauerstoffs mit Hilfe eines Hebels. Normale Brenner werden im allgemeinen für das Durchschneiden von Blechstärken von 2÷300 mm gebaut. Der Normenaus-

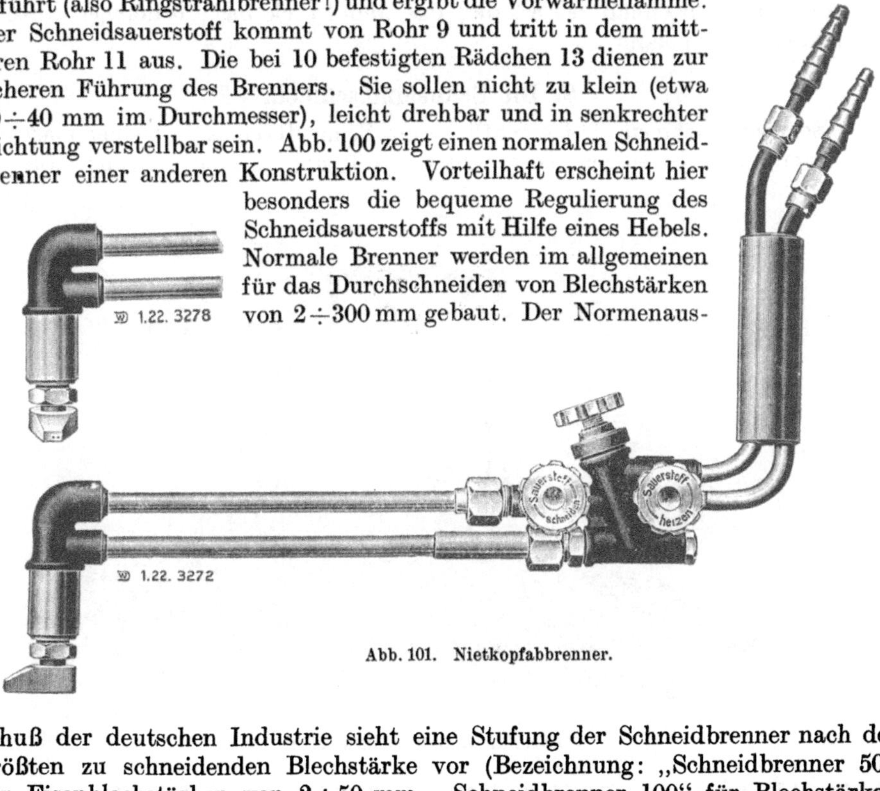

Abb. 101. Nietkopfabbrenner.

schuß der deutschen Industrie sieht eine Stufung der Schneidbrenner nach der größten zu schneidenden Blechstärke vor (Bezeichnung: „Schneidbrenner 50" für Eisenblechstärken von 2÷50 mm, „Schneidbrenner 100" für Blechstärken von 2÷100 mm und „Schneidbrenner 300" für Blechstärken von 2÷300 mm).

Besondere Schneidbrennerkonstruktionen. Beim Zerschneiden sehr starkwandiger Stücke (300÷800 mm Dicke) kommt man mit Zwei- oder Dreischlauchbrennern nicht aus, weil der Schneidsauerstoff dann in der Tiefe zu stark abkühlend wirkt und das verbrannte Material sich nicht entfernen läßt. Man greift dann zum Vierschlauchbrenner, der 2 Sauerstoff- und 2 Brenngaszuführungsschläuche besitzt. Der zweite Brenngasschlauch führt nochmals Brenngas etwa in die Mitte der Dicke des Arbeitsstücks, um das verbrannte Material zum Schmelzen und Abfließen zu bringen.

Für diejenigen Fälle, in denen man die verschiedenartigsten Anforderungen an ein Autogengerät stellt, sind in neuester Zeit vereinigte Schweiß- und Schneidbrenner konstruiert worden. Sie haben auswechselbare Vorderstücke für das Schweißen, bzw. Schneiden und in diesen Vorderstücken besondere Einsätze für das Arbeiten mit Wasserstoff oder Azetylen. Zum Schneiden wird die Rädchenführung angeschraubt. Mit diesen Brennern kann man Bleche von 0,5 bis 20 mm schweißen und Material von 2 ÷ 100 mm zerschneiden.

Für besondere Arbeiten sind den Schneidbrennern ganz eigenartige Formen gegeben worden. Am bekanntesten von solchen Sonderkonstruktionen sind wohl die Nietkopfabbrenner und Nietschaftausbrenner, mit denen man in 1 st etwa 150 Nieten von $^3/_4''$ Stärke ab-, bzw. ausbrennen kann. Abb. 101 zeigt eine dieser Konstruktionen, bei der in den normalen Zweistrahlbrenner nur ein besonderes Mundstück einzuschrauben ist. Der Schuh des Mundstücks wird flach auf das Eisenblech gesetzt, und der Nietkopf quer zur Nietachse glatt über dem Blech abgeschnitten. Vorteilhaft ist es, daß das Mundstück nach beliebiger Seite hin gerichtet werden kann.

2. Die Schneidmaschinen.

Schneidmaschinen sind eigentlich nur Schneidbrenner mit einer maschinell bewegten, dem jeweiligen Verwendungszweck angepaßten Führung. Sie sind

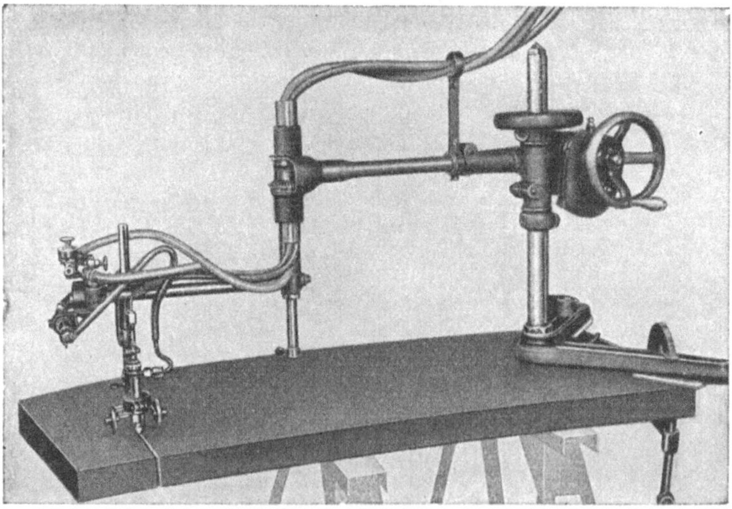

Abb. 102. Kreisschneidmaschine.

insbesondere von der Chemischen Fabrik Griesheim-Elektron weitgehend ausgebildet worden. Die Hauptarten sind Maschinen zum Längsschneiden, zum Kreis- und Lochschneiden, zum Profileisenschneiden, zum Wellenschneiden und zum Siederohrschneiden. Meistens wird der Brenner durch Drehen eines Handrads bewegt. Zum Teil, besonders in Amerika, hat man aber auch ganz selbsttätig arbeitende Schneidmaschinen, angetrieben durch Elektromotore, eingerichtet.

Kreisschneidmaschine (Abb. 102). Der Schneidbrenner kann sowohl um die senkrechte Säule rechts mit dem dort angebrachten Handrad gedreht werden, wie auch (bei kleineren Kreisen) um den Endpunkt des Auslegers in der Mitte. Im letzteren Fall wird eine Kupplung eingerückt, und man dreht ebenfalls mit dem rechts angebrachten Handrad durch Kegelräderübersetzung und Welle im Auslegerarm. Der Brenner sitzt an einer verschiebbaren Stange, deren Rollenführung durch Federn auf das Arbeitsstück gedrückt wird.

Abb. 103. Profileisenschneidmaschine.

Profileisenschneidmaschine (Abb. 103). Sie arbeitet zunächst wie eine Längsschneidmaschine; deshalb wurde auf die besondere Wiedergabe der letzteren verzichtet. Der Schneidbrenner ist an einer schwenkbaren Führungsstange befestigt, welche

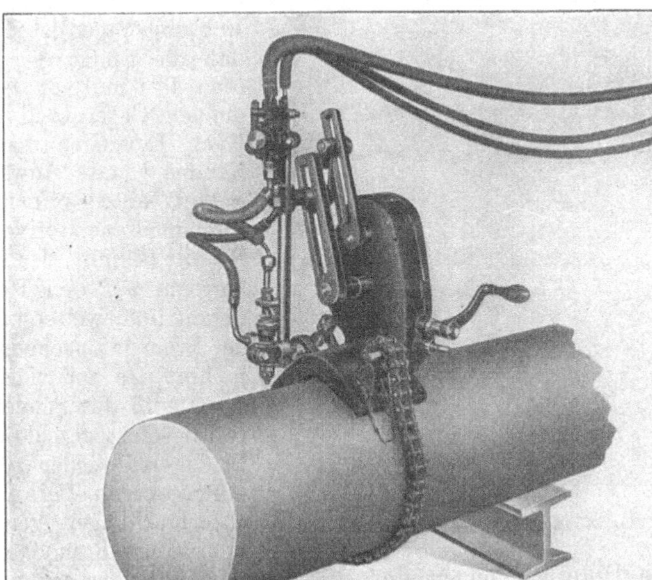

Abb. 104. Wellenschneidmaschine.

auf einem durch Spindel und Handrad verschiebbaren Support sitzt. Die Führungsstange ist als Zahnstange ausgebildet und kann durch ein Getriebe und Handkurbel verschoben und auch in jeden beliebigen Winkel eingestellt werden. Beim vollständigen Durchschneiden des in Abb. 103 wiedergegebenen Trägers werden drei Schnitte durchgeführt, ein Schnitt durch den Steg und zwei Schnitte durch die Flanschen. Für die beiden letzteren Schnitte läßt sich der Brenner auch besonders einstellen. Natürlich kann diese Maschine auch für einfache Ausschnitte an Profileisen und Platten und für das Durchschneiden von Blöcken Verwendung finden.

Wellenschneidmaschine (Abb. 104). Um genaue Schnitte an Wellen zu erzielen, kommt es neben sehr gleichmäßiger Bewegung des Brenners darauf an, die Brennerachse stets genau in derselben Richtung zu halten. Die Maschine besitzt deshalb zunächst einen Sattel, der eine Einstellung des Brenners genau senkrecht zur Wellenachse ermöglicht, und wird mit Hilfe einer um die Welle gelegten Gelenkkette festgespannt. Um dann den Brenner stets genau in der gleichen Richtung zu halten, wird er von der Kurbel aus durch Schnecke und Schneckenrad (im Kasten eingekapselt) und weiter durch eine besondere Parallelführung bewegt.

C. Die Technik des autogenen Schneidens[1].

Handhabung des Schneidapparats. Hinsichtlich Handhabung und Behandlung der Flaschen für verdichtete Gase, der Azetylenapparate, der Schläuche und Brenner wird auf das in den entsprechenden Abschnitten unter „Schweißen" Gesagte verwiesen. Hier ist genau so zu verfahren, nur sei folgendes besonders hervorgehoben:

Abb. 105. Ausschneiden einer kreisförmigen Öffnung.

Die am Brennerkopf befindliche Rädchenführung (bzw. der Führungswagen) ist so einzustellen, daß die Spitze der Schneiddüse etwa 3÷6 mm von dem zu schneidenden Gegenstand entfernt ist. Nach Einstellen der Vorwärmeflamme und Anwärmung der Schnittkante öffnet man das Schneidsauerstoffventil. Der Schnitt beginnt, der Brenner wird langsam auf den Rollen in der Schnittlinie weitergezogen. Wird der Brenner zu schnell fortbewegt, so hört das Schneiden auf. Alsdann muß das Schneidsauerstoffventil sofort geschlossen und das Blech erst wieder stärker angewärmt werden. Bei kurzen Arbeitsunterbrechungen genügt es, die Ventile am Brenner zu schließen, bei größeren Unterbrechungen sind die Flaschenventile zu schließen und die Druckminderventile und Schläuche durch Öffnen der Brennerventile zu entlasten, sowie die Regulierschraube am Druckminderventil herauszuschrauben. Häufige Augenverletzungen weisen darauf hin, daß bei Schneidarbeiten stets Schutzbrillen getragen werden sollten.

[1]) Ausführliches siehe: Horn, „Das Trennen der Metalle vermittelst Sauerstoff"; Knapp, Halle S.

1. Das Schneiden von Schmiedeeisen, Stahl, Stahlguß.

Schmiedeeisen, Stahl und Stahlguß lassen sich gut autogen schneiden, die anderen Metalle sind nicht autogen schneidbar (s. den folgenden Abschnitt 4).

Blechschneiden. Der Schnitt ist möglichst an einer Blechkante einzuleiten. Soll aber ein Stück mitten aus dem vollen Blech herausgeschnitten werden, so ist es zweckmäßig, zunächst ein Loch von 5÷10 mm Durchmesser zu bohren und an diesem das Schneiden zu beginnen. Versucht man, ein Loch mit der Stichflamme des Brenners einzuschmelzen, so werden die zurückschlagenden Spritzer leicht die Düse der Vorwärmeflamme verstopfen und ein Zurückschlagen der Flamme

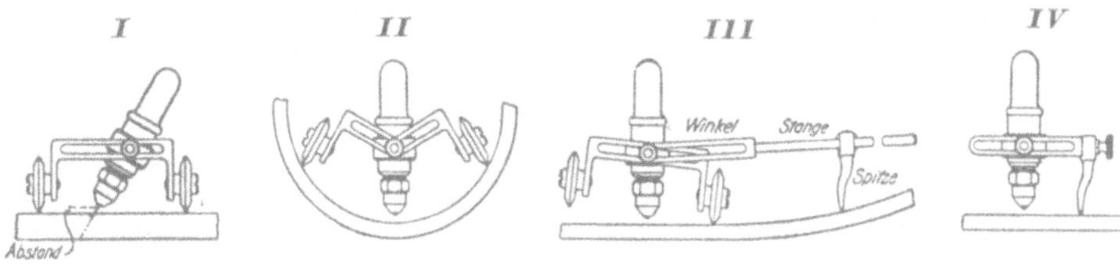

Abb. 106. Führungswagen mit Schlitzverstellung oder zweiteilig.

herbeiführen. Den normalen Arbeitsvorgang beim Ausschneiden einer kreisförmigen Öffnung aus einem Kesselstück zeigt Abb. 105. Die Wasserstoff- und die Sauerstoffflasche sind in einem Wagen fahrbar angeordnet.

Sehr angebracht erscheint für die verschiedenartigsten Arbeitsmöglichkeiten ein Führungswagen mit Schlitzverstellung und der zweiteilige Führungswagen. Abb. 106 zeigt bei *I* den Brenner in Schrägstellung für einen Gehrungsschnitt, bei *II* den Brenner mit zweiteiligem Wagen für Arbeiten in Hohlkörpern, bei *III* den Brenner mit Zirkelstange für große Kreisschnitte und bei *IV* den Brenner mit Zirkelspitze, ohne Zirkelstange, für kleine Kreisschnitte. Bei *III* kann man erkennen, daß auch gewölbte Stücke ausgeschnitten werden können.

Abb. 107 zeigt das Durchschneiden einer Platte von unten. Im allgemeinen sind derartige Schnitte nur bis etwa 50 mm Blechstärke durchführbar, da die auf dem Schneidsauerstoff ruhende, flüssige Masse bei größeren Blechstärken nicht mehr gut fortgeschleudert werden kann. Noch ungünstiger liegen die Verhältnisse beim Durchschneiden mehrerer aufeinandergelegter oder aufeinandergenieteter Bleche. Derartige Bleche können nicht mit einem Schnitt zertrennt werden, da am unteren Rand des ersten Blechs wegen des Luftzwischenraums eine starke Wärmeableitung einsetzt. Mehrere aufeinandergenietete Bleche sind also auch — neben der Füllung der Panzerungszwischenräume mit Asche usw. — geeignete Hilfsmittel gegen das Aufschneiden der Geldschränke durch Einbrecher.

Abb. 107. Durchschneiden einer Platte von unten.

Profileisenschneiden. Hierbei ist mehrmaliger Schnittansatz erforderlich, z. B. bei Winkeleisen zweimaliger Ansatz von der Außenkante der Schenkel her, bei

Trägern dreimaliger Ansatz, wie bereits bei Besprechung der Profileisenschneidmaschine (Abb. 103) erwähnt wurde.

Abb. 108 zeigt die Verwendung des Schneidverfahrens bei neu hergestellten Maschinenteilen; an Pleuelstangen und gekröpften Kurbelwellen ist eine ganze Anzahl runder und grader Schnitte bei Materialstärken von etwa 150÷300 mm durchgeführt worden. Ähnlich wirtschaftlich vorteilhaft ist das Abschneiden der schweren Gußtrichter bei Stahlgußstücken.

Verschrotten. Schon vor dem Weltkrieg wurden vielfach alte Lokomotivkessel zerschnitten, auch alte Brückenkonstruktionen, wie z. B. die alte Kölner Rheinbrücke. Im großen sind während und nach dem Kriege alte Schiffe und Geschütze zertrennt worden und dann als Schrott in die Martinwerke gewandert; hierbei mußte, der großen Wandstärken wegen, mit besonders starken Brennern gearbeitet werden. Beim Zerschneiden der Schiffe ist es öfters infolge der Bleifarbenanstriche der Schiffswandungen zu Bleivergiftungen gekommen. Die Bleifarbenanstriche sind daher vor dem Zerschneiden in schmalen Streifen mit dem Hammer abzuklopfen. Der Arbeiter soll überdies möglichst im Freien, nicht im Schiffsinnern, arbeiten, und zwar so, daß ihm der Wind im Rücken steht und dadurch etwa entstehende Bleidämpfe von ihm wegtreibt. Im Notfall ist ein Respirator (Atmungsapparat) als Schutzmittel zu benutzen.

Abb. 108. Autogen geschnittene Pleuelstangen und Kurbelwellen.

Die größten Materialstärken, die praktisch autogen zerschnitten werden können, betragen etwa 800 mm, ausnahmsweise 1000 mm. Die Schnittbreite schwankt bei guten Schnitten, je nach der Materialstärke zwischen 1 und 15 mm. Bei einiger Übung soll man an dünneren Blechen Schnitte von 2÷3 mm Breite erzielen.

2. Beeinträchtigungen des Schneidvorgangs.

Einfluß des Sauerstoffs. Der Druck des Schneidsauerstoffs soll nicht höher als notwendig sein. Die Schnittgeschwindigkeit wird durch den Druck nur bis zu einer bestimmten Grenze erhöht. Die Schnittdauer beträgt z. B. bei einem Blech von 40 mm Dicke für 1 m Länge: 10,5 min bei 0,5 at Druck, 7,5 min bei 1,0 at, 5,9 min bei 2,0 at, 4,8 min bei 4 at und 4,8 min bei 5 at. Bei höherem Druck sinkt die Schnittgeschwindigkeit wieder und der Schnitt wird unsauberer. Der richtige Sauerstoffdruck ist also bei dem 40 mm Blech etwa 4,5 at (gegenüber 2 at beim 10 mm Blech). Je stärker das Blech, desto höher natürlich der günstige Druck, so daß z. B. ein 100 mm Blech einen Sauerstoffdruck von etwa 8 at erfordert, ein 200 mm Blech einen Druck von 11 at und ein 300 mm Blech einen Druck von 13 at. Dem Druck entsprechend steigt der Verbrauch an Schneidsauerstoff. Die Mehrzahl der Brenner hat noch zu große Bohrungen für den

Schneidsauerstoff, die sowohl zu großen Verbrauch, wie zu große Schnittbreite ergeben.

Die Reinheit des Sauerstoffs soll möglichst hoch sein. Unreiner Sauerstoff ergibt: Vergrößerung der Schnittdauer, Erhöhung des Drucks und damit stärkeren Verbrauch, Vergrößerung der Schnittbreite. Sauerstoff mit einem Reinheitsgrad von 95% ergibt ungefähr doppelte Schnittdauer gegenüber ganz reinem Sauerstoff. Im Durchschnitt kann man mit einem Reinheitsgrad von mindestens 98% rechnen.

Eine Vorwärmung des Sauerstoffs ist nicht zu empfehlen. Was man durch geringe Beschleunigung des Verbrennungsvorgangs gewinnt, geht durch größeren Verbrauch und größere Schnittbreite wieder verloren.

Einfluß der Vorwärmeflamme. Im allgemeinen sind die Vorwärmeflammen noch zu groß. Sie sollen nur so stark sein, daß sie eine kleine Stelle auf Entzündungstemperatur bringen. Zu große Vorwärmeflammen ergeben Gasvergeudung, Verringerung der Schnittgeschwindigkeit und unsaubere Schnitte. Nur zum Schneiden stark angerosteter Bleche ist eine kräftige Vorwärmeflamme am Platze. Abb. 109 zeigt schematisch bei *a* die durch zu starke Vorwärmeflamme hervorgerufene Kantenabschmelzung und bei *b* das Anhaften flüssigen, wenig verbrannten Eisens. Sind die Ansätze bei *b* reine Schlackenansätze, so sind sie nicht so bedeutungsvoll; sie lassen sich dann auch leicht abschlagen. Ist die Gasmischung der Vorwärmeflamme falsch, so zeigt sich, ebenso wie beim Schweißen, bei einem Sauerstoffüberschuß eine Oxydation, bei einem Azetylenüberschuß eine Kohlenstoffanreicherung der Schnittränder.

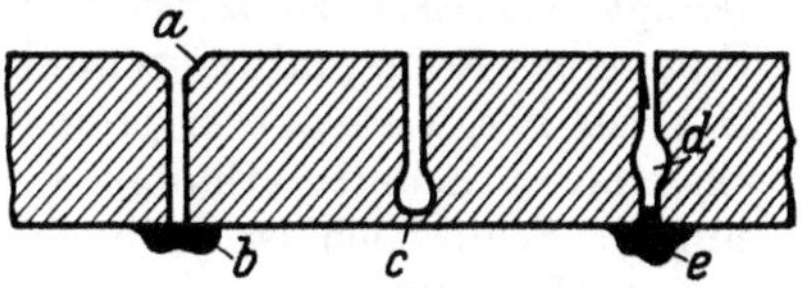

Abb. 109. Einfluß der Vorwärmeflamme und des Schneidmaterials.

Ob Azetylen oder Wasserstoff als Brenngas genommen wird, ist, wie schon früher erwähnt wurde, ziemlich gleichgültig. Die Azetylenflamme heizt schneller an. Praktisch macht dies auf die Schnittdauer und den Gasverbrauch wenig aus.

Einfluß des Schneidmaterials. Unsaubere Blechoberflächen, Rost, Farbüberzüge usw. geben unsaubere Schnitte und setzen die Schnittgeschwindigkeit herab. Schlackeneinschlüsse oder sonstige Unreinlichkeiten im Material führen zu einer Schnitterweiterung (Abb. 109 bei *c* und *d*), da sie nicht verbrennen und also für den Schneidsauerstoff ein Hindernis darstellen; außerdem können sie eine besonders starke Schlackenansammlung zur Folge haben, wie in Abb. 109 bei *e*, oder die Unmöglichkeit, den Schnitt ganz durchzuführen (Abb. 109 bei *c*).

3. Gefügeveränderung der Schnittränder.

Der kalte Schneidsauerstoff kühlt die heißen Schnittränder schnell ab, sie werden auf $1 \div 3$ mm Tiefe hart, vorausgesetzt daß das Material mehr oder weniger härtbar ist. Durch die Wirkung einer falsch eingestellten Vorwärmeflamme ergibt sich, wenn Azetylen als Brenngas dient, eine Kohlung des Schnittrandes, die bei schwachen Blechen verhältnismäßig am stärksten ausfällt. Die zu starke Flamme kann auch ein Überhitzen der oberen und unteren Schnittränder hervorrufen, der unteren insofern, als sich dann im unteren Teil der Schnittfuge leicht eine größere Schlackenmenge ansammelt. Eine wesentliche Beeinträchtigung der Güte des an die Schnittstelle angrenzenden Materials hat man im allgemeinen nicht gefunden.

4. Die Schneidbarkeit der Metalle.

Während sich Schmiedeeisen, Stahl und Stahlguß gut autogen schneiden lassen, trifft dies für Gußeisen, Kupfer, Aluminium, Bronze, Weißmetall usw. nicht zu. Auch Temperguß ist schlecht oder gar nicht schneidbar. Bei Kupfer und Aluminium ist die große Wärmeleitfähigkeit sehr hinderlich. Im übrigen ist der Hauptgrund folgender: Die Schneidbarkeit eines Metalls hängt vor allem davon ab, daß seine Entzündungstemperatur (die Temperatur, bei der es im Sauerstoffstrahl verbrennt) und der Schmelzpunkt seines Oxyds unter seiner Schmelztemperatur liegen. Ist dies nicht der Fall, so wird das Metall wegschmelzen, ehe es sich entzündet hat, oder das feste Metalloxyd wird sich nicht gut aus der Schnittrinne beseitigen lassen. Bei Gußeisen z. B. liegen Entzündungstemperatur des Eisens und Schmelzpunkt des Eisenoxyds bei etwa 1350°, der Schmelzpunkt des Gußeisens aber bei 1200° ÷ 1250°. Man kann also Gußeisen nur autogen durchschmelzen, nicht zerschneiden und erhält natürlich eine breite, unsaubere Schnittrinne. Es gelingt, Gußeisen zu zerschneiden, wenn man weiches Schmiedeeisen, z. B. in Form eines Rohrs, mit einschmilzt und verbrennt (D. R. P. Nr. 243939 des Köln-Müsener-Bergwerksaktienvereins). Aber auch hierbei wird man einen ziemlich unsauberen Schnitt erhalten und auch schwerlich einen längeren Schnitt auf einmal. Schließlich ist ja auch das Zerschneiden sowieso für Gußeisen von geringerer Bedeutung, da man zum Zerkleinern von Gußteilen das Fallwerk benutzen kann.

Zum Durchschmelzen der nicht schneidbaren Metalle wird man nicht den Schneidbrenner sondern den einfachen Schweißbrenner oder den elektrischen Lichtbogen nehmen. Bei letzterem wendet man entweder das Verfahren von Zerener oder das von Benardos (s. Abschnitt I B) an. Die obere Grenze für dieses Durchschmelzen liegt aber schon bei 25 ÷ 30 mm Wandstärke des Materials, da darüber hinaus der Stromverbrauch übermäßig hoch wird, und ein einfaches Durchschmelzen großer Wandstärken praktisch überhaupt unmöglich ist.

5. Das Schneiden unter Wasser.

Allgemeines. Die Arbeiten an versenkten oder gesunkenen Schiffen, der Abbruch unterhalb des Wasserspiegels liegender Brückenteile, das Abschneiden von Spundwänden unter Wasser usw. sind das Tätigkeitsgebiet des Unterwasser-Schneidbrenners. Bei seiner Konstruktion lagen verschiedene Schwierigkeiten vor. Das Verhältnis von Sauerstoff zum Brenngas (üblicherweise Wasserstoff) in der Vorwärmeflamme ist hier ein anderes als über Wasser. Die Flamme muß die ganze, zur vollständigen Verbrennung des Brenngases notwendige Sauerstoffmenge zugeführt erhalten, während man ja über Wasser mit weniger Sauerstoff, bzw. mit Brenngasüberschuß arbeitet. In geringer Wassertiefe, bis etwa 3 m, kann der Druck der Flammengase die Flamme noch gegenüber dem Wasserdruck aufrechterhalten. In größeren Tiefen half man sich zuerst damit, daß man um das Brennermundstück ein Gehäuse legte, welches wasserleer gemacht wurde. Dann ging man zur Verwendung von Preßluft über, die aus dem Brenner ringförmig um die Flamme herum ausströmt und so das Wasser zurückdrängt.

Verfahren der Dortmunder Union. In den Jahren 1909 ÷ 1914 kamen vier Patente heraus, die das Schneiden unter Wasser durchführbar machten. Sie wurden von der Deutsch-Luxemburgischen Bergwerks- und Hütten-A.-G., Abteilung Dortmunder Union, angekauft und in längeren Versuchen weiter ausgebildet. Abb. 110 zeigt den mit dem Gerät der Dortmunder Union ausgerüsteten Taucher vor einem

Versuchsbehälter stehend. Der Taucher hat in der linken Hand den Unterwasserschneidbrenner mit vier angeschlossenen Schläuchen, einen für Wasserstoff, einen für Vorwärmesauerstoff, einen für Schneidsauerstoff und den vierten für Preßluft. Anfangs erfolgte das Niedergehen des Tauchers mit brennender Vorwärmeflamme. Günstiger ist es und notwendig bei etwaigem Erlöschen der Flamme, wenn der Taucher den Brenner erst an der Arbeitsstelle in Tätigkeit setzt. Die Dortmunder Union hat hierzu einen elektrischen Unterwasserzündapparat konstruiert, den der Taucher in Abb. 110 in der rechten Hand hält. Der Zündapparat besteht im wesentlichen aus einer elektrischen Zündkerze, die Hochspannungsstrom von

Abb. 110. Taucher mit Unterwasserschneidbrenner.

einem kleinen Umformer erhält; diesem wird wieder von einem Akkumulator aus Strom zugeführt. Das Wasser im Versuchsbehälter wird mit Hilfe von Druckluft auf verschiedene Drucke eingestellt, wie sie den verschiedenen Wassertiefen entsprechen. Der Schneidbrenner der Union kann Materialstärken bis 150 mm trennen und arbeitet ohne Störung in Wassertiefen bis zu 40 m. Die Gasdrucke für die verschiedenen Wassertiefen sind durch Versuche festgelegt. So sind z. B. für 20 ÷ 25 m Wassertiefe erforderlich: 4,5 at für Preßluft und Wasserstoff, 6 at für Vorwärme- und Schneidsauerstoff.

Weitere Verbesserungen dieser Unterwasserschneidbrenner sind der Dortmunder Union durch zwei Patente vom Jahre 1916 geschützt. Nach D. R. P. Nr. 301 271 arbeitet ein preßluftloser Brenner, bei welchem Brenngas und Sauerstoff so gemischt werden, daß die äußere Schicht des Gemisches beim Austritt aus brenngasarmem oder aus reinem Sauerstoff besteht. Außerdem wird die innere, die Schneiddüse, gegen die äußere zurückgestellt. Infolgedessen brennt die Vorwärmeflamme auch unter Wasser ganz ruhig, und die Zufuhr von Preßluft wird unnötig. Das D.R.P. Nr. 299612 bringt sodann noch ein bewegliches Mundstück für den Brenner, so daß der Taucher durch Verstellen des Brennerkopfes auch an wenig zugänglichen Stellen möglichst viel ausschneiden kann.

D. Schnittleistungen.

Abb. 111 gibt einen Überblick über den Verbrauch an Wasserstoff und Sauerstoff beim Blechschneiden mit Handapparaten nach den Angaben der Chemischen Fabrik Griesheim-Elektron, die auch bis auf geringe Unterschiede durch andere Versuche bestätigt werden. Zweckmäßig nimmt man für Blechstärken bis etwa 50 mm einen kleinen, leichten Schneidbrenner, darüber hinaus einen größeren, schwereren. Beim Azetylen-Sauerstoffschneidbrenner ist der Azetylenverbrauch durchschnittlich etwa gleich der Hälfte des Wasserstoffverbrauchs beim Wasserstoff-Sauerstoffschneidbrenner; er steigt von 50 l bei 50 mm Blechstärke auf etwa 350 l bei 300 mm Blechstärke. Der Sauerstoffverbrauch ist derselbe, die Schneidzeit ein wenig geringer als beim Schneiden mit Wasserstoff-Sauerstoff. Grundsätzlich ist nicht zu viel Gewicht auf eine, sowieso nur in geringem Maße mögliche Verringerung der Schnittzeit zu legen. Der Gasverbrauch ist das wesentlichste, und es ist also dem Schneidbrenner, der den geringsten Gasverbrauch (insbesondere den geringsten Sauerstoffverbrauch) hat, der Vorzug zu geben.

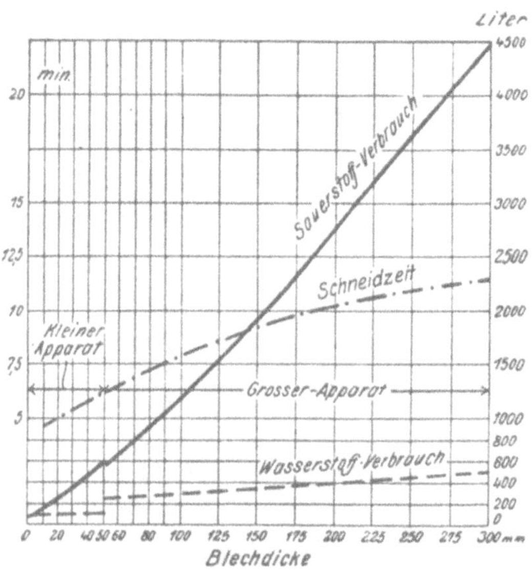

Abb. 111. Gasverbrauch und Zeit für 1 m Schnittlänge beim Wasserstoff-Sauerstoff-Schneidapparat.

Bei dünnen Blechen ist das Schneiden mit der Schere billiger als das autogene Schneiden, bei starken Blechen ist umgekehrt das autogene Schneiden billiger, da, wie man auch aus Abb. 111 erkennt, die Schneidzeit nur wenig bei stärkeren Blechen ansteigt. Bei dem Abschneiden der Gußtrichter an Stahlgußstücken wird das autogene Schneiden etwa 5÷10mal billiger als das Absägen mit der Kaltsäge. Hinzu kommt noch, was vor allem bei schweren Stücken wichtig ist, daß das Hinschaffen zur Säge und das Verschieben an der Säge nach dem Absägen jedes einzelnen Trichters fortfällt.

Schneidzeit und Gasverbrauch bei Profileisenschnitten sind aus Zahlentafel 3 zu ersehen.

Einzelkostenberechnungen lassen sich auf Grund der Angaben in Abb. 111, Zahlentafel 3 oder der Errechnung des Gasverbrauchs aus dem Ablesen des Gasdrucks an den Manometern in derselben Weise durchführen, wie das im Abschnitt VI für das autogene Schweißen klargelegt wurde.

Zahlentafel 3.

Maße mm	Schneidzeit min	Gasverbrauch Wasserstoff l	Sauerstoff l
Winkeleisen			
20 · 20 · 4	0,50	5	8
30 · 30 · 6	0,75	8	10
40 · 40 · 8	0,75	9	10
60 · 60 · 8	1,00	11	14
70 · 70 · 9	1,00	12	18
100 · 100 · 12	1,50	20	33
140 · 140 · 15	1,75	25	40
160 · 160 · 17	2,00	30	50
I-Eisen			
NP 3	1,00	8	12
„ 5	1,20	13	17
„ 8	1,40	17	32
„ 12	1,45	24	38
„ 16	2,00	32	48
„ 20	2,10	40	57
„ 26	2,30	58	80
„ 34	3,10	90	150
„ 50	4,00	130	260
[-Eisen			
NP 20	2,10	34	46
„ 48	4,00	110	215
Rundeisen			
20	0,30	15	20
40	0,40	18	30
60	1,00	22	60
100	1,20	48	135
300	3,00	150	1300
600	8,00	7500	8400

VIII. Förderung des autogenen Schweißens und Schneidens.

Hand in Hand mit der Weiterentwicklung der Azetylenapparate, Brenner und sonstigen Einrichtungen durch die Autogenindustrie geht erfreulicherweise in Deutschland trotz der Ungunst der Verhältnisse eine Förderung, Weiterausgestaltung und Verbesserung der Schweißverfahren durch wissenschaftliche Arbeiten, Vorträge, Unterrichtsübungen in technischen Schulen, Einrichtung von Schweißkursen und Schweißschulen usw., worüber kurz das zur Zeit Wesentlichste mitgeteilt werden soll.

Wissenschaftliche Arbeiten, Vorträge. Auf dem Gebiet aller neueren, insbesondere der autogenen und elektrischen Schweißverfahren arbeiten seit einigen Jahren: Die Laboratorien einiger Hochschulen und größerer industrieller Werke, die Forschungsgemeinschaft für Schmelzschweißung des Verbands für autogene Metallbearbeitung und neuerdings auch der Werkstoffauschuß des Vereins Deutscher Eisenhüttenleute. Letzterer hat eine Begriffsbestimmung des Schweißens (siehe Abschnitt I A) und Grundlagen für die Prüfung der Schweißung ausgearbeitet und läßt zur Zeit genauere Untersuchungen darüber anstellen, welchen Einfluß die

Eisenbeimengungen auf die Schweißbarkeit haben, und ob man für schwerer schweißbare Eisensorten zu geeigneten Schweißbedingungen kommen kann[1]). Weiter betätigt sich nach diesen Richtungen der Verband für autogene Metallbearbeitung mit seinen Ortsgruppen, und zwar sowohl in Sitzungen und Vorträgen wie in seiner Zeitschrift „Die Schmelzschweißung", neben der noch als weitere Zeitschrift die „Autogene Metallbearbeitung" zu nennen ist. Vorträge über autogenes Schweißen und Schneiden werden heute zahlreich von Wissenschaftlern, Fachspezialisten und Vertretern der Autogenindustrie abgehalten.

Unterricht an technischen Schulen. Als Hauptschwierigkeiten, den auch in allgemein technischer Beziehung so wertvollen Unterricht in autogener Metallbearbeitung an allen technischen Schulen einzuführen[2]), haben sich ergeben: Ein Mangel an Anschauungsmaterial für den Vortragsunterricht, Schwierigkeiten in der Beschaffung der Schweißeinrichtungen, Gase, Bleche usw., ferner auch ein Mangel an geeigneten Lehrkräften. Durch Entgegenkommen der Autogenindustrie und der die Schweißverfahren benutzenden Industrie, durch Wirken der autogenen Fachverbände, ferner durch Veranstaltung von Kursen zur Ausbildung von Lehrkräften wird sich allmählich Abhilfe schaffen lassen. Besonders wichtig ist es jedenfalls, sowohl Vortragsunterricht wie praktische Übungen an den Schulen abzuhalten und die dafür notwendige Zeit im technologischen Unterricht zur Verfügung zu stellen. Mit am weitesten fortgeschritten in dieser Unterrichtserteilung sind wohl Hamburg und Chemnitz, wo durch die weitgehende Ausgestaltung von Schweißkursen für Ingenieure, Meister und Schweißer sowohl die nötigen Einrichtungen wie geeignete Lehrkräfte zur Verfügung stehen.

Schweißkurse und Schweißschulen. In richtiger Erkenntnis der außerordentlichen Bedeutung, die die möglichst weitgehende Verbreitung der grundlegenden Kenntnisse über die neueren Schweißverfahren in allen in Betracht kommenden technischen Kreisen für gute Schweißungen sowohl, wie für die Verbesserung und Weiterausbildung dieser Verfahren hat, sind bereits vor dem Weltkriege an verschiedenen Stellen Vortragskurse und auch praktische Übungen vor allem im autogenen Schweißen eingerichtet worden. So hat sich z. B. Ingenieur Th. Kautny durch Abhaltung von Kursen an den Kölner Maschinenbauschule nach dieser Richtung hin betätigt, und auch in Hamburg fanden schon seit 1910 an den dortigen Technischen Staatslehranstalten Kurse für autogene Metallbearbeitung statt. Nach dem Krieg hat sich — es soll hier nur von deutschen Arbeiten auf diesem Gebiet die Rede sein — insbesondere der Verband für autogene Metallbearbeitung solcher Kurse wie auch der Weitervervollkommnung der neueren Schweißverfahren angenommen. Die Ortsgruppe Groß-Hamburg des Verbandes veranlaßte die Weiterausgestaltung der jetzt im Rahmen des technischen Vorlesungswesens zu Hamburg stattfindenden „Kurse für Schmelzschweißung", in denen in getrennten Kursen sowohl das autogene wie das elektrische Schweißen behandelt werden. Im November und Dezember 1922 hat sodann die neugegründete Ortsgruppe Chemnitz desselben Verbandes in den Räumen der Staatlichen Gewerbeakademie den ersten Kursus für autogene Metallbearbeitung zu Ende geführt, dem sich wie in Hamburg in regelmäßigen Zeitabständen weitere Kurse, seit 1923 auch Kurse über elektrisches Schweißen, angeschlossen haben. In Oberschlesien sind in Gleiwitz und Beuthen seit 1921 ähnliche Kurse im Gange. Ferner hat z. B. die Reichsbahnverwaltung auf der Hauptwerkstatt Magdeburg-Buckau eine Schweißschule für Kupfer-

[1]) S. Stahl und Eisen, 1924, S. 147.
[2]) S. „Die Schmelzschweißung", 1922, S. 42.

schweißung eingerichtet — in Erkenntnis der großen Vorteile der Ausbesserung kupferner Lokomotivfeuerbüchsen mit Hilfe des autogenen Schweißens — und hat weiter Ausbildungskurse für Schweißer bei mehreren anderen Werkstätten durchgeführt.

Das Interesse der Industrie und der Fachkreise für diese Schweißkurse ist, wie z. B. die Kurse in Hamburg und Chemnitz beweisen, ein außerordentlich großes. Teils werden Ingenieure, Meister und Schweißer auf Kosten der Werke von diesen zu den Kursen geschickt, teils kommen sie in großer Anzahl privatim und bestreiten selbst die Teilnehmergebühren. Vorläufig nehmen wohl noch an den meisten Stellen Ingenieure, Meister und Schweißer gemeinsam an ein und demselben Kursus teil. An verschiedenen Orten, z. B. in Chemnitz, ist aber für später eine Trennung in Ingenieure und Meister einerseits und Schweißer andererseits geplant, um den doch verschieden gerichteten Bedürfnissen dieser Gruppen besser gerecht werden zu können. Bei Ingenieuren wird man wohl mehr den theoretischen und wirtschaftlichen Teil, bei Schweißern mehr die praktischen Übungen in den Vordergrund zu stellen haben, ohne etwa deshalb das andere zu vernachlässigen. Auch Sonderkursen, z. B. für Kupfer-, Messing- und Aluminiumschweißung allein, wird Interesse entgegengebracht. Solche Kurse sollen z. B. in Chemnitz neben den normalen, autogenen Kursen eingerichtet werden.

Über die Durchführung der Kurse im einzelnen dürfte noch folgendes von Interesse sein, wobei insbesondere auf die Hamburger und Chemnitzer Verhältnisse Bezug genommen ist: Der Kursus wird eingeleitet mit Vorträgen über die wichtigsten Metalle und ihre Legierungen, die Schweißverfahren im allgemeinen und die Einzelheiten der autogenen, bzw. elektrischen Schweißverfahren im besonderen. Es folgen, entweder gleich anschließend oder zwischen die praktischen Übungen eingestreut, Vorträge über die Anwendungsgebiete der Schweißverfahren, über die Untersuchung der Schweißnähte u. a. m. Während zu den Vorträgen je nach den örtlichen Verhältnissen eine verschieden große Zuhörerzahl zugelassen werden kann, müssen die praktischen Übungen unbedingt in kleineren Gruppen von je etwa 12÷16 Teilnehmern abgehalten werden (bei etwa 6÷8 verfügbaren Schweißstellen), damit die einzelnen Teilnehmer auch mit der Handhabung der Geräte und dem Schweißen selbst genügend vertraut gemacht werden können. Praktisch geübt wird zunächst an Schmiedeeisen- und Stahlblechen und Stücken, und zwar dies, als das Wichtigste, besonders eingehend. Später folgt das Schweißen von Gußeisen, Temperguß, Kupfer, Messing, Aluminium usw. und schließlich auch eine kurze Einführung in das autogene Schneiden. Vorbedingung für das Gelingen der Kurse ist zunächst das Vorhandensein geeigneter Lehrkräfte, die den theoretischen und praktischen Teil voll beherrschen, sowie tüchtiger Schweißmeister zur Einzelanleitung der Teilnehmer bei den praktischen Übungen unter Aufsicht einer praktisch erfahrenen Lehrkraft. Eine weitere unter den heutigen Verhältnissen unerläßliche Vorbedingung ist die tatkräftige Unterstützung der Schweißkurse durch die Industrie, damit genügendes Anschauungsmaterial sowohl wie auch hinreichende praktische Lehrmittel in Gestalt von Schweißapparaten usw. zur Verfügung stehen. Dank einer solch weitgehenden Unterstützung, insbesondere durch die Fabriken für Azetylenapparate, Schweißbrenner, Schweißmaschinen, Karbid- und Sauerstofferzeugung ist es zum Beispiel in Chemnitz gelungen, die Schweißkurse in einigen Monaten ins Leben zu rufen und lebensfähig zu gestalten, wobei der Beitrag der Teilnehmer verhältnismäßig niedrig gehalten werden konnte. Die Zeitdauer der Kurse ist an den einzelnen Orten verschieden. In Hamburg und Chemnitz wird an einem oder mehreren Wochenabenden von etwa 6÷9 Uhr vorgetragen bzw. geübt, und zwar sind etwa 6÷7 Vortragsabende und 6÷8 Übungsabende vorgesehen. Auf diese Weise dürfte es den Teilnehmern am leichtesten möglich sein, neben ihrer Werktagsarbeit an einem solchen Kursus teilzunehmen.

Es soll noch besonders betont werden, daß natürlich die Teilnahme an diesen Kursen nicht genügt, um aus einem unerfahrenen Mann einen erfahrenen Schweißer zu machen, dazu gehört monatelange, ja, man kann sogar wohl sagen, jahrelange Übung. Wohl aber ist es auf diese Weise möglich, dem angehenden Schweißer die Grundlagen der Verfahren einzuhämmern und ihn in der sicheren und richtigen Bedienung der Apparatur auszubilden, und ferner dem schon geübteren Schweißer weitergehende Kenntnisse zur Ausführung schwierigerer Schweißungen zu vermitteln.

Sachverzeichnis.

Die neueren Schweißverfahren. Von Dr.-Ing. **Paul Schimpke,** Professor an der Staatlichen Gewerbeakademie, Chemnitz. Mit 60 Figuren und 2 Zahlentafeln im Text. (Heft 13 der „Werkstattbücher". Herausgegeben von Eugen Simon.) (56 S.) 1922. 1.25 Goldmark / 0.30 Dollar

---

Das Kupferschweißverfahren insbesondere bei Lokomotiv-Feuerbüchsen. Eine Anleitung. Von Regierungsbaurat **Adolf Bothe,** Leiter der Betriebsabteilung für Lokomotiven beim Reichsbahn-Ausbesserungswerk Grunewald. Mit 22 Textabbildungen. (VI u. 56 S.) 1923. 2 Goldmark / 0.50 Dollar

---

Das schmiedbare Eisen. Konstitution und Eigenschaften. Von Professor Dr.-Ing. **Paul Oberhoffer,** Aachen. Zweite, verbesserte und erweiterte Auflage. Mit etwa 345 Textfiguren und einer Tafel. In Vorbereitung

---

Lehrgang der Härtetechnik. Von Studienrat Dipl.-Ing. **Joh. Schiefer** und Fachlehrer **E. Grün.** Zweite, vermehrte und verbesserte Auflage. Mit 192 Textfiguren. (VIII u. 218 S.) 1921.
5 Goldmark; gebunden 6.70 Goldmark / 1.20 Dollar; gebunden 1.60 Dollar

---

Härte-Praxis. Von **Carl Scholz.** (42 S.) 1920. 1 Goldmark / 0.25 Dollar

---

Härten und Vergüten. Von **Eugen Simon.**

I. Teil: **Stahl und sein Verhalten.** Zweite, verbesserte Auflage. 7.—15. Tausend. Mit 63 Figuren und 6 Zahlentafeln. (64 S.) 1923. 1.25 Goldmark / 0.30 Dollar

II. Teil: **Die Praxis der Warmbehandlung.** Zweite, verbesserte Auflage. 7.—15. Tausend. Mit 105 Figuren und 11 Zahlentafeln. (64 S.) 1923. 1.25 Goldmark / 0.30 Dollar

---

Leitfaden für Gießereilaboratorien. Von Geh. Bergrat Professor Dr.-Ing. e. h. **Bernhard Osann,** Clausthal. Zweite, erweiterte Auflage. Mit 12 Abbildungen im Text. (IV u. 62 S.) 1924. 2.70 Goldmark / 0.65 Dollar

---

Die Herstellung des Tempergusses und die Theorie des Glühfrischens nebst Abriß über die Anlage von Tempergießereien. Handbuch für den Praktiker und Studierenden. Von Dr.-Ing. **Engelbert Leber.** Mit 213 Abbildungen im Text und auf 13 Tafeln. (VIII u. 312 S.) 1919.
16 Goldmark / 3.80 Dollar

Technisches Hilfsbuch. Herausgegeben von **Schuchardt & Schütte.** Sechste Auflage mit 500 Abbildungen und 8 Tafeln. (IX u. 481 S.) 1923.
Gebunden 6.50 Goldmark / Gebunden 1.60 Dollar

Moderne Metallkunde in Theorie und Praxis. Von **J. Czochralski,** Oberingenieur. Mit 298 Textabbildungen. (XIII u. 292 S.) 1924.
Gebunden 12 Goldmark / Gebunden 2.85 Dollar

Lagermetalle und ihre technologische Bewertung. Ein Hand- und Hilfsbuch für den Betriebs-, Konstruktions- und Materialprüfungsingenieur. Von Oberingenieur **J. Czochralski** und Dr.-Ing. **G. Welter.** Zweite, verbesserte Auflage. Mit 135 Textabbildungen. (VI u. 117 S.) 1924.
Gebunden 4.50 Goldmark / Gebunden 1.10 Dollar

Die Theorie der Eisen-Kohlenstoff-Legierungen. Studien über das Erstarrungs- und Umwandlungsschaubild nebst einem Anhang Kaltrecken und Glühen nach dem Kaltrecken. Von **E. Heyn,** weiland Direktor des Kaiser-Wilhelm-Instituts für Metallforschung. Herausgegeben von Professor Dipl.-Ing. **E. Wetzel.** Mit 103 Textabbildungen und XVI Tafeln. (VIII u. 185 S.) 1924.
Gebunden 12 Goldmark / Gebunden 2.90 Dollar

Die Verfestigung der Metalle durch mechanische Beanspruchung. Die bestehenden Hypothesen und ihre Diskussion. Von Professor Dr. **H. W. Fraenkel,** Privatdozent an der Universität Frankfurt a. M. Mit 9 Textfiguren und 2 Tafeln. (V u. 46 S.) 1920. 1.80 Goldmark / 0.45 Dollar

---

Mechanische Technologie der Metalle in Frage und Antwort. Von Dr.-Ing. **E. Sachsenberg,** ord. Professor an der Technischen Hochschule Dresden. Mit zahlreichen Abbildungen. (VI u. 219 S.) 1924.
6 Goldmark; geb. 6.80 Goldmark / 1.45 Dollar; geb. 1.65 Dollar

---

Metallurgische Berechnungen. Praktische Anwendung thermochemischer Rechenweise für Zwecke der Feuerungskunde, der Metallurgie des Eisens und anderer Metalle. Von **Joseph W. Richards,** Professor der Metallurgie an der Lehigh-Universität. Autorisierte Übersetzung nach der zweiten Auflage von Professor Dr. **Bernhard Neumann,** Darmstadt und Dr.-Ing. **Peter Brodal,** Christiania. Unveränderter Neudruck. (XIV u. 600 S.) 1920.
Gebunden 24 Goldmark / Gebunden 5.75 Dollar

Die Praxis des Eisenhüttenchemikers. Anleitung zur chemischen Untersuchung des Eisens und der Eisenerze. Von Professor Dr. **Carl Krug,** Berlin. Zweite, vermehrte und verbesserte Auflage. Mit 29 Textabbildungen. (VIII und 200 S.) 1923. 6 Goldmark; geb. 7 Goldmark / 1.45 Dollar; geb. 1.70 Dollar

---

Aufgaben aus der Maschinenkunde und Elektrotechnik. Eine Sammlung für Nichtspezialisten nebst ausführlichen Lösungen. Von **Fritz Süchting,** Ingenieur, o. Professor für Maschinenkunde und Elektrotechnik an der Preuß. Bergakademie Clausthal. Mit 88 Textabbildungen. (XVI u. 235 S.) 1924.
6.60 Goldmark; gebunden 7.50 Goldmark / 1.60 Dollar; gebunden 1.80 Dollar

GPSR Compliance

The European Union's (EU) General Product Safety Regulation (GPSR) is a set of rules that requires consumer products to be safe and our obligations to ensure this.

If you have any concerns about our products, you can contact us on ProductSafety@springernature.com

In case Publisher is established outside the EU, the EU authorized representative is:

Springer Nature Customer Service Center GmbH
Europaplatz 3
69115 Heidelberg, Germany

Batch number: 10682411

Printed by Printforce, the Netherlands